印刷化学基础

Basic of Printing Chemistry

俞忠华　钱沛堂　等编

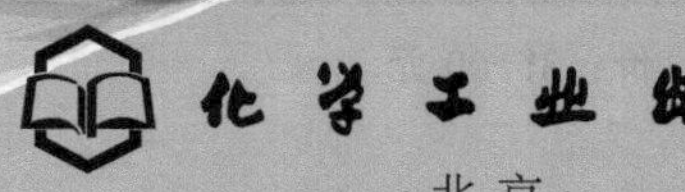

·北京·

印刷化学基础是印刷专业一门重要的基础理论课。本书在介绍物质的组成、性质和物质间转化的化学变化规律时，着重介绍与印刷相关的化学基本原理和基本方法。

本书内容主要包括原子结构和分子结构基础理论，有关化学反应平衡的基本原理以及有机化学、高分子化学、界面化学基础。

图书在版编目（CIP）数据

印刷化学基础／俞忠华，钱沛堂等编．—北京：化学工业出版社，2013.7（2024.9重印）

ISBN 978-7-122-17459-8

Ⅰ．①印…　Ⅱ．①俞…　②钱…　Ⅲ．①印刷工业-应用化学-高等学校-教材　Ⅳ．①TS801.1

中国版本图书馆CIP数据核字（2013）第109964号

责任编辑：张　彦　　文字编辑：汲永臻
责任校对：宋　玮　　装帧设计：张　辉

出版发行：化学工业出版社（北京市东城区青年湖南街13号　邮政编码100011）
印　　装：北京建宏印刷有限公司
787mm×1092mm　1/16　印张　12¼　插页1　字数　310千字　2024年9月北京第1版第4次印刷

购书咨询：010-64518888　　售后服务：010-64518899
网　　址：http://www.cip.com.cn
凡购买本书，如有缺损质量问题，本社销售中心负责调换。

定　价：35.00元

前言

化学作为自然科学的一个分支，是专门研究物质的组成、结构、性质、变化及应用的一门学科。印刷技术的发展和印刷生产中，涉及化学的多个分支学科，如无机化学、有机化学、分析化学、物理化学、高分子化学以及染料化学、环境化学等，印刷与化学有着不可分割的联系。

《印刷化学基础》是一本适合印刷类非化学专业高职高专学生使用的基础课教材。此前，虽曾有过同类内容书籍，然而却分散于多本书中。本书的特点是以印刷化学为核心，再将与其相关的知识融为一体，便于学生的学习和理解。

本书的另一特点是考虑到印刷化学是一门实验性很强的课程，实践环节必不可少，因此编写了印刷化学基础实验的内容，通过基础的实验知识，以期培养学生做实验的基本功底，为后续课程打下良好的基础。

本书根据高职高专培养高素质技能人才的目标和特点，结合印刷专业教学实际，在编写过程中避免偏多、偏深的内容。全书分10章，由上海出版印刷高等专科学校俞忠华、钱沛堂、李孟晓、徐恒等老师编写。俞忠华统稿，熊伟斌审阅。

此外，本书编写过程中，得到了余勇、李晓东、刘全忠、易平贵、刘武辉、田东文、钱志伟等老师的大力支持，在此表示感谢。

由于编者水平有限，书中难免有疏漏及不妥之处，恳请广大读者批评指正。

编　者

2013 年 6 月

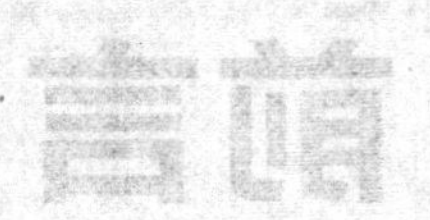

目录

1 绪 论

【学习要求】

1. 了解印刷工业与化学的关系。
2. 了解印刷化学涉及的内容。
3. 掌握印刷化学的学习方法。

1.1 印刷工业与化学的关系

印刷工业中，从印前制作、印刷到印后加工，整个过程所涉及的印版、油墨、纸张、塑料薄膜或其他各种材料的状态、性能、质量等对最终的印刷品质量都会产生决定性影响，而这些状态、性能、质量与化学有着不可分割的联系。因此可以认为，化学知识是印刷品加工的重要基础。

印刷需要印版，在印版制作中，无论是制作凸版、平版、凹版，还是柔性印版、丝网印版，凡是利用照相制版工艺时，都要经过晒版，即由光引起化学反应，把图文信息转移到印版或其他感光材料上。经图文处理后，有的凸版、凹版、柔性版、丝网版还要对空白部分或图文部分进行腐蚀或其他化学方法处理，以制作印版。

油墨则是印刷过程中的主要材料，它是由色料、连接料、助剂等化学物质经调合而制成的。油墨的调配涉及流动性、干燥性、黏度、着色力及耐酸、耐碱、耐水、耐溶剂、耐光、耐热等，即说明化学性质对油墨起着重要作用。由于油墨在印刷中的作用就是使印刷品呈现出各种颜色鲜艳的图文，所以作为显色物质，油墨的化学性能无疑直接决定印刷图文的质量，影响印刷品在长期保存以及流通过程中能否保持良好的印刷质量。

在印刷过程中，当油墨一旦与承印物材料接触，就不再是一个简单的附着过程，油墨要产生吸附、渗透、干燥，牢固地附着在承印材料上。这些物理及化学变化对印刷质量无疑会产生一定影响，而承印材料的物理化学性能，是影响这些变化的主要因素。如塑料包装印刷中，塑料薄膜涉及高分子化学、表面化学的相关知识。如果印刷前利用氧化剂对塑料薄膜表面进行化学处理，使塑料薄膜表面生成羟基、羰基等极性基团，可以达到提高油墨与塑料薄膜表面的结合牢度的效果。另外还有光化学处理，利用紫外线照射使塑料薄膜表面引起化学变化，可达到改善表面张力，提高润湿性和黏合性的目的。

除此以外，印刷生产中墨辊、印版的清洗，平版胶印使用的润版液，油墨的干燥，印后加工中使用的胶黏材料等都要涉及化学物质。

综上所述，在印刷材料的准备、印版的制作、印刷工艺的控制、印后加工等印刷品生产的每一个生产环节都要涉及相关化学知识。在整个印刷过程中，涉及的化学原理和化学物质非常多，印刷工业与化学有着极其密切的关系，印刷工业为化学工业提供了用武之地，促进了化学工业的发展。从另一角度说来，化学工业的发展又给印刷工业带来新的生机，印刷材料不断出新，印刷工艺不断改进，所以印刷工业与化学工业两者相辅相成。

1.2 印刷化学所涉及的内容

印刷是由印版表面的图文部分吸附油墨后，再压印到承印物上完成的。印刷的每一环节无不与化学有着非常紧密的联系。随着科学技术的飞速发展，印刷技术也在发生日新月异的变化，高分子材料的应用，计算机直接制版和数码印刷技术的推广使用，以及印刷机械的高速化、多色化、自动化，促使印刷工业正在进行新的技术革命。

应对新技术、新工艺、新设备，印刷从业人员可以从技术实践和专业书本中知道“怎样操作”，而要知道“为什么这样操作的”，就需要掌握必要的物理和化学知识。印刷化学基础主要就是介绍与印刷工程相关的化学基本原理，包括物质结构基础与化学基本原理、有机化学基础、高分子材料和界面化学基础等。同时，化学是一门研究物质的自然学科，非常重视实验的结果，印刷化学作为专业基础类课程，实验必然也是不可或缺的。作为理工科学生，定量分析原理及方法、实验数据的处理是其中最为基础的两项实验，在日后的其他印刷专业课程中都将涉及。通过这些基础性实验，可以训练学生的实验基本技能，培养动手、观察、记录、分析、归纳等多方面的能力。

1.3 印刷化学的学习方法

化学贯穿整个印刷过程的始终，所以印刷化学基础是印刷相关专业的必修课。在学习印刷化学基础的同时，应注意理解化学学科的基本理论并将所学的化学知识应用到印刷专业上。学习印刷化学基础的方法如下。

(1) 学好基础知识，重视基础性实验　在学习过程中，首先要理解物质结构的基础知识，熟悉原子结构和分子结构，了解组成分子的化学键以及分子的极性判断，并掌握分子间存在的相互作用力。其次要掌握包括无机、有机、高分子与界面化学在内的化学反应基本规律与基本原理。此外，印刷化学的实验强调基础性，旨在通过这些基础实验，掌握基本实验操作技能，初步具备分析、统计实验数据的能力。

(2) 注重课程与相关专业课的联系　印刷化学基础与印刷工艺原理、印刷色彩学、印刷包装材料、印后加工等其他印刷专业课程联系紧密。因此，在理论学习和生产实践中，必须把所学的各种专业知识联系起来，全面地分析问题，才能系统地掌握印刷化学基础知识，为学习后续印刷专业课打下良好的基础。

复习思考题

1. 为什么说印刷工业与化学有着密切的联系？
2. 印刷化学包括哪些内容？怎样才能学好印刷化学？你有哪些建议？

2 原子结构基础

【学习要求】

1. 了解原子能级、原子轨道、电子云等概念。
2. 熟悉四个量子数的名称、符号、取值和含义，熟练应用量子数描述核外电子运动状态。
3. 掌握基态原子核外电子排布原理，能正确书写基态原子的电子构型和价层电子构型。
4. 通过原子结构理论的学习，能运用该理论分析元素及其化合物性质的规律及内在原因。

世界是由物质组成的，万物变化无穷。印刷生产中的印版、油墨、承印物及印刷生产辅助材料等各种物质，它们的性质由什么决定？变化有无规律？这些问题的解决，要从研究物质的微观结构入手。从古希腊原子概念的提出，无数科学家倾其毕生精力，经过漫长而艰苦的探索，才使原子结构理论逐步深入，不断完善。

从19世纪末，随着科学的进步和科学手段的加强，在电子、放射性和X射线等发现后，人们对原子内部的较复杂结构的认识越来越清楚。1911年卢瑟福（Rutherford E）建立了有核原子模型，指出原子是由原子核和核外电子组成的，原子核是由中子和质子等微观粒子组成的，质子带正电荷，核外电子带负电荷。

在一般化学反应中，原子核并不发生变化，只是核外电子运动状态发生改变。因此原子核外电子层的结构和电子运动的规律，特别是原子的外层电子结构，就成为化学领域中重要的问题之一。原子中核外电子的排布规律和运动状态的研究以及现代原子结构理论的建立，是从对微观粒子的波粒二象性的认识开始的。

2.1 原子结构的近代概念

2.1.1 玻尔的原子结构理论

1913年，丹麦青年物理学家玻尔（N. Bohr）在氢原子光谱和普朗克（M. Planck）量子理论的基础上提出了如下假设：

（1）原子中的电子只能沿着某些特定的、以原子核为中心、半径和能量都确定的轨道上运动，这些轨道的能量状态不随时间而改变，称为稳定轨道（或定态轨道）。

（2）在一定轨道中运动的电子具有一定的能量，处在稳定轨道中运动的电子，既不吸收能量，也不发射能量。电子只有从一个轨道跃迁到另一轨道时，才有能量的吸收和放出。在离核越近的轨道中，电子被原子核束缚越牢，其能量越低；在离核越远的轨道上，其能量越高。轨道的这些不同的能量状态，称为能级。轨道不同，能级也不同。在正常状态下，电子尽可能处于离核较近、能量较低的轨道上运动，这时原子所处的状态称为基态，其余的称为激发态。

(3) 电子从一个定态轨道跃迁到另一个定态轨道，在这过程中放出或吸收能量，其频率与两个定态轨道之间的能量差有关。

玻尔理论将量子化条件引入到原子结构中，成功地解释了氢原子光谱和原子的稳定性，对原于结构理论的发展起到了重要作用。但是，玻尔理论有它明显的局限性，它无法说明氢原子光谱的精细结构，也不能解释多电子原子光谱。这是因为玻尔理论本身是构筑在经典物理学基础上的，只是加上一些人为的量子化条件，电子的运动状态被理解为像宏观物体一样在固定轨道上绕核运动，这违背了微观粒子运动的客观规律，没有认识到电子运动的一个重要特点——波粒二象性。

2.1.2 电子的波粒二象性

2.1.2.1 微观粒子的波粒二象性

光的干涉、衍射等现象说明光具有波动性；而光电效应、光的发射、吸收又说明光具有粒子性。因此光具有波动和粒子两重性，称为光的波粒二象性。光的波粒二象性可表示为

$$\lambda = h/p = h/mv$$

式中，m 为粒子的质量；v 为粒子运动速度；p 为粒子的动量。

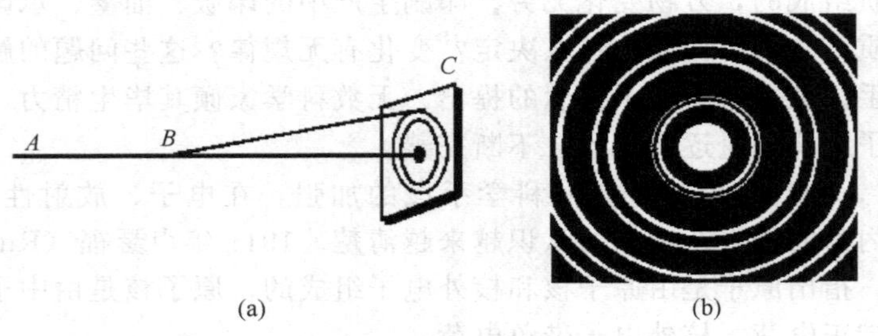

图 2-1 电子衍射实验

光的波粒二象性启发了法国物理学家德布罗意（de Broglie），1924 年，他提出了一个大胆的假设：认为微观粒子都具有波粒二象性，也就是说，微观粒子除具有粒子性外，还具有波的性质，这种波称为德布罗意波或物质波。1927 年，德布罗意的假设经电子衍射实验（图 2-1）得到了完全证实。美国物理学家戴维逊（C. J. Davisson）和革末（L. H. Ge rmer）进行了电子衍射实验，当将一束高速电子流通过镍晶体（作为光栅）而射到荧光屏上时，结果得到了和光衍射现象相似的一系列明暗交替的衍射环纹，这种现象称为电子衍射。衍射是一切波动的共同特征，由此充分证明了高速运动的电子流也具有波粒二象性。除光子、电子外，其他微观粒子如质子、中子等也具有波粒二象性。

2.1.2.2 微观粒子运动的统计性

在经典力学中，一个宏观粒子在任一瞬间的位置和动量是可以同时准确测定的。例如发出一颗炮弹，若知道它的质量、初速及起始位置，根据经典力学，就能准确地知道某一时刻炮弹的位置、速度（或动量）。换言之，它的运动轨道是可测知的。而对具有波粒二象性的微观粒子则不同，现在已证明：由于它们运动规律的统计性，我们不能像在经典力学中那样来描述它们的运动状态，即不能同时准确地测定它们的速度和空间位置。1927 年海森伯（W. Heisenberg）提出了测不准原理（uncertainty principle）：

$$\Delta x \Delta p \approx h$$

式中，Δx 为粒子空间位置的不确定度；Δp 为粒子动量的不确定度。

由此可见，对于宏观物体可同时准确测定位置和动量（或速度），即不确定原理对宏观物体实际上不起作用，而该原理却很好地反映了微观粒子的运动特征。表明具有波动性的微观粒子与服从经典力学的宏观物体有完全不同的特点。

这种具有波粒二象性的微观粒子，其运动状态和宏观物体的运动状态不同。例如，导弹、人造卫星等的运动，它在任何瞬间，人们都能根据经典力学理论，准确地同时测定它的位置和动量；也能精确地预测出它的运行轨道。但是像电子这类微观粒子的运动，由于兼具有波动性，人们在任何瞬间都不能准确地同时测定电子的位置和动量；它也没有确定的运动轨道。所以在研究原子核外电子的运动状态时，必须完全摒弃经典力学理论，而代之以描述微观粒子运动的量子力学理论。

2.1.3 波函数与原子轨道

2.1.3.1 波函数

1926年奥地利物理学家薛定谔（E. Schrödinger）把电子运动与光的波动性理论联系起来，提出了描述核外电子运动状态的数学方程，称为薛定谔方程。

$$\frac{\partial\psi^2}{\partial x^2}+\frac{\partial\psi^2}{\partial y^2}+\frac{\partial\psi^2}{\partial z^2}+\frac{8\pi^2 m}{h^2}(E-V)\Psi=0$$

薛定谔方程把作为粒子物质特征的电子质量（m）、位能（V）和系统的总能量（E）与其运动状态的波函数（Ψ）列在一个数学方程式中，即体现了波动性和粒子性的结合，式中的h为普朗克常数。解薛定谔方程的目的就是求出波函数以及与其相对应的能量E，这样就可了解电子运动的状态和能量的高低。求得（x，y，z）的具体函数形式，即为方程的解。它是一个包含三个常数项n、l、m和三个变量x、y、z的函数式。

从理论上讲，通过解薛定谔方程可得出波函数，但薛定谔方程的许多解在数学上是合理的，且运算极为复杂，只有满足特定条件的解才有物理意义，用来描述核外电子运动状态。为了得到描述电子运动状态的合理解，必须对三个参数n、l、m按一定的规律取值。这三个量子数，分别称为主量子数、角量子数和磁量子数。

求解方程得出的不是一个具体数值，而是用空间坐标（x，y，z）来描述波函数Ψ（x，y，z）的数学函数式，一个波函数就表示原子核外电子的一种运动状态并对应一定的能量值，所以波函数也称原子轨道。但这里所说的原子轨道和宏观物体固定轨道的含义不同，它只是反映了核外电子运动状态表现出的波动性和统计性规律，所以原子轨道也可以叫做轨道函数，简称“轨函”。

为了方便，解方程时一般先将空间坐标（x，y，z）转换成球坐标（r，θ，ϕ），而后把Ψ分解为用r表示的径向分布函数R（r），以及仅包含角度变量的角度分布函数Y（θ，ϕ）。R为电子与原子核间的距离，Y为电子与原子核间的角度关系。由于的角度分布与主量子数n无关，且l相同时，其角度分布图总是一样的。在下节讨论成键问题时，角度分布图有直接应用，故比较重要。图2-2为某些原子轨道的角度分布图，图中的“＋”、“－”号表示波函数的正、负值。

2.1.3.2 概率密度和电子云图形

氢原子核外只有一个电子，设想核的位置固定，而电子并不是沿固定的轨道运动，由于不确定关系，也不可能同时测定电子的位置和速度。但我们可以用统计的方法来判断电子在核外空间某一区域出现的机会（概率）是多少。

设想有一个高速照相机能摄取电子在某一瞬间的位置。然后在不同瞬间拍摄成千上万张照片，若分别观察每一张照片，则它们的位置各不相同，似无规律可言，但如果把所有的照

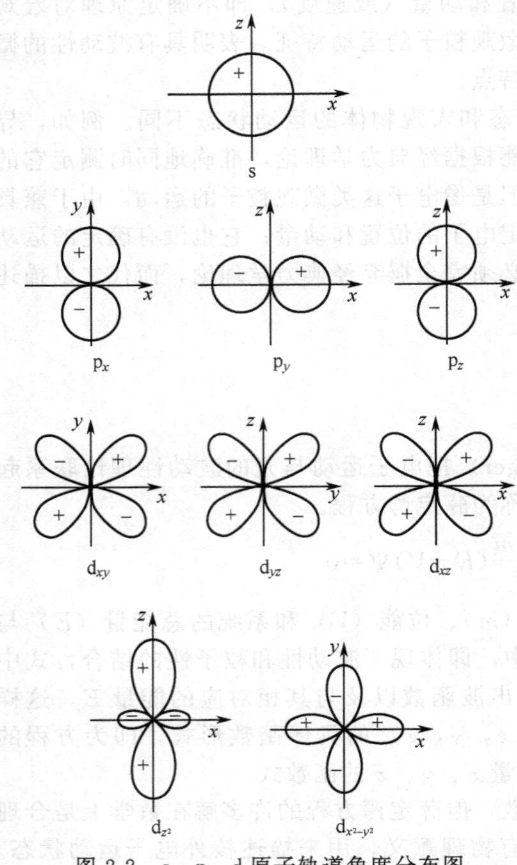

图 2-2　s、p、d 原子轨道角度分布图

片叠合在一起看，就明显地发现电子的运动具有统计规律性，电子经常出现的区域是在核外的一个球形空间。如用小黑点表示一张照片上电子的位置，如叠合起来就如图 2-3 所示。离核愈近处，黑点愈密，它如同带负电的云一样，把原子核包围起来，这种想象中的图形就叫做电子云，图 2-3（a）电子在核附近出现的概率密度最大，概率密度随 r 的增加而减少。图 2-3（b）是一系列的同心球面，一个球面代表一个等密度面，在一个等密度面上概率密度相等。图中的数字表示概率密度的相对大小，同样离核愈近，概率密度愈大，其值规定为 1。图 2-3（c）是电子云的界面图，它表示在界面内电子出现的概率（如 95%以上）。

按照量子力学的观点，原子核外的电子并不是在一定的轨道上运动，而是在原子核周围空间作调整复杂运动，它的运动规律是符合统计性的。对于电子的运动，我们只能用统计的方法，给出概率的描述。即我们不知道每一个电子运动的具体途径，但从统计的结果却可以知道某种运动状态的电子在哪一个空间出现的概率最大。电子在核外空间各处出现的概率大小，称为概率密度，概率密度代表单位体积中电子出现的概率。为了形象地表示电子在原子中的概率密度分布情况，常用密度不同的小黑点来表示，这种图形称为电子云。黑点较密的地方，表示电子出现的概率密度较大；黑点较稀疏处，表示电子出现的概率密度较小。氢原子 1s 电子云如图 2-3（a）所示，从图中可见，氢原子 1s 电子云呈球形对称分布，且电子的概率密度随离核距离的增大而减小。

图 2-3　电子云和电子云的界面图

电子在核外空间出现的概率密度和波函数 Ψ 的平方成正比，也即表示为电子在原子核外空间某点附近微体积出现的概率。

类似于作原子轨道分布图 Y（见图 2-2），也可以作出电子云的角度分布图 Y^2（见图 2-4）。两种图形基本相似，但有两点区别：①原子轨道的角度分布图带有正、负号，而电子云的角度分布图均为正值，通常不标出；②电子云角度分布图形比较“瘦”些。由于 $Y(\theta, \phi) < 1$，取平方后其值更小，所以电子云角度分布图稍“瘦”些。

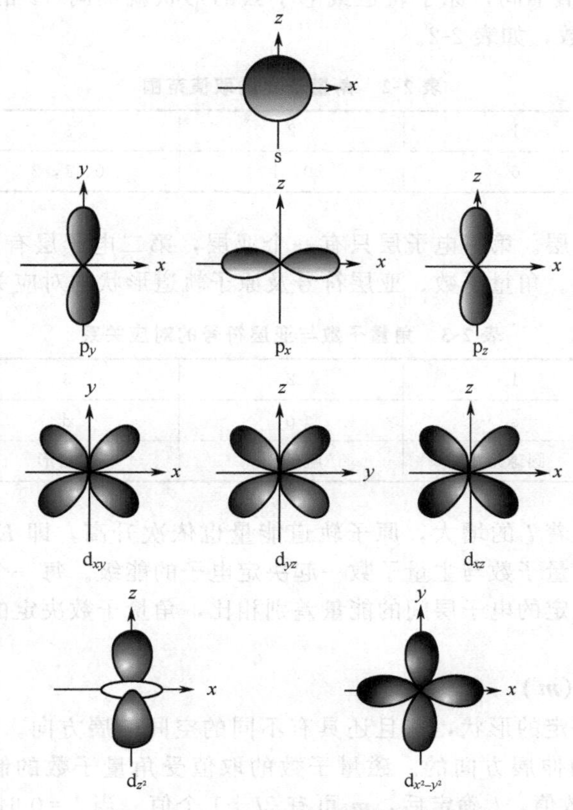

图 2-4　s、p、d 电子云的角度分布图

2.1.4　四个量子数

四个量子数在量子力学中用来描述原子核外电子运动的状态（或分布情况），根据量子力学处理结果和有关实验表明，对原子核外电子的运动状态采用四个量子数来描述才较为合理。

2.1.4.1　主量子数（n）

主量子数是描述核外电子距离核的远近，电子离核由近到远分别用数值 $n=1$，2，3，…有限的整数来表示，而且，主量子数决定了原子轨道能级的高低，n 越大，电子的能级越大，能量越高。n 是决定电子能量的主要量子数。n 相同，原子轨道能级相同。一个 n 值表示一个电子层，与各 n 值相对应的电子层符号见表 2-1。

表 2-1　主量子数与对应电子层

n	1	2	3	4	5	6	7
电子层名称	第一层	第二层	第三层	第四层	第五层	第六层	第七层
电子层符号	K	L	M	N	O	P	Q

2.1.4.2　角量子数（l）

在同一电子层内，电子的能量也有所差别，运动状态也有所不同，即一个电子层还可分为若干个能量稍有差别、原子轨道形状不同的亚层。角量子数 l 就是用来描述原子轨道或电子云的形态的。l 的数值不同，原子轨道或电子云的形状就不同，l 的取值受的限制，可以取从 0 到 $n-1$ 的正整数，如表 2-2。

表 2-2　角量子数的取值范围

n	1	2	3	4
l	0	0，1	0，1，2	0，1，2，3

每个值代表一个亚层。第一电子层只有一个亚层，第二电子层有两个亚层，以此类推。亚层用光谱符号等表示。角量子数、亚层符号及原子轨道形状的对应关系见表 2-3。

表 2-3　角量子数与亚层符号的对应关系

l	1	2	3	4
亚层符号	s	p	d	f
原子轨道或电子云形状	圆球形	哑铃形	花瓣形	花瓣形

同一电子层中，随着 l 的增大，原子轨道能量也依次升高，即 $E_{ns}<E_{np}<E_{nd}<E_{nf}$，即在多电子原子中，角量子数与主量子数一起决定电子的能级。每一个 l 值表示一种形状的电子云。与主量子数决定的电子层间的能量差别相比，角量子数决定的亚层间的能量差要小得多。

2.1.4.3　磁量子数（m）

原子轨道不仅有一定的形状，并且还具有不同的空间伸展方向。磁量子数 m 就是用来描述原子轨道在空间的伸展方向的。磁量子数的取值受角量子数的制约，它可取从 $+l$ 到 $-l$，包括 0 在内的整数值，l 确定后，m 可有 $2l+1$ 个值。当 $l=0$ 时，$m=0$，即 s 轨道只有 1 种空间取向；当 $l=1$ 时，$m=+1$、0、-1，即 p 轨道有 3 种空间取向，分别为 p_x、p_y、p_z；当 $l=2$ 时，$m=+2$、$+1$、0、-1、-2，即 d 轨道有 5 种空间取向，分别为 d_{xy}、d_{xz}、d_{yz}、$d_{x^2-y^2}$、d_{z^2}。

通常把 n、l、m 都确定的电子运动状态称原子轨道，因此 s 亚层只有一个原子轨道，p 亚层有 3 个原子轨道，d 亚层有 5 个原子轨道，f 亚层有 7 个原子轨道。磁量子数不影响原子轨道的能量，n、l 都相同的几个原子轨道能量是相同的，这样的轨道称等价轨道或简并轨道。例如 l 相同的 3 个 p 轨道、5 个 d 轨道、7 个 f 轨道都是简并轨道。n、l 和 m 的关系见表 2-4。

表 2-4　n、l 和 m 的关系

主量子数（n）	1	2		3			4			
电子层符号	K	L		M			N			
角量子数（l）	0	0	1	0	1	2	0	1	2	3
电子亚层符号	1s	2s	2p	3s	3p	3d	4s	4p	4d	4f
磁量子数（m）	0	0	0 ±1	0	0 ±1	0 ±1 ±2	0	0 ±1	0 ±1 ±2	0 ±1 ±2 ±3
亚层轨道数（$2l+1$）	1	1	3	1	3	5	1	3	5	7
电子层轨道数 n^2	1	4		9			16			

综上所述，用 n、l 和 m 三个量子数即可决定一个特定原子轨道的能级大小、形状和伸展方向。

2.1.4.4 自旋量子数（m_s）

电子除了绕核运动外，还存在自旋运动，描述电子自旋运动的量子数还称为自旋量子数 m_s，由于电子有两种不同的自旋运动状态，因此自旋量子数取值为 $+\frac{1}{2}$ 和 $-\frac{1}{2}$，符号用“↑”和“↓”表示。

以上讨论了四个量子数的意义和它们之间相互联系又相互制约的关系。在四个量子数中，n、l 和 m 三个量子数可确定一个原子轨道；n、l 两个量子数可确定原子轨道的能级；n 这一个量子数只能确定电子的电子层；m_s 表示一个原子轨道中的电子只能有两种不同自旋状态。用一套四个量子数可描述一个核外电子的运动状态，因此，任何原子周围没有两个完全相同的电子存在。

2.2 原子核外电子排布与元素周期律

对于氢原子来说，在通常情况下，其核外的一个电子通常是位于基态的 1s 轨道上。但对于多电子原子来说，其核外电子是按能级顺序分层排布的。

2.2.1 多电子原子轨道的能级

在多电子原子中，由于电子间的相互排斥作用，原子轨道能级关系较为复杂。1939 年鲍林（L. Pauling）根据光谱实验结果总结出多电子原子中各原子轨道能级的相对高低的情况，并用图近似地表示出来，称为鲍林近似能级图（图 2-5）。

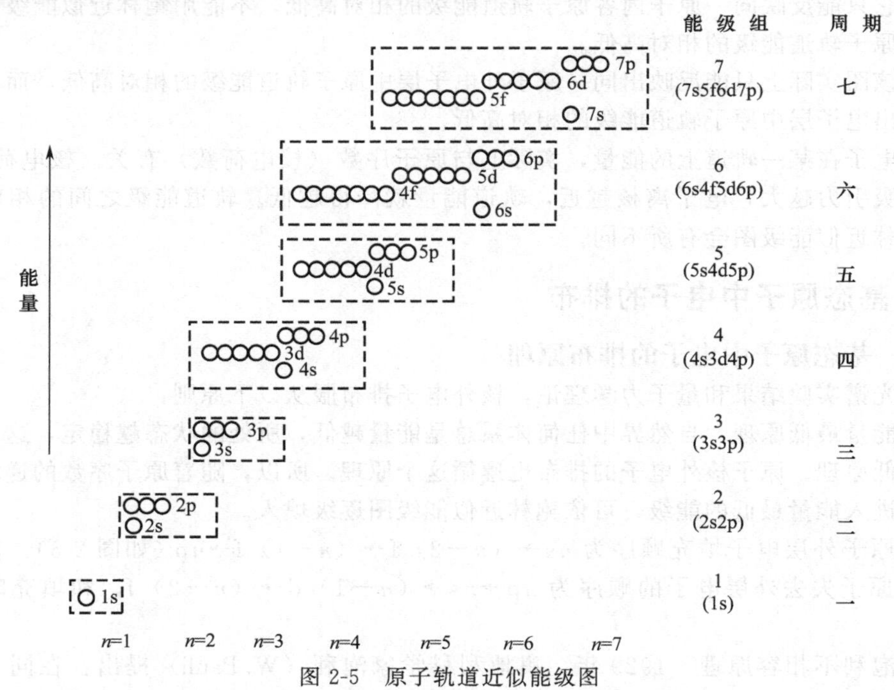

图 2-5 原子轨道近似能级图

原子轨道的能量主要与主量子数有关，对多电子原子来说，原子轨道的能级还和角量子数及原子序数有关。下图反映核外电子填入轨道的最后顺序。

近似能级图是按原子轨道能量高低的顺序排列的，能量相近的能级划为一组放在一个方框中称为能级组。不同能级组之间的能量差别较大，同一能级组内各能级之间的能量差别较小。它们依次是：

第一能级组：1s

第二能级组：2s，2p

第三能级组：3s，3p

第四能级组：4s，3d，4p

第五能级组：5s，4d，5p

第六能级组：6s，4f，5d，6p

第七能级组：7s，5f，6d，7p…

图中圆圈表示原子轨道，其位置的高低表示各轨道能级的相对高低，图中每一个虚线方框中的几个轨道的能量是相近的，称为一个能级组。相邻能级组之间能量相差比较大。每个能级组（除第一能级组外）都是从 s 能级开始，于 p 能级终止。能级组数等于核外电子层数。能级组的划分与周期表中周期的划分是一致的。从图 2-5 可以看出：

(1) 同一原子中的同一电子层内，各亚层之间的能量次序为 $n\mathrm{s}<n\mathrm{p}<n\mathrm{d}<n\mathrm{f}$。

(2) 同一原子中的不同电子层内，相同类型亚层之间的能量次序为：1s＜2s＜3s＜…；2p＜3p＜4p＜…

(3) 同一原子中第三层以上的电子层中，不同类型的亚层之间，在能级组中常出现能级交错现象，如：4s＜3d＜4p；5s＜4d＜5p；6s＜4f＜5d＜6p。

对于鲍林近似能级图，需要注意以下几点：

(1) 它只有近似的意义，不可能完全反映出每个原子轨道能级的相对高低。

(2) 它只能反映同一原子内各原子轨道能级的相对高低，不能用鲍林近似能级图来比较不同元素原子轨道能级的相对高低。

(3) 该图实际上只能反映出同一原子外电子层中原子轨道能级的相对高低，而不一定能完全反映出电子层中原子轨道能级的相对高低。

(4) 电子在某一轨道上的能量，实际上与原子序数（核电荷数）有关。核电荷数越大，对电子的吸引力越大，电子离核越近，轨道能量就降得越低。轨道能级之间的相对高低情况，与鲍林近似能级图会有所不同。

2.2.2 基态原子中电子的排布

2.2.2.1 基态原子中电子的排布原理

根据光谱实验结果和量子力学理论，核外电子排布服从以下原则：

(1) 能量最低原理　自然界中任何体系总是能量越低，所处的状态越稳定，这个规律称为能量最低原理。原子核外电子的排布也遵循这个原理。所以，随着原子序数的递增，电子总是优先进入能量最低的能级，可依鲍林近似能级图逐级填入。

基态原子外层电子填充顺序为 $n\mathrm{s}\rightarrow(n-2)\mathrm{f}\rightarrow(n-1)\mathrm{f}\rightarrow n\mathrm{p}$（如图 2-5）。但要注意的是基态原子失去外层电子的顺序为 $n\mathrm{p}\rightarrow n\mathrm{s}\rightarrow(n-1)\mathrm{d}\rightarrow(n-2)\mathrm{f}$，和填充时的并不对应。

(2) 泡利不相容原理　1929 年，奥地利科学家泡利（W. Pauli）提出：在同一原子中不可能有四个量子数完全相同的 2 个电子，即每个轨道最多只能容纳 2 个自旋方向相反的电子。应用泡利不相容原理，可以推算出每一电子层上电子的最大容量为 $2n^2$。参见表 2-4。

（3）洪德规则　德国科学家洪德（F. Hund）根据大量光谱实验数据提出：在同一亚层的等价轨道上，电子将尽可能占据不同的轨道，且自旋方向相同。此外洪德根据光谱实验，又总结出另一条规则：等价轨道在全充满、半充满或全空的状态下是比较稳定的。即：

p^6 或 d^{10} 或 f^{14}　　全充满

p^3 或 d^5 或 f^7　　半充满

p^0 或 d^0 或 f^0　　全空

此规则称为洪德规则特例，后来被量子力学定量地加以了证明。

2.2.2.2　基态原子中电子的排布

根据上述三条原理、规则，就可以确定大多数元素的基态原子中电子的排布情况。电子在核外的排布常称为电子层构型（简称电子构型）通常有三种表示方法。

（1）电子排布式　按电子在原子核外各亚层中分布的情况，在亚层符号的右上角注明排列的电子数。例如：$_{13}Al$，其电子排布式为 $1s^2 2s^2 2p^6 3s^2 3p^1$；又如：$_{35}Br$，其电子排布式为 $1s^2 2s^2 2p^6 3s^2 3p^6 3d^{10} 4s^2 4p^5$。

由于参加化学反应的只是原子的外层电子，内层电子结构一般是不变的，因此，可以用“原子实”来表示原子的内层电子结构。当内层电子构型与稀有气体的电子构型相同时，就用该稀有气体的元素符号来表示原子的内层电子构型，并称之为原子实。如以上两例的电子排布也可简写成：

$_{13}Al$　　[Ne] $3s^2 3p^1$　　$_{35}Br$　　[Ar] $3d^{10} 4s^2 4p^5$

又例如铬和铜原子核外电子的排布式，根据洪德规则的特例：

$_{24}Cr$ 不是 $1s^2 2s^2 2p^6 3s^2 3p^6 3d^4 4s^2$，而是 $1s^2 2s^2 2p^6 3s^2 3p^6 3d^5 4s^1$。$3d^5$ 和 $4s^1$ 都为半充满。

$_{29}Cu$ 不是 $1s^2 2s^2 2p^6 3s^2 3p^6 3d^9 4s^2$，而是 $1s^2 2s^2 2p^6 3s^2 3p^6 3d^{10} 4s^1$。$3d^{10}$ 为全充满，$4s^1$ 为半充满。

（2）轨道表示式　按电子在核外原子轨道中的分布情况，用一个圆圈或一个方格表示一个原子轨道（简并轨道的圆圈或方格连在一起），用向上或向下箭头表示电子的自旋状态。

（3）用量子数表示　即按所处的状态用整套量子数表示。原子核外电子的运动状态是由四个量子数确定的，为此可表示如下：

$_{15}P$（[Ne] $3s^2 3p^3$），则 $3s^2$ 这 2 个电子用整套量子数表示为 3，0，0，$+\frac{1}{2}$；3，0，0，$-\frac{1}{2}$；$3p^3$ 这 3 个电子用整套量子数表示为 3，1，−1，$+\frac{1}{2}$；3，1，0，$+\frac{1}{2}$；3，1，1，$+\frac{1}{2}$。

由光谱实验数据得到的各元素基态原子中的电子排布情况，其中绝大多数元素的电子排布与上节所述的排布原则是一致的，但也有少数不符合。对此，必须尊重事实，并在此基础上去探求更符合实际的理论解释。

2.2.3　原子的电子结构和元素周期律

元素的电子排布呈周期性变化，这种周期性变化导致元素的性质也呈现周期性变化。这一规律称为元素周期律，元素周期律的图表形式称为元素周期表。

2.2.3.1　周期与能级组

周期表中有 7 个横行，每个横行表示 1 个周期，一共有 7 个周期。第 1 周期只有 2 种元素，为特短周期；第 2、3 周期各有 8 种元素，为短周期；第 4、5 周期各有 18 种元素，为长周期；第 6 周期有 32 种元素，为特长周期；第 7 周期预测有 32 种元素，现只有 26 种元素，故称为不完全周期。

第7周期中，从铹以后的元素都是人工合成元素（104～112）。根据稳定性，电子层结构稳定性和元素性质递变的规律，我国科学家预言，元素周期表可能存在的上限在第8周期（119～168号），大约在138号终止。

将元素周期表与原子的电子结构、原子轨道近似能级图进行对照分析，可以看出：

（1）各周期的元素数目与其相对应的能级组中的电子数目相一致，而与各层的电子数目并不相同（第1周期和第2周期除外）。

（2）每一周期开始都出现一个新的电子层，元素原子的电子层数就等于该元素在周期表所处的周期数。也就是说，原子的最外层的主量子数与该元素所在的周期数相等。

（3）每一周期中的元素随着原子序数的递增，总是从活泼的碱金属开始（第1周期除外），逐渐过渡到稀有气体为止。对应于其电子结构的能级组则从 ns^1 开始至 np^6 结束，如此周期性地重复出现。由此充分证明，元素性质的周期性变化，是元素的原子核外电子排布周期性变化的结果。

2.2.3.2 族和价电子构型

价电子是指原子参加化学反应时，能用于成键的电子。价电子所在的亚层统称为价电子层，简称价层。原子的价电子构型是指价层电子的排布式，它能反映出该元素原子在电子层结构上的特征。

周期表中的纵行，称为族，一共有18个纵行，分为8个主（A）族和8个副（B）族。同族元素虽然电子层数不同，但价电子构型基本相同（少数除外），所以原子价电子构型相同是元素分族的实质。

（1）主族元素　周期表中共有7个主族，表示为ⅠA～ⅦA，1个0族。凡原子核外最后一个电子填入 ns 或 np 亚层上的元素，都是主族元素。其价电子构型 $ns^{1\sim2}$ 或 $np^{1\sim6}$，价电子总数等于其族数。由于同一族中各元素原子核外电子层数从上到下递增，因此同族元素的化学性质具有递变性。

零族为稀有气体。这些元素原子的最外层（$nsnp$）上电子都已填满，价电子构型为 ns^2np^6，因此它们的化学性质很不活泼，过去曾称为惰性气体。

（2）副族元素　周期表中共有8个副族，即ⅢB～ⅧB，IB、ⅡB。凡原子核外最后一个电子填入（n－1）d或（n－2）f亚层上的元素，都是副族元素，也称过渡元素。其价电子构型为 $(n-1)d^{1\sim10}ns^{0\sim2}$。ⅢB～ⅦB族元素原子的价电子总数等于其族数。ⅧB族有三个纵行，它们的价电子数为8～10，与其族数不完全相同。ⅠB、ⅡB族元素由于其（n－1）d亚层已经填满，所以最外层（即 ns）上的电子数等于其族数。

同一副族元素的化学性质也具有一定的相似性，但其化学性质递变性不如主族元素明显。镧系和锕系元素的最外层和次外层的电子排布近乎相同，只是倒数第三层的电子排布不同，使得镧系15种元素、锕系15种元素的化学性质最为相似，在周期表中只占据同一位置，因此将镧系、锕系元素单独拉出来，置于周期表下方各列一行来表示。

可见，价电子构型是周期表中元素分类的基础。周期表中“族”的实质是根据价电子构型的不同对元素进行分类。

这种划分主副族的方法，将主族割裂为前后两部分，且副族的排列也不是由低到高，ⅧB族又包含8、9、10三行，其依据不多。IUPAC于1988年建议将18列定为18个族，不分主、副族，并仍以元素的价电子构型作为族的特征列出。这样避免了上述问题，但18族不分类，显得多而乱，不易为初学者把握，故本书仍使用过去的主、副族分类法。

2.2.3.3 元素的分区

周期表中的元素除按周期和族的划分外，还可以根据元素原子的核外电子排布的特征，分为五个区，如表2-5，图2-6所示。

表 2-5 元素分区与原子结构

按区划分	价电子层结构	最后一个电子的填充情况	按族划分
s 区	$ns^{1\sim2}$	在最外层的 s 轨道上增添电子，其余各层均已充满	ⅠA，ⅡA
p 区	$ns^2np^{1\sim6}$	在最外层的 p 轨道上增添电子，其余各层均已充满（零族各层均充满）	ⅢA，ⅣA，ⅤA，ⅥA，ⅦA 和零族
d 区	$(n-1)\ d^{1\sim9}ns^{1\sim2}$	在次外层的 d 轨道上增添电子，最外层、次外层的电子数尚未充满	ⅢB，ⅣB，ⅤB，ⅥB，ⅦB 和Ⅷ
ds 区	$(n-1)\ d^{10}ns^{1\sim2}$	次外层的 d 轨道已经充满，最外层的 s 轨道未满	ⅠB，ⅡB
f 区	$(n-2)\ f^{0\sim14}ns^2$	在倒数第三层即第（$n-2$）层的 f 轨道上增添电子（有个别例外）	镧系和锕系

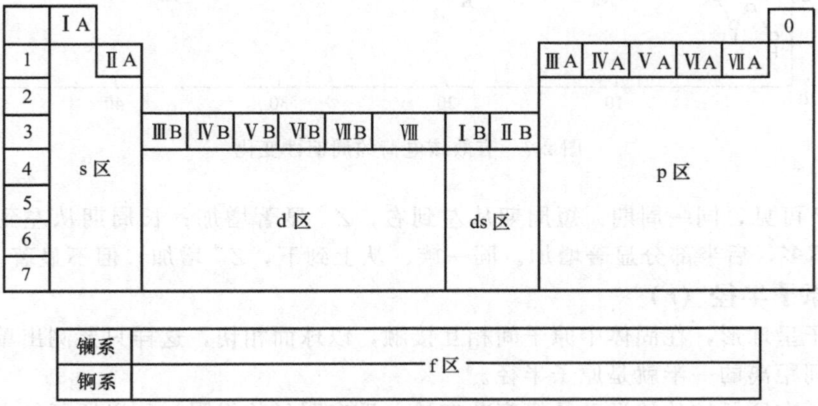

ⅠA ⅡA ⅢB ⅣB ⅤB ⅥB ⅦB Ⅷ ⅠB ⅡB ⅢA ⅣA ⅤA ⅥA ⅦA 0

1 2 3 4 5 6 7

s 区 d 区 ds 区 p 区

镧系 锕系 f 区

图 2-6 周期表中元素的分区

（1）s 区元素　包括ⅠA 和ⅡA 族，最外电子层的构型为 $ns^{1\sim2}$。

（2）p 区元素　包括ⅢA 到ⅦA 及零族，最外电子层的构型为 $ns^2np^{1\sim6}$。

（3）d 区元素　包括ⅢB 到ⅦB 及Ⅷ族的元素，外电子层的构型为 $(n-1)\ d^{1\sim9}ns^{1\sim2}$ [Pd 为 $(n-1)\ d^{10}ns^0$]。

（4）ds 区元素　包括ⅠB 和ⅡB 族的元素，外电子层的构型为 $(n-1)\ d^{10}ns^{1\sim2}$。

（5）f 区元素　包括镧系和锕系元素，电子层结构在 f 亚层上增加电子，外电子层的构型为 $(n-2)\ f^{1\sim14}\ (n-1)\ d^{0\sim2}ns^2$。

2.2.4 元素性质的周期性

元素性质决定于其原子的内部结构，本节结合原子核外电子层结构周期性的变化，阐述元素的一些主要性质的周期性变化规律。

2.2.4.1 有效核电荷（Z^*）

在多电子原子中，任一电子不仅受到原子核的吸引，同时还受到其他电子的排斥。内层电子和同层电子对某一电子的排斥作用，势必削弱原子核对该电子的吸引，这种作用称为屏蔽效应。屏蔽效应的结果，使该电子实际上受到的核电荷（有效核电荷 Z^*）的引力比原子序数（Z）所表示的核电荷的引力要小。屏蔽作用的大小可以用屏蔽常数（σ）来表示：

$$Z^*=Z-\sigma$$

可见屏蔽常数可理解为被抵消的那部分核电荷。元素原子序数增加时，原子的有效核电

荷 Z^* 呈现周期性的变化，如图 2-7 所示。

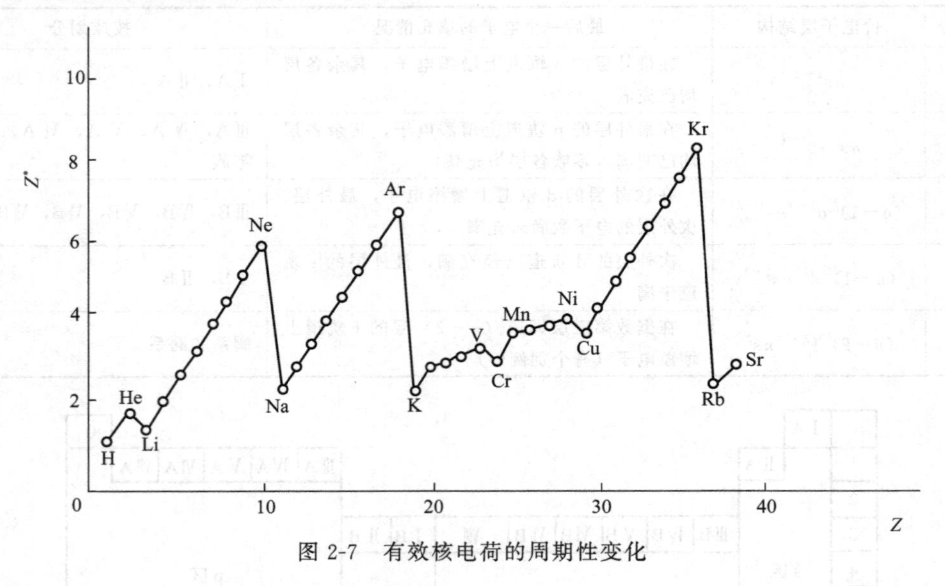

图 2-7　有效核电荷的周期性变化

由图 2-7 可见，同一周期：短周期从左到右，Z^* 显著增加；长周期从左到右，前半部分 Z^* 增加不多，后半部分显著增加。同一族：从上到下，Z^* 增加，但不显著。

2.2.4.2　原子半径（*r*）

假设原子呈球形，在固体中原子间相互接触，以球面相切，这样只要测出单质在固态下相邻两原子间距离的一半就是原子半径。

由于电子在原子核外的运动是概率分布的，没有明显的界限，所以原子的大小无法直接测定。通常所说的原子半径，是通过实验测得的相邻两个原子的原子核之间的距离（核间距），核间距被形象地认为是该两原子的半径之和。通常根据原子之间成键的类型不同，将原子半径分为以下三种：

（1）金属半径　是指金属晶体中相邻的两个原子核间距的一半。

（2）共价半径　是指某一元素的两个原子以共价键结合时，两核间距的一半。

（3）范德华半径　是指分子晶体中紧邻的两个非键结合原子间距的一半。

由于作用力性质不同，三种原子半径相互间没有可比性。同一元素原子的范德华半径大于共价半径。元素原子半经见表 2-6。

表 2-6　元素原子半径　　单位：pm

Li	Be					H						B	C	N	O	F
152	111					37						88	77	70	66	64
Na	Mg											Al	Si	P	S	Cl
154	160											143	117	110	104	99
K	Ca	Sc	Ti	V	Cr	Mn	Fe	Co	Ni	Cu	Zn	Ga	Ge	As	Se	Br
227	197	161	145	132	125	137	124	125	125	128	133	122	123	121	112	114
Rb	Sr	Y	Zr	Nb	Mo	Tc	Ru	Rh	Pd	Ag	Cd	In	Sn	Sb	Te	I
248	216	181	160	143	136	136	133	135	138	145	149	163	141	141	143	133
Cs	Ba	La	Hf	Ta	W	Re	Os	Ir	Pt	Au	Hg	Tl	Pb	Bi	Po	At
265	217	188	156	143	137	137	134	136	138	144	160	170	175	155	187	

由上表可见原子半径的变化呈现如下规律：

主族元素：从左到右 r 减小；

从上到下 r 增大。

过渡元素：从左到右 r 缓慢减小；

从上到下 r 略有增大。

2.2.4.3 元素的电离能

一个基态的气态原子失去 1 个电子成为 +1 价气态正离子所需要的能量，称为该元素的第一电离能，用 I_1 表示，单位 $kJ \cdot mol^{-1}$。从一价气态正离子再失去一个电子形成二价正离子所需吸收的最低能量称第二电离能 I_2；依次类推。

通常用第一电离能 I_1 来衡量原子失电子的能力，见表 2-7。失电子能力越强，元素原子的金属性越强。因此，电离能越小，元素原子的金属性越强。相反，如果原子核对外层电子的吸引力越强，就越不易失去电子，电离能越大。

元素的电离能的大小顺序是：$I_1 < I_2 < I_3$，元素常呈 +1 价；若 $I_3 \gg I_2$，常呈 +2 价。

表 2-7 元素的第一电离能 I_1 单位：$kJ \cdot mol^{-1}$

Li	Be					H						B	C	N	O	F
520	899					1312						801	1086	1402	1314	1681
Na	Mg											Al	Si	P	S	Cl
496	738											578	787	1012	1000	1251
K	Ca	Sc	Ti	V	Cr	Mn	Fe	Co	Ni	Cu	Zn	Ga	Ge	As	Se	Br
419	590	631	658	650	653	717	759	758	737	745	906	579	762	944	941	1140
Rb	Sr	Y	Zr	Nb	Mo	Tc	Ru	Rh	Pd	Ag	Cd	In	Sn	Sb	Te	I
403	550	616	660	664	685	702	711	720	805	731	868	558	709	832	869	1008
Cs	Ba	La	Hf	Ta	W	Re	Os	Ir	Pt	Au	Hg	Tl	Pb	Bi	Po	At
376	503	538	654	761	770	760	840	880	870	890	1007	589	716	703	912	912

2.2.4.4 元素的电负性

电负性是原子在分子中吸引电子的能力。

电负性愈大，表示原子吸引电子能力愈强，非金属性愈强。电负性愈小，则金属性越强（表 2-8）。

(1) 同一周期元素从左到右电负性逐渐变大，元素的非金属性也逐渐增强。

(2) 同一主族元素从上至下元素的非金属性依次减小，金属性增强，电负性降低。副族元素的电负性变化规律不明显。

(3) 一般金属的电负性在 2.0 以下，非金属元素的电负性在 2.0 以上，但这不是一个严格的界限。电负性是衡量各类化合物所属化学键的标志。

表 2-8 元素电负性（L. Pauling 值）

Li	Be					H						B	C	N	O	F
1.0	1.5					2.1						2.0	2.5	3.0	3.5	4.0
Na	Mg											Al	Si	P	S	Cl
0.9	1.2											1.5	1.8	2.1	2.5	3.0
K	Ca	Sc	Ti	V	Cr	Mn	Fe	Co	Ni	Cu	Zn	Ga	Ge	As	Se	Br
0.8	1.0	1.3	1.5	1.6	1.6	1.5	1.8	1.9	1.9	1.9	1.6	1.6	1.8	2.0	2.4	2.8
Rb	Sr	Y	Zr	Nb	Mo	Tc	Ru	Rh	Pd	Ag	Cd	In	Sn	Sb	Te	I
0.8	1.0	1.2	1.4	1.6	1.8	1.9	2.2	2.2	2.2	1.9	1.7	1.7	1.8	1.9	2.1	2.5
Cs	Ba	Lu	Hf	Ta	W	Re	Os	Ir	Pt	Au	Hg	Tl	Pb	Bi	Po	At
0.7	0.9	1.2	1.3	1.5	1.7	1.9	2.2	2.2	2.2	2.4	1.9	1.8	1.9	1.9	2.0	2.2

复习思考题

1. 核外电子运动为什么不能准确测定？

2. n、l、m 这 3 个量子数的组合方式有何规律？每个量子数各有何物理意义？

3. 什么是原子轨道和电子云？原子轨道与轨迹有什么区别？

4. 比较轨道角度分布图与电子云的角度分布图的异同点。

5. 多电子原子的轨道能级与氢原子的有什么不同？

6. 有无以下的电子运动状态？为什么？

(1) $n=1$，$l=1$，$m=0$

(2) $n=2$，$l=0$，$m=\pm1$

(3) $n=3$，$l=3$，$m=\pm3$

(4) $n=4$，$l=3$，$m=\pm2$

7. 在长式周期表中是如何划分 s 区、p 区、d 区、ds 区、f 区的？每个区所有的族数与 s、p、d、f 轨道可分布的电子数有何关系？

8. 判断题

(1) 原子轨道角度分布图中的正负号，是代表所带电荷的正负。

(2) s 电子绕核旋转其轨道为 1 个圆周，而 p 电子是走“8”字形。

(3) 当主量子数 $n=1$ 时，有自旋相反的两条轨道。

(4) 多电子原子轨道的能级只与主量子数有关。

(5) 当 $n=4$ 时，其轨道总数为 16，电子最大容量为 32。

(6) 因为第三周期只有 8 个元素，因此第三电子层最多可容纳 8 个电子。

9. 下列各元素原子的电子分布式写成下面形式，各自违背了什么原理，并写出改正的电子分布式（假设它们都处于基态）。

(1) 硼 $1s^2 2s^3$

(2) 氮 $1s^2 2s^2 2p_x^2 2p_y^1$

(3) 铍 $1s^2 2p^2$

10. 试讨论 Se、Sb 和 Te 三元素在下列性质方面的递变规律：

(1) 金属性　(2) 电负性　(3) 原子半径　(4) 第一电离能

习　题

1. 选择题

(1) 在下列电子排布中，错误的是（　　）。

A. $1s^2 2s^1$　　B. $1s^2 2s^2 3d^1$　　C. $1s^2 2s^2 2p^4 3s^1$　　D. $1s^2 2s^4 2p^2$

(2) 若把某原子核外电子排布写成 $ns^2 np^7$ 时，他违背了（　　）。

A. 泡利不相容原理　　B. 能量最低原理

C. 洪德规则　　D. 洪德规则特例

(3) 对于多电子原子，下列所描述的电子中，能量最高的电子应是（　　）。

A. （2，1，1，－1/2）　　B. （2，1，0，－1/2）

C. （3，1，1，－1/2）　　D. （3，2，2，－1/2）

(4) 已知某元素＋3 氧化数离子的电子排布式为 $1s^2 2s^2 2p^6 3s^2 3p^6 3d^5$，该元素在周期表中属于（　　）。

A. ⅤB 族　　B. ⅢB 族　　C. Ⅷ族　　D. ⅤA 族

(5) 34号元素原子的最外层电子构型是（　　）。

A. $3s^23p^4$　　B. $4s^23p^5$　　C. $4s^24p^2$　　D. $4s^24p^4$

(6) ⅡB族元素的价层电子构型通式是（　　）。

A. ns^2nd^{10}　　B. ns^1nd^{10}

C. $(n-1)d^9ns^1$　　D. $(n-1)d^{10}ns^2$

(7) 价层电子构型为$3d^84s^2$的元素在周期表中属于（　　）。

A. ds区 第三周期 ⅡB族

B. d区 第三周期 ⅥB族

C. d区 第四周期 Ⅷ族

D. ds区 第四周期 ⅠB族

(8) 下列元素中，电负性最大是（　　）。

A. Be　　B. B　　C. C　　D. N

2. 在下列各组量子数中，恰当填入尚缺的量子数。

(1) $n=?$　　$l=2$　　$m=0$　　$m_s=+1/2$

(2) $n=2$　　$l=?$　　$m=-1$　　$m_s=-1/2$

(3) $n=4$　　$l=2$　　$m=0$　　$m_s=?$

(4) $n=3$　　$l=0$　　$m=?$　　$m_s=+1/2$

3. 下列各组量子数哪些是不合理的？为什么？

	n	l	m
(1)	4	1	0
(2)	2	2	−1
(3)	3	0	+1
(4)	2	0	−1
(5)	2	3	+3

4. 用合理的量子数表示如下各题。

(1) 4d能级　　(2) $5s^1$电子　　(3) $2p^3$电子

5. 回答下列问题。

(1) 下列轨道中哪些是等价轨道？

2s　　3s　　$3p_x$　　$4p_x$　　$4p_z$　　$2p_z$

(2) 量子数$n=4$的电子层有几个亚层？各亚层有几个轨道？第四电子层最多能容纳多少个电子？

6. 在下列各组电子分布中哪种属于原子的基态？哪种属于原子的激发态？哪种纯属错误？

(1) $1s^22s^1$　　(2) $1s^22s^22d^1$　　(3) $1s^22s^22p^43s^1$　　(4) $1s^22s^42p^6$

7. 以(1)为例，完成下列(2)至(6)题。

(1) Na ($Z=11$)　　$1s^22s^22p^63s^1$

(2) ________　　$1s^22s^22p^63s^23p^3$

(3) Ca ($Z=20$)　　________

(4) ____ ($Z=24$)　　[Ar] $3d^?$ $4s^?$

(5) ________　　[Ar] $3d^{10}4s^1$

(6) Kr ($Z=36$)　　[?] $3d^?$ $4s^?$ $4P^?$

8. 写出下列离子的电子分布式。

I^-　　K^+　　Pb^{2+}　　Ag^+　　Mn^{2+}　　Co^{2+}　　Fe^{3+}　　Zn^{2+}

9. 试填写下表空白。

原子序数	电子分布式	价层电子构型	周期	族	区	金属还是非金属
12						
17						
25						
34						

10. 有第四周期的 A、B、C 三种元素，其价电子数依次为 1、2、7，其原子序数按 A、B、C 顺序增大。已知 A、B 次外层电子数为 8，而 C 的次外层电子数为 18，根据结构判断：

(1) 哪些是金属元素?

(2) C与A的简单离子是什么?

(3) 哪一种元素的氢氧化物碱性最强?

(4) B与C两种元素间能形成何种化合物? 试写出化学式。

化学键与分子结构

【学习要求】

1. 了解离子键、共价键等化学键的形成和本质。
2. 了解金属键的形成，熟悉印刷版材中的常用金属的特性。
3. 理解价键理论与杂化轨道理论，能应用相关理论解释分子的极性与空间构型。
4. 掌握分子间力、氢键的形成及其对物质物理性质的影响。

分子是保持物质化学性质的最小微粒，是物质参与化学反应的基本单元。分子的性质除了与分子的化学组成有关，还与分子的结构有关。分子结构通常包括：①分子中相邻原子之间的强烈吸引作用，即化学键；②分子中原子在空间的排列方式，即空间构型。此外，相邻分子之间还存在一种较弱的作用力，即分子间力或范德华力。分子间力主要影响物质的某些物理性质。

印刷中，油墨的选择性吸附等过程与化学键及物质的分子结构联系紧密，本章将在原子结构理论的基础上，着重讨论几种类型的化学键及其化学键理论，讨论分子的空间构型，介绍分子间作用力和氢键。

3.1 化学键与分子的性质

3.1.1 化学键参数

表征化学键性质的物理量如键能、键长、键角等就叫做键参数。

3.1.1.1 键能

在标准状态下断开 1mol 理想气体 AB 为理想气体的 A 和 B 时所需要的能量，称为 AB 键的解离能，表示为 D（A—B）。

$$AB(g) \longrightarrow A(g) + B(g) \quad D(A-B)$$

①双原子分子，键能 E＝键的解离能 D

②$H_2(g) \longrightarrow 2H(g) \quad E(H-H) = D(H-H) = 436\ kJ \cdot mol^{-1}$

$Cl_2(g) \longrightarrow 2Cl(g) \quad E(Cl-Cl) = D(Cl-Cl) = 247 kJ \cdot mol^{-1}$

③多原子分子，键能和解离能在概念上是不同的。

例如，NH_3 分子中有三个等价的 N—H 键，可它们在逐步解离时需要的能量并不相同：

$$NH_3(g) \longrightarrow NH_2(g) + H(g) \qquad D_1 = 435.1\ kJ \cdot mol^{-1}$$

$$NH_2(g) \longrightarrow NH(g) + H(g) \qquad D_2 = 397.5\ kJ \cdot mol^{-1}$$

$$NH(g) \longrightarrow N(g) + H(g) \qquad D_3 = 338.9\ kJ \cdot mol^{-1}$$

$$NH_3(g) \longrightarrow N(g) + 3H(g) \qquad D_{总} = D_1 + D_2 + D_3 = 1171.5\ kJ \cdot mol^{-1}$$

键能就是离解能的平均值，称之为平均键能。

$$E\ (N—H) = 390.5\ kJ \cdot mol^{-1}$$

注意：①键能愈大，键愈牢固，由该键构成的分子也就愈稳定；②多原子分子中，两原子之间的键能主要取决于成键原子本身的性质，但也和分子中存在的其它原子相关，如D（H—OH）＝500.8；D（O—H）＝424.7；D（HCOO—H）＝431.0。即O—H键的离解能在不同多原子分子中，由于其环境不同而数值上有差别。

一般把不同分子中同一种键解离能的平均值就作为该键的平均键能，统称为键能。

3.1.1.2 键长

分子中形成化学键的两个原子核间的平衡距离叫做键长。

分子中键长往往是通过光谱或衍射来测定的。通常两个原子之间所形成的键越短，键就越牢固。键能和键长是相关联的。键长C—C＞C═C＞C≡C，但键能C—C＜C═C＜C≡C。

3.1.1.3 键角

分子中键和键之间的夹角叫做键角。键角是反映分子空间结构的重要因素之一。

H_2O，键角为104.5°，V字形（角形结构）。

CO_2，键角为180°，直线形。

3.1.1.4 键的极性

当两个原子以化学键结合之后，它们的正电荷重心与负电荷重心完全重合，则两原子间就形成了非极性键；若正电荷重心与负电荷重心不完全重合，则两原子间就形成了极性键。

一般来说，用Δx（两元素电负性差值）大小来衡量键极性的强弱。Δx越大，键的极性就越强。

非极性键：一般单质分子中相同元素的两个原子之间形成的化学键，由于原子核正电荷重心和负电荷重心重合，$\Delta x = 0$，形成非极性键。例如单质氢气、氧气等。

极性键：不同元素原子间形成的共价键（$\Delta x \neq 0$），原子的电负性不同，成键原子的电荷分布不对称，电负性较大的原子带负电荷，电负性较小的原子带正电荷，正负电荷重心不重合，形成极性键（但臭氧分子中的化学键是极性键，因而臭氧分子是极性分子，为什么？请读者自行分析）。

以上这些键参数可用以推测与其密切相关的分子的空间构型、物理性质如熔点、沸点、硬度等。

3.1.2 分子的性质

3.1.2.1 分子的极性

分子是呈电中性的，但当其正负电荷重心不重合时，分子的一端就带有部分正电荷，另一端则带有相同电量的负电荷，形成正负两极，这种分子称为极性分子。

双原子分子：相同原子，O_2是非极性分子。不同原子，HCl是极性分子。

多原子分子：组成分子的化学键都是非极性键，一定是非极性分子。组成分子的化学键是极性键，非极性分子或极性分子都有可能，主要取决于分子的空间构型。CO_2、CCl_4、BF_3分子中都是极性共价键，但分子是非极性分子。SO_2、H_2O、NH_3分子是极性分子，因为空间构型不完全对称。

3.1.2.2 分子的电偶极矩

物理学中把电荷大小相等符号相反、彼此相距为l的两个电荷（$+q$和$-q$）组成的体系称为偶极子，其电量与距离之积就是分子电偶极矩（μ），$\mu=ql$，如图 3-1。

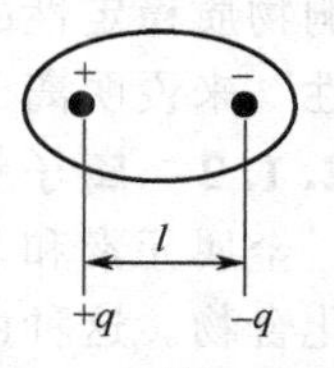

图 3-1 偶极示意

分子电偶极矩是一个矢量，有数量又有方向，其方向是从正极到负极。

分子都是电中性的，极性分子就是偶极子。可以设想分子中正、负电荷分别集中于一点，叫正电荷中心和负电荷中心。

偶极矩的单位是库仑·米（C·m），以前通常用德拜（D）表示，$1D=3.33\times10^{-30}$C·m（因为电量 $1e=1.6\times10^{-19}$C，偶极长度 10^{-10}m 数量级）。

分子电偶极矩的数据由实验测定。理论上分析，分子中每个键都具有自己特征的电偶极矩（称为键矩），分子的总电偶极矩是各单个键矩的矢量和。

偶极矩 μ 的用途：

(1) 推测分子的空间构型。如 NH_3，$\mu=4.90\times10^{-30}$C·m，所以它不会是平面三角形（完全空间对称），以此推测它是三角锥形结构。

(2) 计算化合物中原子的电荷分布。

【例 3-1】 已知 HCl：$\mu=3.57\times10^{-30}$C·m，核间距 $l=1.27\times10^{-10}$m，可计算 HCl 分子中电荷分布。

解：①假如分子的键是离子型的，即离子 H^+、Cl^-，偶极子电荷为 1.6×10^{-19}C，那么此时：

$$\mu=ql=1.6\times10^{-19}\times1.27\times10^{-10}=20.3\times10^{-30}\ \text{C·m}$$

②但实际：

$$\mu'=3.57\times10^{-30}\ \text{C·m}$$

$$\mu'/\mu=0.176=17.6\%$$

即该键的离子性 17.6%，HCl 分子中原子的电荷分布 $\delta(H)=+0.176$，$\delta(Cl)=-0.176$

(3) 判断分子极性的大小

μ 的数值越大，分子的极性越大。

$\mu=0$，非极性分子（CO_2、CH_4、O_2）；

$\mu\neq0$，极性分子。

3.2 离子键

由原子间得失电子后靠着正、负离子之间的静电作用而形成的化学键叫做离子键。所形成的化合物叫做离子型化合物。

3.2.1 离子键理论的基本要点

3.2.1.1 正负离子的形成

当电负性较小的金属元素与电负性较大的非金属元素结合时，一般是生成离子型化合物。离子键的形成过程如下：

①金属原子失去价电子，形成稳定电子构型的正离子；②非金属原子得到电子，形成稳定电子构型的负离子；③正负离子以静电引力相结合，从而形成离子型化合物。

以氯化钠分子的形成为例：

$$\text{Na}:1s^2 2s^2 2p^6 3s^1 \longrightarrow \text{Na}^+:1s^2 2s^2 2p^6$$

$$\text{Cl}:1s^2 2s^2 2p^6 3s^2 3p^5 \longrightarrow \text{Cl}^-:1s^2 2s^2 2p^6 3s^2 3p^6$$

Na^+ 与 Cl^- 靠静电引力结合成 Na^+Cl^-。随着人类对物质结构本质的深入研究，发现影响物质稳定性的因素是多方面的，起决定性的是能量因素。仅用正负离子“8e结构的稳定性”来说明离子型化合物形成的原因是不恰当的。

3.2.1.2　离子键的本质

金属元素和非金属元素的原子通过电子转移形成正、负离子后，就通过静电引力结合形成化合物。这种由正、负离子之间通过静电引力而形成的化学键叫离子键，由离子键结合而形成的化合物叫做离子型化合物。离子型化合物通常以晶体形式存在。

①在离子晶体中当正负离子相互接近时，它们之间主要是异号离子间的静电引力。对于带电量为$+q$和$-q$、相距为l的正负离子，其静电引力F大小可以用库仑引力公式表示；②当正负离子进一步接近时，除静电引力外，还存在电子与电子、原子核与原子核间的斥力。

正负离子的电荷越高，离子间的平衡距离越小，离子间的引力就越强，体系的能量就越低，所形成的化合物就越稳定。

3.2.1.3　离子键的特征

①没有方向性：离子晶体中，一般离子电荷的分布是球形对称的，所以只要空间条件允许它可以从不同方向同时吸引带相反电荷的离子。

②没有饱和性：只要空间条件允许，正离子周围可尽量多地吸引负离子，反之亦然。即离子周围最邻近的异号离子的多少取决于离子的空间条件。如NaCl晶体中Na∶Cl=6∶6。

3.2.2　晶格能

离子电荷、离子半径以及离子的电子构型是影响离子键强度的结构因素。离子键的强度通常用晶格能U来度量，晶格能是指气态正离子和气态负离子结合成1mol离子晶体时所放出的能量。

$$A^{+}(g)+B^{-}(g)=AB(s) \qquad \Delta_r H_m^{\ominus}=U$$

一般晶格能U以正值来表示，单位为$kJ \cdot mol^{-1}$。晶格能与AB（s）的摩尔生成焓、A物质的升华焓、电离能、B物质的升华焓、离解能、电子亲和能等因素有关。

根据晶格能的大小可以预测和解释离子型化合物的一些性质，如熔点、沸点、硬度、稳定性等。对于同种构型的离子晶体，离子电荷越高，半径越小，晶格能就越大。晶格能大，说明形成晶体时放出的能量多，则离子键强，离子晶体的熔、沸点高，离子型化合物的稳定性强。

3.2.3　单键的离子性百分数

离子型和共价型没有明确的界限，二者只是极性程度的不同。实际上离子型化合物中的离子并不是刚性电荷，正负离子原子轨道也有部分重叠，离子化合物中离子键的成分取决于元素电负性差值的大小。

近代实验指出，即使CsF晶体中也不是离子的纯静电作用，μ'/μ（理论）=92%。元素的电负性差值越大，键的离子性也就越大。对于AB型化合物，当$\Delta x=1.7$时，单键约具有50%的离子性；$\Delta x>1.7$时离子性百分数>50%，属离子型化合物；$\Delta x<1.7$时离子性百分数<50%，属共价型化合物。

3.3　共价键

1916年由美国化学家Lewis提出的经典共价键理论认为：在H_2、O_2、N_2中两个原子间以共用电子对吸引两个相同的核；电子共用成对后每个原子都达到稳定的稀有气体的原子结构。该理论提出了共价键的概念，初步揭示了共价键不同于离子键的本质，但是它在解释分子结构时遇到了很多不能解决的矛盾：①电子为何会配对？②分子中大部分键能是怎样产生的？③共价键的方向性和饱和性？④许多分子中原子最外层电子数为何不满足 8e 结构（PCl_5、BF_3）？

为解决上述问题，化学家们把量子力学原理成功地应用于处理氢分子形成的过程，并解释了共价键的本质，建立了现代价键理论体系（简称 VB 法）。1932 年美国化学家密立根和德国化学家洪德从另一角度出发用量子力学处理分子结构，建立了分子轨道理论（简称 MO 法）。

3.3.1 现代价键理论——共价键的本质

价键理论是在用量子力学处理 H_2 分子取得满意结果的基础上发展起来的。本书以 H_2 分子的形成为例阐述共价键的本质。

3.3.1.1 H_2 分子的形成

图 3-2 是 H_2 分子的能量曲线，反映出氢分子的能量与两个 H 原子核间距之间的关系：

（1）曲线 E_b 状态　当成单电子自旋相反的 A、B 两个 H 原子相互接近时，电子在两核之间区域内出现的概率增加，形成负电荷区域，从而增加了对两核的吸引力，使体系的能量低于两原子单独存在时的能量。随两核距离的拉近，体系的能量进一步下降，在两原子的核间距 R 为 74pm 时，体系的能量降到最低。

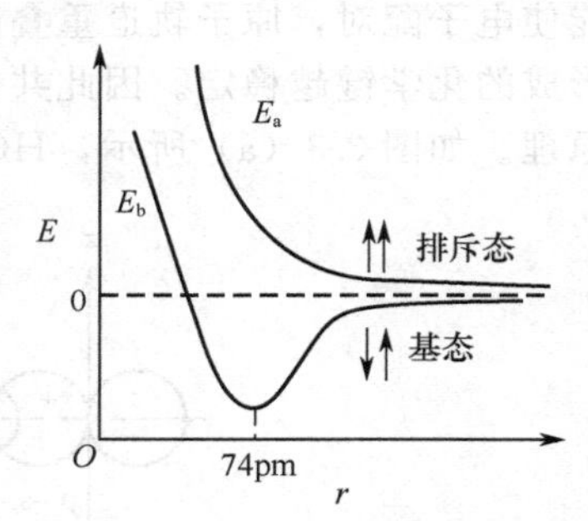

图 3-2　H_2 分子的能量曲线

如果两个原子核继续靠近，则两核间的斥力迅速增大而使体系能量急剧升高，又会把两原子核推回到相距 74pm 附近处。这样，两原子的核间距 R 为 74pm 附近振动，体系的能量处于最低点，从而形成了稳定的化学键，两原子结合成为稳定的 H_2 分子。这种状态称为 H_2 分子的基态。

（2）曲线 E_a 状态　两氢原子的成单电子自旋相同，量子力学证明，当它们接近时，将产生相互排斥作用。核间距越小，排斥作用越大，没有能量最低点。体系的能量始终高于两个单独存在的氢原子的能量，不能形成稳定的化学键。说明处于这种状态不会形成稳定 H_2 分子，必然回到两 H 原子状态，称为 H_2 分子的排斥态。

3.3.1.2 共价键的本质——电性的

从共价键形成来看，共价键的本质是电性的。共价键的结合力是两个原子核对共用电子对形成负电区域的吸引力，而不是正负离子之间的静电作用力。

利用量子力学原理，可以计算出基态分子和排斥态分子的电子云分布不同。

（1）当成单电子自旋相反的两个成键原子相互接近时，原子轨道重叠（波函数相加），核间形成了一个电子概率密度较大的区域，因而有效地降低了两个原子核之间的正电排斥作用，同时两个 H 原子核都被电子概率密度大的区域所吸引，因而增加了两个原子核的结合力，使系统能量达到最低（即 H_2 分子的基态），这种结合力就是共价键。

（2）成单电子自旋相同的两个成键原子相互接近时，原子轨道的波函数符号相反的部分相加（波函数相减），在两核间电子的概率密度为“0”，因而增大了两个原子核之间的正电排斥作用，系统能量随着核间距离 R 的减小而逐渐升高，并且始终高于 H 原子能量，系统处于不稳定状态（即 H_2 分子的排斥态），不能形成共价键。

可见，原子轨道重叠部分的符号必须相同，这是形成共价键的重要条件。即：两原子电子自旋相反，波函数正正重叠（或负负重叠），电子云分布在核间比较密集，能量下降形成

H_2；两原子电子自旋相同，波函数正负重叠，电子云分布在核间比较稀疏，能量升高，不能形成 H_2。

3.3.2 价键理论的基本要点

3.3.2.1 价键理论的基本要点

（1）形成化学键的两个原子必须具有单电子。当成单电子自旋相反的两个原子相互接近时，两电子耦合配对，核间电子云密度较大，体系能量降低，形成稳定的共价键，结合为分子。

$$H_2 \quad Cl_2 \quad F_2 \quad He$$

（2）如果A、B两个原子具有2个或2个以上自旋相反的单电子，则可以形成2个或2个以上的共价键，两原子间通过共享两对或两对以上的电子形成多重键。

$$N_2 \quad H_2O \quad NH_3$$

（3）形成共价键时，必须满足原子轨道最大重叠条件。两原子接近时，原子轨道重叠才能使电子配对，原子轨道重叠越多，电子在两核间出现的机会越大，体系能量降低得越多，形成的化学键越稳定。因此共价键要尽可能按原子轨道最大重叠的方向形成，称为最大重叠原理。如图3-3（a）所示，HCl分子H原子1s与Cl原子 $3p_x$ 轨道的最大有效重叠。

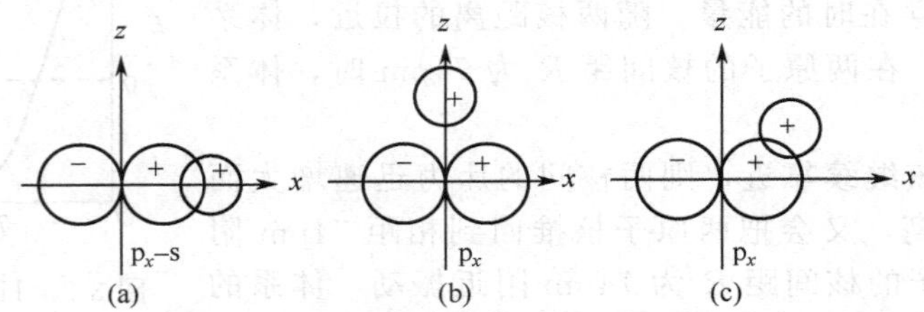

图3-3 s轨道与p轨道重叠的几种方式

总之，现代价键理论认为，两原子间的共价键是由来自两原子自旋相反的单电子配对形成的；电子配对时，要求双方原子轨道有最大程度的重叠，此时电子云在两核间密度最大，体系的能量最低。

3.3.2.2 共价键的基本特征——饱和性和方向性

（1）饱和性　自旋相反的未成对电子互相配对才能成键，所以一个原子所形成的共价键的数目，取决于其所具有的未成对电子数，因此共价键具有饱和性。

（2）方向性　原子轨道在空间是有一定取向的（s除外），为了形成稳定的共价键，原子轨道的重叠只能沿着轨道的伸展方向进行才会有最大的重叠。这是共价键有方向性的根本原因。

如图3-3（a）所示，在HCl分子中，只有当H的1s电子沿 x 轴与Cl的 p_x 轨道成键时轨道重叠最多，才能形成稳定的共价键。共价键的方向性是原子轨道有各自的空间伸展方向和共价键的最大重叠原理所导致的必然结果。

3.3.2.3 共价键的类型——σ键和π键

根据原子轨道重叠方式不同，共价键可分为σ键和π键，如图3-4。

（1）σ键　原子轨道沿两核连线"键轴"呈圆柱形对称。"头碰头"重叠，沿键轴圆柱对称，重叠程度大，键能大，能量低。

（2）π键　原子轨道通过键轴的一个平面对称。"肩并肩"重叠，对通过键轴的一个平面对称，重叠程度小，键能小，能量高，易活动，是化学反应的积极参与者。

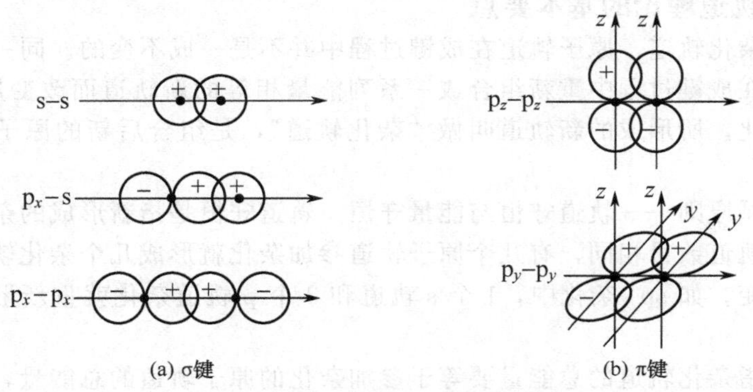

图 3-4　σ键和π键形成示意图

3.3.2.4　现代价键理论的应用实例

（1）N_2　N_2分子中的叁键示意图如图 3-5 所示。

N_2分子中含一个σ和两个π键，其中$N 1s^2 2s^2 2p^3$，从波函数角度部分分析：①p_x-p_x沿x轴方向"头碰头"重叠的称为σ键；②p_y-p_y，p_z-p_z对称轴平行，"肩并肩"重叠的称为π键。

注意：由于σ键稳定，原子在结合成分子时，一般总是优先形成σ键，但受原子轨道空间取向限制，两个原子之间只能形成1个σ键。所以，若两个原子之间形成单键，则为σ键；若两个原子之间形成多重键，则1个是σ键，其余是π键。

（2）配位键　在许多化合物中存在一类特殊的化学键，这类化学键也是通过共用电子对形成的，但成键的电子对并不是来自于两个原子，而是由一个原子提供的，提供电子对的原子是电子对给予体，接受电子对的原子是电子对接受体，这种由一个原子提供电子对而与另一个原子共用形成的化学键叫配位共价键，简称配位键。正常形成的共价键用一根短线"—"表示，配位键用箭头"→"表示，方向是从提供电子对的原子指向接受电子对的原子，如图 3-6 是 CO 分子中配位键的形成示意。形成配位键的条件是：成键的两个原子中，一方有孤电子对，另一方有空轨道。更多关于配位化合物的知识参见第五章相关内容。

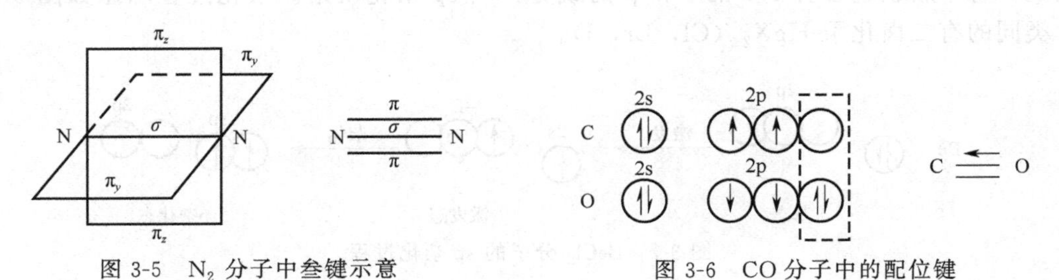

图 3-5　N_2分子中叁键示意

图 3-6　CO 分子中的配位键

3.3.3　杂化轨道理论

随着近代物理实验技术的发展，许多分子的空间结构都已测定。如H_2O（104.5°），CH_4（109.5°）分子都相当稳定。用 VB 法解释应为CH_4（90°）和H_2O（90°），但与实验事实不符，而且CH_4、H_2O中化学键比原有原子轨道成键更稳定。为了更好地解释分子的实际空间构型和稳定性，鲍林在 VB 法基础上提出"杂化轨道理论"。

3.3.3.1 杂化轨道理论的基本要点

（1）杂化和杂化轨道 原子轨道在成键过程中并不是一成不变的。同一原子中能量相近的某些原子轨道在成键过程中重新组合成一系列能量相等的新轨道而改变原有轨道的状态，这一过程称为杂化。所形成的新轨道叫做“杂化轨道”，是组合后新的原子轨道或空间运动状态。

（2）杂化遵循原则——轨道守恒与能量守恒 轨道守恒是指新形成的杂化轨道数目要与参加杂化的原子轨道数目相同，有几个原子轨道参加杂化就形成几个杂化轨道，即杂化前后轨道总数保持不变。如 sp^3 杂化中，1 个 s 轨道和 3 个 p 轨道杂化就重新形成 4 个 sp^3 杂化轨道。

能量守恒是指杂化轨道的总能量要等于参加杂化的原子轨道的总能量，即各杂化轨道的能量之和要等于杂化前各原子轨道的能量之和。

（3）杂化轨道的成键能力增强 原子之所以要发生杂化，是因为生成的杂化轨道比未杂化的原子轨道有更强的成键能力和更合理的空间取向，从而有利于原子间在合理的位置形成稳定的化学键，生成更稳定的分子。

如 sp 杂化轨道的形状是一头大一头小，两个杂化轨道大头分别位于原子核两边，成键时用大头与其它原子的轨道重叠，重叠程度大，空间位置好，成键能力强。

（4）相同的杂化轨道，空间取向不同，构成不同的几何图形。由不同的杂化轨道成键形成的分子，几何构型也不同。

3.3.3.2 杂化轨道实例

（1）sp 杂化 对非过渡元素（主族元素），*n*s、*n*p 能级比较接近，往往采用 sp 型杂化。sp 型杂化又分为：sp 杂化（一个 s 和一个 p）；sp^2 杂化（一个 s 和两个 p）；sp^3 杂化（一个 s 和三个 p）。

①sp 杂化。以 $BeCl_2$ 为例，$BeCl_2$ 是共价型化合物（Be 半径小，电负性大），蒸汽状态时以 $BeCl_2$ 线性分子组成（分子是怎样形成的?），实验测得分子中两个键的键长、键能都相等（为什么?）。

$$Be：1s^2 2s^2（基态）\longrightarrow 1s^2 2s^1 2p^1（激发态）\rightarrow 1s^2 (sp)^1 (sp)^1$$

$BeCl_2$ 中 Be 成键的轨道是由一个 2s 和一个 2p 混合起来重新组成的两个彼此呈直线的新轨道，每个新轨道含有 1/2 的 s 和 p 的成分，叫 sp 杂化轨道。杂化过程示意如图 3-7 所示，类同的有二卤化汞 HgX_2（Cl，Br，I）。

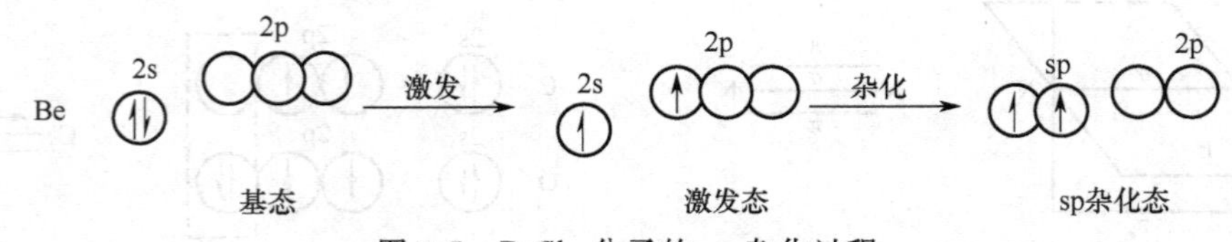

图 3-7 $BeCl_2$ 分子的 sp 杂化过程

sp 杂化特点：a. 两个 sp 杂化轨道，与参与杂化的原子轨道数目相等；b. 两个 sp 杂化轨道的能量之和等于 $E_{2s}+E_{2p}$，能量守恒；c. 都含有二分之一的 s 和 p 成分，成键能力相等；d. 两个 sp 杂化轨道互成 180°直线型，形成直线型分子。

②sp^2 杂化。以 BF_3 为例，实验测得分子的原子都在同一平面内，键角 120°，三个键完全等同。

$$B:1s^2 2s^2 2p^1（基态）\longrightarrow 1s^2 2s^1 2p^2（激发态）\longrightarrow 1s^2 (sp^2)^1 (sp^2)^1 (sp^2)^1$$

BF_3 中的B利用 sp^2 杂化轨道成键，每个杂化轨道含 1/3s 和 2/3p 成分，3 轨道夹角 120°。3 个杂化轨道与 3 个 F 原子成键，整个分子呈平面正三角形，即 BF_3 成平面正三角形结构。过程如图 3-8 所示。

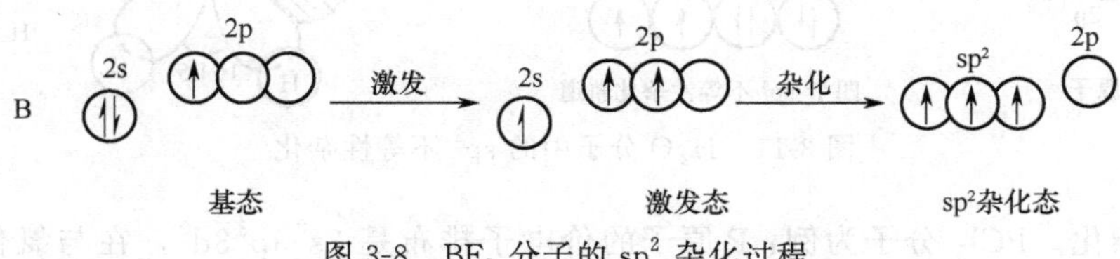

图 3-8 BF_3 分子的 sp^2 杂化过程

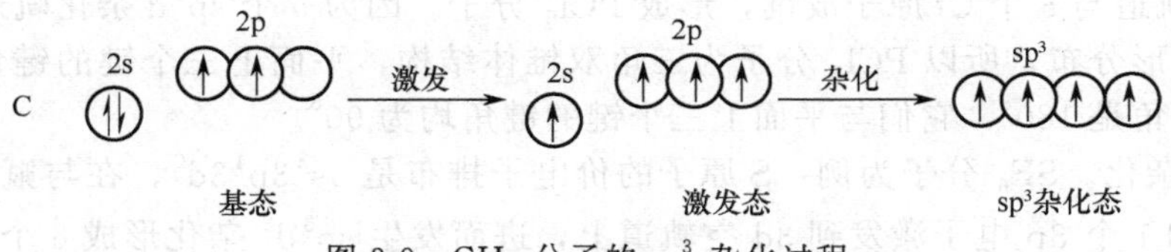

图 3-9 CH_4 分子的 sp^3 杂化过程

③sp^3 杂化。CH_4 分子中，中心原子 C 采用 sp^3 杂化，杂化过程示意如图 3-9 所示。杂化形成的四个 C—H 键等同，夹角为 109.5°，CH_4 分子呈正四面体结构。

C 利用 sp^3 杂化轨道成键，每个杂化轨道含 1/4s 和 3/4p 成分且一头大一头小。sp^3 杂化轨道分别指向四面体顶角，4 轨道对称轴夹角 109.5°，4 个 H 原子沿 4 个方向与 C 成键，整个分子呈四面体结构。利用 C 的 sp^3 杂化轨道形成的键比原子轨道形成的键强，因为杂化轨道的电子云更集中在成键的方向上，所以 CH_4 分子中有四个较强的键，而 CH_2 中只形成两个较弱的键。显然 CH_4 比 CH_2 稳定的多。

(2) 等性杂化和不等性杂化　如果能量相近的 n 个原子轨道相互杂化后形成的 n 个杂化轨道的成分和能量都相同，这种杂化就是等性杂化；若杂化后形成的 n 个杂化轨道的成分和能量不完全相同，这种杂化就是不等性杂化。一般说来，若参加杂化的原子轨道均含有单电子，形成的杂化轨道也都只有单电子，形成分子时杂化轨道都形成 σ 键，就是等性杂化；若一部分原子轨道含有成对电子，另一部分原子轨道含有单电子，由它们形成的杂化轨道也是既含有单电子，又含有成对电子，形成分子时中心原子有孤电子对存在，就是不等性杂化。如 NH_3（107.3°）、H_2O（104.5°）与理论上的键角 90°不符，要用不等性轨道杂化理论说明其结构。

①NH_3。三角锥形结构排列（107.3°）。由于排斥力：孤电子对>成键电子对>成键电子对之间，故 NH_3 分子中的键角压缩至 107.3°，如图 3-10 所示。

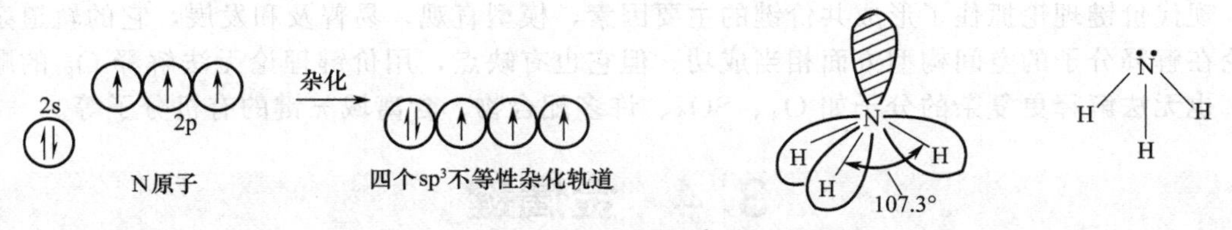

图 3-10 NH_3 分子中的 sp^3 不等性杂化

②H_2O。V 字形结构排列，键角压缩至 104.5°，如图 3-11 所示。

(3) s-p-d 杂化　除了 sp 型杂化另外，s-p-d 型杂化也经常见到（长周期元素）。

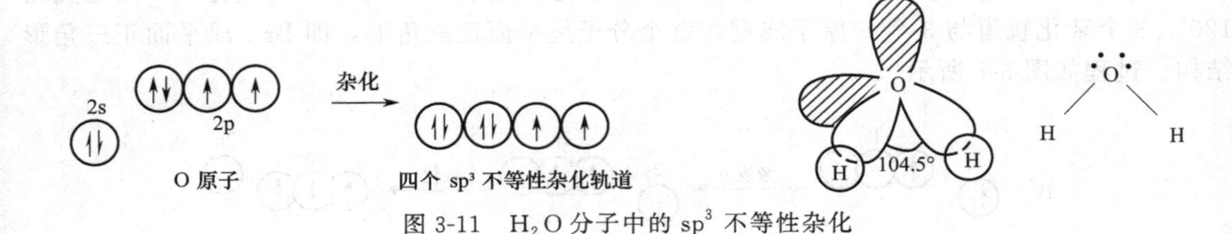

图 3-11　H_2O 分子中的 sp^3 不等性杂化

①sp^3d 杂化。PCl_5 分子为例：P 原子的价电子排布是 $3s^23p^33d^0$，在与氯化合时，P 的 1 个 3s 电子激发到 3d 空轨道上，进而发生 sp^3d 杂化形成 5 个 sp^3d 杂化轨道。P 原子利用 5 个 sp^3d 杂化轨道与 5 个 Cl 原子成键，形成 PCl_5 分子。因为 5 个 sp^3d 杂化轨道在 P 原子周围为三角双锥形分布，所以 PCl_5 分子为三角双锥体结构，平面上三个键的键角是 120°，两个锥顶键的键角是 180°，它们与平面上三个键的键角均为 90°。

②sp^3d^2 杂化。SF_6 分子为例：S 原子的价电子排布是 $3s^23p^43d^0$，在与氟化合时，S 的 1 个 3s 电子和 1 个 3p 电子激发到 3d 空轨道上，进而发生 sp^3d^2 杂化形成 6 个 sp^3d^2 杂化轨道。S 原子利用 6 个 sp^3d^2 杂化轨道与 6 个 F 原子成键，形成 SF_6 分子。因为 6 个 sp^3d^2 杂化轨道在 S 原子周围呈八面体分布，所以 SF_6 分子为八面体结构，相对的键之间键角是 180°，相邻的键之间键角是 90°。

可见，并非每种元素的原子在化合物中都有稀有气体的 8e 构型，条件许可时，它会形成更多的化学键，以降低体系的能量，使之处于更稳定的状态。

常见的几种 s 轨道和 p 轨道所形成的杂化轨道和分子空间构型归纳如表 3-1。

表 3-1　一些杂化轨道的类型与分子的空间构型

杂化轨道	sp	sp^2	sp^3	sp^3（不等性）类型	
参加杂化的轨道	1 个 s、1 个 p	1 个 s、2 个 p	1 个 s、3 个 p	1 个 s、3 个 p	
杂化轨道数	2	3	4	4	
成键轨道夹角 θ	180°	120°	109°28′	$90° < \theta < 109°28'$	
空间构型	直线形	平面正三角形	（正）四面体形	三角锥形	"V" 字形
实例	$BeCl_2$，$HgCl_2$	BF_3，BCl_3	CH_4，$SiCl_4$	NH_3，PH_3	H_2O，H_2S
中心原子	Be(ⅡA)，Hg(ⅡB)	B(ⅢA)	C,Si(ⅣA)	N,P(ⅤA)	O,S(ⅥA)

注意：杂化轨道几何构型是指杂化轨道在中心原子周围分布所构成的几何图形，而分子的几何构型是指组成分子的原子在空间排布所构成的几何图形。如，CH_4 分子中 sp^3 杂化轨道在 C 原子周围呈四面体排布，4 个 sp^3 杂化轨道分别指向 4 个顶点；CH_4 分子也为四面体构型。而 NH_3 和 H_2O 分子中，中心原子杂化轨道的几何构型和分子的几何构型却不相同。

现代价键理论抓住了形成共价键的主要因素，模型直观，易普及和发展，它的轨道杂化理论在解释分子的空间构型方面相当成功。但它也有缺点，用价键理论无法解释 O_2 的顺磁性，也无法解释更复杂的分子如 O_3、SO_2、许多配合物、含离域 π 键的有机分子等。

3.4　金属键

在一百多种元素中有 4/5 是金属，这些金属除汞外都是晶状固体。在印刷业，特别是印刷版材中，金属材料应用比较广泛。金属具有一些共同的物理化学特性，这都是由它们相似的内部结构决定的。

3.4.1 金属键的形成

金属元素的两大特征：①外层价电子数<4，多数1～2个；②金属中原子的配位数大，一般为8或12。

金属的通性：不透明，有金属光泽，能导电传热，有延展性，电负性小，易失去电子等。目前有关金属中化学键的形成主要有两种理论，即自由电子理论和能带理论。

3.4.1.1 自由电子理论

（1）金属易失去电子形成M^{n+}，$M - ne^- \longrightarrow M^{n+}$

（2）金属晶体中晶格结点上排列着M和M^{n+}，其间存在着由原子上脱落下来的电子在金属内自由运动，称之为自由电子。

（3）自由电子的存在减小了金属离子之间的斥力，将M^{n+}和M联系在一起形成金属键，此键无方向性和饱和性。

（4）形成晶体时，金属一般总是以最密堆积方式，空间利用率大，密度大。

金属键可看成是由许多原子共用许多电子的一种特殊形式的共价键。金属的一些性质与自由电子有关：①自由电子的存在使其具有导电、导热性；②自由电子能吸收可见光并随即放出，使金属不透明并有光泽；③自由电子的胶合作用，当晶体受外力作用时原子间可发生滑动而不断裂，所以有延展性。

自由电子理论不能解释金属的光电效应，导体、绝缘体和半导体的区别，某些金属的导电特性等。随着量子力学的应用，又建立起了金属键的能带理论。

3.4.1.2 能带理论

把整个金属晶体看成是一个大分子，用MO法处理得到能带理论。

（1）金属晶体中，所有原子的相同价轨道都重新组合，形成与原子轨道总数相同的分子轨道，其中一半是成键轨道，一半是反键轨道。在这些轨道能级中，相邻分子轨道之间能量差很小，以至于常连成一片，称为能带。

（2）金属晶体中的电子按在分子轨道中的填充原理填充到这一系列分子轨道能级上。充满电子的能带称为满带；部分充满电子的能带称为导带；没有电子的能带称为空带；相邻两个能带之间的能量间隔叫禁带。

金属Li（$2s^1$），金属晶体由n个原子组成Li_n，2s原子轨道组合成n个分子轨道，其中$n/2$个为成键电子充满，另一半分子轨道是空的。分子轨道间的能级差ΔE很小，电子在同一能带中跃迁很易发生。金属锂的2s能带具有半充满结构，在外加电场作用下价电子可在导带内定向运动，传导电流。

金属Be（碱土金属），2s带是充满的，2p带是空的，但二者重叠，电子可在导带中运动，所以传导电流。

过渡金属，$(n-1)$ d部分充满，与ns、np带有重叠，许多单质有优良的导电性。

3.4.2 印刷业常用金属材料

金属锌、铝、铜、铬、铁等是印刷工业常用的版基材料，他们有各自的特性。

3.4.2.1 锌

锌属于重金属，相对密度为7.14，灰白色，具有脆性，加热至100～200℃之间有展性，导电性强。锌的外电子层有两个电子，在化学反应中较易失去，故其化学性质比较活泼。

用于平印版材的锌不是100％的纯锌，而是含量为99.8％～99.96％的锌，掺有微量的铅、铁、镉等金属，以改善其硬度、强度等力学性能。

3.4.2.2 铝

铝是轻金属，相对密度为2.7，银白色，韧性、展性均强，导电、导热性能良好。铝的外层电子是三个电子，化学反应中易失去三个电子，故化学性质很活泼，易氧化，能溶于酸、碱溶液。与氯、硫等非金属元素能直接反应。铝版比锌版亲水性强，质轻，伸缩率小，容易得到细密的砂目，反光性能强，易观察其上面的水分量与脏污，用做版基还可通过阳极氧化处理提高耐印力，所以铝是较理想的平印版材。

用于生产胶印PS版的原材料铝不是100%的纯铝，而是含99%～99.6%的铝，掺入了少量铁、锰等金属，以改善其硬度等机械强度。

3.4.2.3 铁

铁用于重金属，相对密度为7.86，纯铁为灰白色，具有可塑性、传导性和感磁性。印刷上用薄铁板作为多层金属版的支持体，在其上镀铜然后镀铬，加工制作成多层金属版。

3.4.2.4 铜

铜属于重金属，相对密度为8.92，纯铜是紫红色的，质软，具有延展性，是电和热的良导体。铜不能在盐酸和稀硫酸中溶解，但在氧化性的酸中可以溶解。铜有良好的吸附性、亲油性和化学稳定性，因此在平、凸、凹制版上均有应用，构成亲油性图文部分。铜和锌的合金称做黄铜，用做胶印机传水辊材料。

3.4.2.5 铬

铬属重金属，相对密度为7.14，银白色带有光泽，熔点1890℃，沸点2482℃，它具有较高的硬度、较强的抗腐蚀性。铬是一种较主要的电镀材料。当铬镀在其它金属表面时，由于铬生成氧化膜，对其它金属表面可起保护作用，同时铬质硬、耐磨，加之具有银白色的金属光泽，增添美观，所以镀铬在电镀业得到广泛应用。

凹印版滚筒上和多层金属版的铬层均是采用电镀方法镀于铜层上面的，前者主要取其耐磨性，后者主要取其亲水性。

3.5 分子间作用力和氢键

离子键、共价键、金属键是基本的化学键，它们是分子内原子与原子间强烈的化学结合力，是决定物质化学性质的主要因素。在分子与分子间存在着一种较弱的作用力，称为分子间力或范德华力，它们是决定物质的物理和化学性质如熔点、沸点、水溶性等的又一个重要因素。

3.5.1 分子间力

3.5.1.1 分子间力的种类

范德华力按其产生的原因和特性可分为三种：取向力、诱导力、色散力。要区分这三种作用力，首先要了解以下几个概念。

①固有偶极。极性分子本身就是偶极子，每种分子都有自己的偶极矩，称之为固有偶极。

②诱导偶极。当分子受到外电场作用时，分子内部的正负电荷会发生位移使分子变形，从而产生偶极，称为诱导偶极。这种在外电场作用下分子产生变形的现象称为分子的极化。

③瞬时偶极。由于分子中的电子和原子核皆处在不断的运动之中，经常会发生电子云和原子核之间的瞬时相对位移，结果产生瞬时偶极。

(1) 取向力　极性分子与极性分子之间固有偶极定向排列产生的作用力。分子电偶极矩越大，取向力越大。

(2) 诱导力 诱导偶极与极性分子的固有偶极相吸引产生的作用力称为诱导力。当极性分子与非极性分子靠近时，极性分子的偶极使非极性分子变形产生诱导偶极。诱导力也存在于极性分子之间。

(3) 色散力 两个瞬时偶极处于异极相邻的状态而相互吸引，这种力称为色散力。色散力普遍存在于各种分子之间，且没有方向性。分子的分子量愈大，愈容易变形，色散力就越大。

综上所述，非极性分子间只存在色散力；极性分子与非极性分子间存在着色散力和诱导力；极性分子间存在色散力、诱导力和取向力。这三种力的总和叫分子间力，其中色散力是最主要的一种力，只有分子的极性非常强时，才考虑取向力。表 3-2 列出了一些分子的分子间力构成。

表 3-2 分子间作用能的分配 单位：$kJ \cdot mol^{-1}$

分子	$\mu/(10^{-30}C \cdot m)$	取向力	诱导力	色散力	总能量
Ar	0	0	0	8.49	8.49
CO	0.33	0.003	0.008	8.74	8.75
HI	1.3	0.025	0.113	25.87	26.01
HBr	2.6	0.690	0.502	21.94	23.13
HCl	3.6	3.31	1.00	16.83	21.14
NH_3	5.0	13.31	1.55	14.95	29.81
H_2O	6.2	36.39	1.93	9.00	47.32

3.5.1.2 分子间力的特点

(1) 一般只有几十个 $kJ \cdot mol^{-1}$，比化学键能小 1～2 个数量级。

(2) 作用力范围约 300～500pm，一般不具有方向性和饱和性。

(3) 对大多数分子，色散力是主要的。只有极性很大的分子取向力才占较大比重。见表 3-2。

分子间作用力的大小直接影响物质的许多物理化学性质，如熔点、沸点、溶解度等。例如卤素单质 F_2、Cl_2、Br_2、I_2，随着分子质量的增加，分子变形性增强，分子间色散力增大，物质的熔点、沸点依次升高，所以常温常压下 F_2、Cl_2 为气态，Br_2 为液态，I_2 为固态。当分子质量相同或接近时，极性分子化合物的熔点、沸点比非极性分子的高。如 CO 和 N_2 的相对分子质量均为 28，分子大小和变形性也相近，故两者色散力相当，但 CO 分子间中还存在取向力和诱导力，所以熔点、沸点相对比 N_2 的要高一些。

3.5.2 氢键

根据分子间力对物质熔点、沸点的影响，同族元素氢化物的熔点、沸点应随着分子质量的增大而升高，但（HF，HCl，HBr，HI）、（H_2O，H_2S，H_2Se，H_2Te）的熔点、沸点变化规律并非如此，其中 HF、H_2O 的熔点、沸点反而最高。HF 和 H_2O 性质的反常现象说明其分子之间有很大的作用力使其成为缔合分子。分子缔合的主要原因是分子间形成了氢键。

氢键：与电负性极强的元素（F、O、N）相结合的氢原子，和另一分子中电负性极强的原子（F、O、N）间所产生的引力而形成氢键。

H_2O 分子间因构成 O—H…O 氢键而缔合在一起。HF 也类同因氢键而缔合成 $(HF)_n$，$n=2，3，4$。

3.5.2.1　氢键形成的条件

氢只有跟电负性大的，半径小的且其原子具有孤电子对的元素（F、O、N）化合后才能形成较强的氢键。表示为：X—H⋯Y，式中X、Y代表F、O、N等电负性很大、半径很小且含有孤对电子的原子。当氢原子与X原子形成共价键时，成键电子对强烈地偏向X原子，使氢原子几乎成为裸露的质子，有很强的正电效应，它可以和另一个氢化物中电负性大、半径小的Y原子的孤对电子产生静电吸引作用而形成氢键。如图3-12所示。

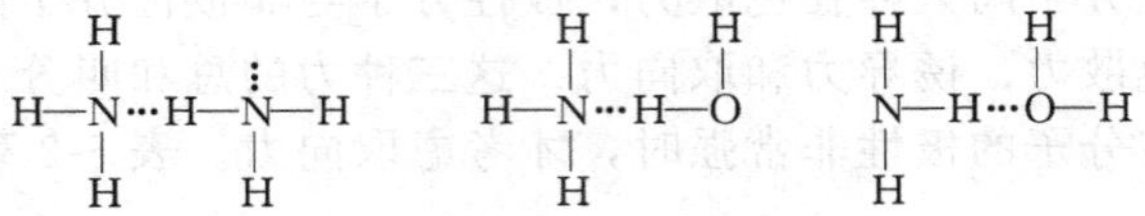

H—N⋯H—N—H　　H—N⋯H—O　　N—H⋯O—H

图 3-12　分子间氢键

3.5.2.2　氢键的特征

（1）基本上属于静电吸引作用，键能一般在20～40kJ·mol^{-1}之间，远小于化学键，与分子间作用力数量级相近，但比其值大。键能大小的排列顺序为：分子间力＜氢键＜化学键。

（2）具有饱和性和方向性　氢键具有饱和性和方向性。由于氢原子半径很小，与Y形成氢键时，氢原子镶嵌在Y的孤对电子的电子云中，如果另一个Y原子靠近，就会受到强烈的排斥作用，所以一个X—H只能和一个Y原子形成氢键；另外，当Y与X—H形成氢键时，为使X、Y原子负电荷之间的斥力最小，3个原子总是尽可能地沿直线分布，即X—H⋯Y在同一直线上，所以氢键具有方向性。

冰的结构：每个水分子位于四面体中心，它与周围的四个水分子分别以氢键相连接形成巨大的缔合分子。该结构不很紧密。所以冰的密度很小，能浮于水面。

3.5.2.3　分类

氢键可以在同种分子间形成，也可以在不同种分子间形成（图3-12），还可以在同一个分子内形成（图3-13）。

（1）分子间氢键　分子间氢键是指一个分子与另一个分子之间形成的氢键。能形成分子间氢键的物质是广泛的，例如，HF、H_2O、NH_3、无机含氧酸和有机羧酸、醇、胺、蛋白质以及某些合成高分子化合物等物质的分子（或分子链）之间都存在着氢键。因为这些物质的分子中，含有F—H键、O—H键或N—H键。而醛、酮，例如，乙醛和丙酮等有机物的分子中虽有氢、氧原子存在，但与氢原子直接连接的是电负性较小的碳原子，所以通常这些同种化合物的分子之间不能形成氢键。氢键能存在于晶态、液态甚至于气态之中。

（2）分子内氢键　分子内氢键指的是在一个分子内形成的氢键，如图3-13所示。

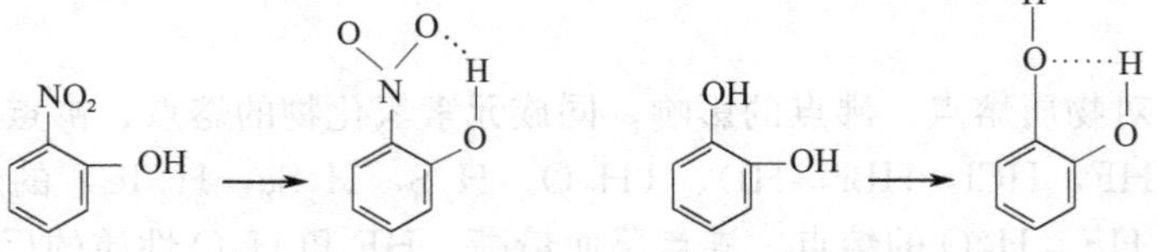

NO_2　OH　(a)　　OH　OH　(b)

图 3-13　分子内氢键

在苯酚的邻位上有—CHO、—COOH、—OH、—NO_2时可形成氢键的螯合环。分子内氢键不可能在同一直线上，一般形成五元环或六元环。间位、对位取代基间一般不形成氢键，只有邻位形成。

3.5.2.4 氢键对物质性质的影响

(1) 对物质熔点、沸点的影响　分子间氢键会使物质的熔点、沸点升高，这是因为要使固体熔化或液体汽化，除了需克服分子间作用力外，还必须增加额外的能量以破坏分子间氢键。如 H_2O、NH_3、HF 的熔点、沸点均是同族氢化物中最高的。分子内氢键，往往会削弱分子间作用力，使物质熔点、沸点降低。例如形成了分子内氢键的邻硝基苯酚熔点为45℃，而间硝基苯酚和对硝基苯酚的熔点分别为96℃和114℃。

(2) 对物质溶解度的影响　如果溶质分子与溶剂分子能够形成分子间氢键，则溶质的溶解度较大，例如乙醇可与 H_2O 以任何比例互溶，NH_3 在水中的溶解度很大等。如果溶质分子形成分子内氢键，则该溶质在极性溶剂中溶解度较小，而在非极性溶剂中溶解度较大，如邻硝基苯酚在水中的溶解度小于对硝基苯酚，在苯中正好相反。

顺便指出，如肥皂这类物质，在分子中，一端含有极性较强的羧基，另一端则是碳链较长的烷基（如含17个碳原子的烷基），前者与水分子有较强的作用力，所以易溶于水，而后者与油类分子有较强的作用力，因此，肥皂在水中可以达到去除织物上的油污的目的。包括肥皂在内的这类物质属于表面活性剂，在印刷生产中用途甚广，这将在后续第9章作详细介绍。

复习思考题

1. 共价键是怎样形成的？
2. 从以下几个方面说明 σ 键和 π 键的区别：
   (1) 轨道重叠方式　　(2) 轨道重叠程度
   (3) 成键电子的电子云分布　　(4) 键的稳定性
3. 什么叫极性共价键？什么叫做极性分子？分子的极性与哪些因素有关？
4. 分子的极性用什么衡量？
   CCl_4、H_2O、NH_3 分子中，中心原子都采用 sp^3 杂化轨道成键，为何它们的几何构型不同？
5. 为什么说共价键具有饱和性和方向性？
6. 指出下列说法的错误：
   (1) 氯化氢（HCl）溶于水后产生 H^+ 和 Cl^-，所以氯化氢分子是由离子键形成的。
   (2) 四氯化碳的熔点、沸点低，所以 CCl_4 分子不稳定。
   (3) 凡是含有氢的化合物的分子之间都能产生氢键。
7. 什么是分子间作用力？分子间作用力有何特点？
8. 氢键是怎样形成的？氢键的形成对物质性质有什么影响？

习　　题

1. 选择题

(1) 下列叙述正确的是（　　）。
   A. 多电子分子中，键的极性愈强，分子的极性愈强。
   B. 具有极性共价键的分子，一定是极性分子。
   C. 非极性分子中的化学键，一定是非极性共价键。
   D. 分子中的键是非极性键，分子一定是非极性分子。

(2) 下列分子的偶极矩不等于零的是（　　）。
   A. $BeCl_2$　　B. BCl_3　　C. CO_2　　D. NH_3

(3) 下列叙述错误的是（　　）。
   A. 非极性分子的偶极矩为零，极性分子的偶极矩大于零。
   B. 分子的偶极矩愈大，分子的极性愈强。

C. 分子中键的极性愈强，分子的偶极矩愈大。

D. 双原子分子中，键的极性和分子的极性是一致的。

(4) 下列叙述正确的是（ ）。

A. 氢键键能的大小和分子间力相近，因此两者没有差别。

B. 氢键具有方向性和饱和性，因此氢键和共价键均属化学键。

C. H_2CO_3 分子中，由于C原子的半径较大，所以不能形成氢键。

D. 氢键具有方向性和饱和性，其大小与分子间力相接近。

(5) 下列含氢的化合物中，不存在氢键的是（ ）。

A. HCl　B. NH_3　C. CH_3COOH　D. H_2BO_3

E. C_2H_6　F. C_2H_5OH　G. HCHO　H. CH_3OCH_3

2. 下列各物质的化学键中，只存在σ键的是哪些？同时存在σ键和π键的是哪些？

(1) NH_3　(2) C_2H_4　(3) C_2H_6　(4) SiO_2　(5) N_2

3. 下列化合物晶体中既存在有离子键，又有共价键的是哪些？

(1) NaOH　(2) Na_2S　(3) $CaCl_2$　(4) Na_2SO_4　(5) MgO

4. 判断下列各组化合物中，哪种化合物键的极性较大？

(1) CaO、CaS　(2) HI、HCl、HBr　(3) H_2S、H_2Se、H_2Te

(4) NH_3、NF_3　(5) H_2O、F_2O

5. 根据下列分子的几何构型，推断其中心原子的杂化轨道类型，并简要说明它的成键过程。$SiCl_4$（正四面体形）、$HgCl_2$（直线形）、BCl_3（平面正三角形）、H_2O（V字形）

6. 根据杂化轨道理论预测下列分子的空间构型。

$SiHCl_3$、NF_3、PH_3、H_2Se

7. 写出Si、P、S、C四种元素在生成下列各种化合物时的杂化轨道类型，判断分子的偶极矩是否为零，判断各物质的分子间存在的分子间力类型。

SiF_4　$CHCl_3$　PH_3　H_2S　CCl_2F_2

8. 比较两个四原子分子 BBr_3 和 NCl_3，解释两个分子的空间构型为什么不一样？

9. 判断下列各组分子之间存在什么形式的分子间作用力。

(1) H_2S (g) 与 H_2S (g)　(2) Ne与 H_2O (l)

(3) NH_3 (g) 与 NH_3 (g)　(4) Br_2 与 CCl_4

10. 指出下列说法的不妥之处。

(1) 由非极性键形成的分子总是非极性分子，由极性键形成的分子总是极性分子。

(2) 色散力仅存在于非极性分子之间。

(3) 诱导力仅存在于极性分子和非极性分子之间。

11. 用分子间力说明以下事实。

(1) 常温下 F_2、Cl_2 是气体，Br_2 是液体，I_2 是固体。

(2) HCl、HBr、HI的熔点和沸点随相对分子质量的增加而升高。

12. 乙醇和甲醚的分子式相同（C_2H_6O），但乙醇的沸点为78.5℃，而甲醚的沸点为－23℃，相差很多，但两者都可以溶于水，为什么？

13. 下列各物质的分子之间，分别存在何种类型的作用力（不能仅用分子间力表示）？

H_2　CH_4　CH_3COOH　$CHCl_3$　HCHO

14. 试判断下列各组物质熔点的高低顺序，并作简单说明。

(1) SiF_4、$SiCl_4$　(2) NH_3、PH_3

15. 下列各物质中哪些可溶于水？哪些难溶于水？试根据分子的结构，简单说明之。

(1) 氯仿（$CHCl_3$）　(2) 乙醚（$CH_3CH_2OCH_2CH_3$）

(3) 甲醛（HCHO）　(4) 甲烷（CH_4）

4 化学反应的基本规律

【学习要求】

1. 掌握化学反应中的计量方法。
2. 熟悉化学反应速率理论并掌握影响化学反应速率的因素。
3. 掌握化学平衡的概念与平衡常数的意义。
4. 掌握影响化学平衡的因素。
5. 熟悉化学平衡的计算方法。

印刷生产中伴随着多种化学反应的进行。如油墨的干燥固化、氧化结膜、印版的显影与冲洗、胶黏剂的固着等，这些反应进行的程度与快慢直接影响着印刷品质的好坏。因此，掌握化学反应基本规律在控制印刷品质量的环节中尤为重要。另外，研究化学反应速率与平衡移动在科研、生产和人类生活中都具有普遍意义。

本章首先阐述化学反应中的计量方法，在此基础上讨论影响反应速率的各种因素，介绍化学平衡及其移动规律，并介绍这些原理在实际中的应用。

4.1 化学反应速率

4.1.1 化学反应中的计量

4.1.1.1 摩尔的概念

化学反应都有新物质产生，常伴随质量和能量（热、电、光能等）的变化。要测定或计算物质的质量、溶液的浓度、反应的温度以及气体的压力和体积等，首先需要掌握化学中常用的量和单位以及有关的定律。

由于原子太微小，通常我们对原子进行研究时所取的物质的量不是含有一、二个原子，而是含有亿万个原子。因此需要采用一个适宜的量单位计量原子的数目。

化学上规定，用“物质的量”表示某物质的数量，单位名称为摩尔，符号为 mol。物质的量为 1mol 的某物质，表示有 6.023×10^{23} 个该物质的粒子（$6.023\times10^{23}mol^{-1}$ 称为阿伏加德罗常数，记作 N_A，为 $0.012kg^{12}C$ 所含的碳原子数目）。摩尔适用于任何物质体系的结构微粒（原子、分子、离子等）。例如：1molH_2 表示 N_A 个氢分子；2molC 代表有 $2N_A$ 个碳原子；3molCl^- 表示 $3N_A$ 个氯离子等。4mol（H_2+O_2）表示有 $4N_A$ 个（H_2+O_2）的特定组合体，其中含有 $4N_A$ 个氢分子和 $4N_A$ 个氧分子。

在混合物中，某物质的物质的量（n_i）与混合物的物质的量（n）之比，称为该物质的摩尔分数（x_i）。例如，在含有 1molN_2 和 3molH_2 的混合气体中，N_2 和 H_2 的摩尔分数分别为：

$$x_{N_2}=\frac{1\text{mol}}{(1+3)\text{mol}}=\frac{1}{4}$$

$$x_{H_2}=\frac{3\text{mol}}{(1+3)\text{mol}}=\frac{3}{4}$$

单位物质的量的物质所具有的质量称为该物质的摩尔质量（M），单位为 $kg \cdot mol^{-1}$ 或 $g \cdot mol^{-1}$。以物质的质量（m）除以该物质的物质的量（n），即为摩尔质量：

$$M=\frac{m}{n}$$

1mol 任何粒子或物质的质量当以克为单位时，其摩尔质量在数值上等于该粒子或物质的相对原子质量或相对分子质量（M_r）。例如，H_2 的相对分子质量为 2.02，则 H_2 的摩尔质量即为 $2.02g \cdot mol^{-1}$。任意物质 B 的物质的量可由下式求出：

$$n_B=\frac{m_B(g)}{M(g \cdot mol^{-1})}$$

式中　m_B——B 物质的质量，g。

4.1.1.2　物质的量浓度

混合物（主要指气体混合物或溶液）单位体积中所含某物质 B 的物质的量（n_B）称为该物质的物质的量浓度（c_n），由下式求出：

$$c_n=\frac{n_B}{V}$$

式中　V——混合物体积。

对溶液来说，物质的量浓度则表示 1L 溶液中所含溶质 B 的物质的量，其单位名称为摩尔每升，符号为 $mol \cdot L^{-1}$。物质的量浓度可简称为浓度。

【例 4-1】　在少量水中加入 233.76gNaCl（s）使之溶解，然后再将所得溶液稀释至 4.0L，试求此溶液的物质的量浓度（浓度）。

解：

$$M_{r,NaCl}=22.99+35.45=58.44$$

$$M_{NaCl}=58.44g \cdot mol^{-1}$$

根据

$$n_B=\frac{m_B}{M}$$

$$n_{NaCl}=\frac{233.76g}{58.44g \cdot mol^{-1}}=4.00mol$$

又根据

$$c_n=\frac{n_B}{V}$$

则

$$c_{NaCl}=\frac{n_{NaCl}}{V}=\frac{4.00mol}{4.0L}=1.0mol \cdot L^{-1}$$

4.1.1.3 气体的计量

（1）理想气体状态方程 理想气体是一种假想的气体，它要求气体分子间没有相互作用力，分子本身不占体积。其压力、体积、温度及物质的量之间的关系可由下式描述：

$$pV=nRT \qquad (4\text{-}1)$$

式中　p——气体压力，Pa；

V——气体体积，m^3；

n——物质的量，mol；

T——气体的热力学温度，K；

R——摩尔气体常数，又称气体常数。

式（4-1）称为理想气体状态方程，只有理想气体才能完全遵守这个方程式。

而实际工作中的气体都是真实气体，当压力不太高和温度不太低时，分子间距离大，它们之间的作用力和分子本身的体积可以忽略，实际气体的存在状态接近于理想气体，因此，可用理想气体状态方程进行计算。

实际测得，在温度为273.15K和101.325kPa压力条件下，1.000mol气体的摩尔体积为$22.414\times10^{-3}m^3$，则R值可由式（4-1）求出：

$$R=\frac{pV}{nT}=\frac{101.325\times10^{3}\text{Pa}\times22.414\times10^{-3}\text{m}^{3}}{1.000\text{mol}\times273.15\text{K}}$$
$$=8.314\text{Pa}\cdot\text{m}^{3}\cdot\text{mol}^{-1}\cdot\text{K}^{-1}$$
$$=8.314\text{J}\cdot\text{mol}^{-1}\cdot\text{K}^{-1}$$

R的数值与气体种类无关，所以也称通用气体常数。

【例4-2】 一个体积为$20.0dm^3$的氢气钢瓶，在25℃时，使用前压力为15MPa。求钢瓶内压力降为10.0MPa时所用去的氢气的质量。

解：使用前钢瓶中的氢气物质的量：

$$n_1=\frac{p_1V}{RT}=\frac{15\times10^{6}\text{Pa}\times20.0\times10^{-3}\text{m}^{3}}{8.314\text{Pa}\cdot\text{m}^{3}\cdot\text{mol}^{-1}\cdot\text{K}^{-1}\times(273.15+25)\text{K}}=121\text{mol}$$

使用后钢瓶中的氢气物质的量：

$$n_2=\frac{p_2V}{RT}=\frac{10.0\times10^{6}\text{Pa}\times20.0\times10^{-3}\text{m}^{3}}{8.314\text{Pa}\cdot\text{m}^{3}\cdot\text{mol}^{-1}\cdot\text{K}^{-1}\times(273.15+25)\text{K}}=80.68\text{mol}$$

所用的氢气质量：

$$m=(n_1-n_2)M=(121-80.68)\text{mol}\times2\text{g}\cdot\text{mol}^{-1}=80.64\text{g}$$

（2）理想气体分压定律 在实际生产和科学实验中，我们经常遇到气体混合物。例如空气是有氧气、氮气、二氧化碳和多种稀有气体组成的气体混合物。研究表明，只要混合气体的各组分之间互不反应，可视为互不干扰，每种组分气体均匀地充满整个容器，对容器内壁产生压力，如同各自单独存在一样。那么，在混合气体中，某组分气体所产生的压力称为该组分气体的分压，等于相同温度下各组分气体单独占有与混合气体相同体积时所产生的压力。1801年，英国科学家道尔顿从大量实验中总结出组分气体的分压与混合气体总压之间的关系，这就是著名的道尔顿分压定律。

表示形式为：混合气体的总压等于各组分气体的分压之和。例如，由A、B、C三种组分组成混合气体，则分压定律可表示为：

$$p_{总}=p_A+p_B+p_C \tag{4-2}$$

式中 $p_{总}$——混合气体总压；

p_A、p_B、p_C——A、B、C三种组分气体的分压。

理想气体定律同样适用于混合气体。若以n_i表示组分气体i物质的量，$n_{总}$表示各组分气体物质的量的总和，p_i表示某组分气体的分压，V、T分别为混合气体的体积和温度，则有：

$$p_iV=n_iRT$$
$$p_{总}V=n_{总}RT$$

将上式除以下式，则得：

$$p_i=\frac{n_i}{n_{总}}p_{总} \tag{4-3}$$

式中 $\frac{n_i}{n_{总}}$——组分气体的摩尔分数。

式 (4-3) 表示，混合气体中组分气体 i 的分压等于组分气体的摩尔分数与混合气体的总压之积。这是分压定律的第二种表示形式。

【例 4-3】 温度在 25℃时，在 20L 容器中含有 5.0×10^{-3} mol O_2，1.00×10^{-3} mol N_2 和 1.5×10^{-4} mol Ne，求 25℃时的总压是多少？

解：$p_{O_2}=\frac{n_{O_2}RT}{V}$

$$=\frac{5.0\times10^{-3}\text{mol}\times8.314\text{Pa}\cdot\text{m}^3\cdot\text{mol}^{-1}\cdot\text{K}^{-1}\times(273.15+25)\text{K}}{20.0\times10^{-3}\text{m}^3}=640\text{Pa}$$

$$p_{N_2}=\frac{n_{N_2}RT}{V}$$

$$=\frac{1.00\times10^{-3}\text{mol}\times8.314\text{P}_\text{a}\cdot\text{m}^3\cdot\text{mol}^{-1}\cdot\text{K}^{-1}\times(273.15+25)\text{K}}{20.0\times10^{-3}\text{m}^3}=128\text{Pa}$$

$$p_{Ne}=\frac{n_{Ne}RT}{V}$$

$$=\frac{1.5\times10^{-4}\text{mol}\times8.314\text{P}_\text{a}\cdot\text{m}^3\cdot\text{mol}^{-1}\cdot\text{K}^{-1}\times(273.15+25)\text{K}}{20.0\times10^{-3}\text{m}^3}=19.2\text{Pa}$$

$$p_{总}=p_{O_2}+p_{N_2}+p_{Ne}=(640+128+19.2)\text{Pa}=787.2\text{Pa}$$

4.1.2 反应速率的概念及表达式

在热力学上能自发进行的反应很多都是在瞬间完成的。例如：炸药的爆炸，溶液中酸与碱的中和反应等。与此相反，有些反应，从热力学上看是自发的，但由于反应速率太慢几乎观察不到反应的进行。如氢气和氧气生成水的反应，在 298K 时，反应可自发进行，但当把氢气和氧气的混合物于常温常压下放置若干年也观察不出任何变化。又如一些有机化合物的酯化和硝化反应，钢铁的生锈以及岩石的风化等，均为反应速率较慢的反应。这一类反应是动力学控制的反应。

印刷生产中会发生各种各样的化学反应，比如油墨的干燥固化、氧化结膜、印版的腐蚀显影等，有的反应我们希望其快速完成，而有的反应需要采取各种措施来控制它进行的速率。比较与衡量化学反应的快慢，可用化学反应速率（v）表示。

为了比较反应速率，首先要明确如何表示反应速率。物质在进行化学反应时，随着反应的进行，反应物浓度不断降低，化学反应速率也将随着时间的增加而变慢。在化学动力学中，反应速率是用单位时间内有关物质的量或浓度的改变量来表示的。反应速率既可以用反应物消耗速率表示，也可以用生成物的生成速率表示。对于任一反应：

$$aA+bB=dD+eE$$

反应物消耗速率与生成物的生成速率分别为：

$$v_A=\frac{\Delta c_A}{\Delta t},v_B=\frac{\Delta c_B}{\Delta t},v_D=\frac{\Delta c_D}{\Delta t},v_E=\frac{\Delta c_E}{\Delta t}$$

由于浓度单位为 $\text{mol}\cdot\text{L}^{-1}$，时间单位视反应快慢可用秒（s）、分（min）或小时（h）表示。因此，反应速率的单位 $\text{mol}\cdot\text{L}^{-1}\cdot\text{s}^{-1}$、$\text{mol}\cdot\text{L}^{-1}\cdot\text{min}^{-1}$ 或 $\text{mol}\cdot\text{L}^{-1}\cdot\text{h}^{-1}$。如某一反应物的浓度是 $2\text{mol}\cdot\text{L}^{-1}$，1min 后，它的浓度为 $1.88\text{mol}\cdot\text{L}^{-1}$，也就是 1min 内反应物浓度减少了 $0.12\text{mol}\cdot\text{L}^{-1}$，所以反应速率为 $0.12\text{mol}\cdot\text{L}^{-1}\cdot\text{min}^{-1}$。

4.1.3 反应速率理论简介

4.1.3.1 碰撞理论

碰撞理论是以分子运动论为基础的。碰撞理论认为：任何化学反应的发生，其必要条件是反应物分子相互碰撞，反应速率与反应物分子间的碰撞频率有关。根据气体分子运动论，单位时间内分子间的碰撞次数是很大的。在标准状态下，每秒钟每升分子间的碰撞可达 10^{32} 次或更多。碰撞频率如此之大，显然不可能每次碰撞都发生反应，否则所有的反应将会在瞬间完成。

实际上，在无数次的碰撞中，大多数碰撞并不导致反应的发生，只有少数分子间的碰撞才能发生化学反应。我们把能发生化学反应的碰撞称为有效碰撞。能发生有效碰撞的分子称为活化分子。活化分子与普通分子的主要差别在于它们具有不同的能量。如图 4-1、图 4-2 所示。

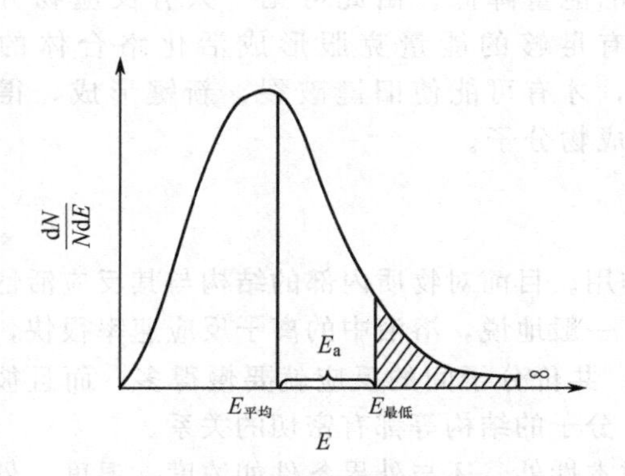

图 4-1　分子能量分布示意图

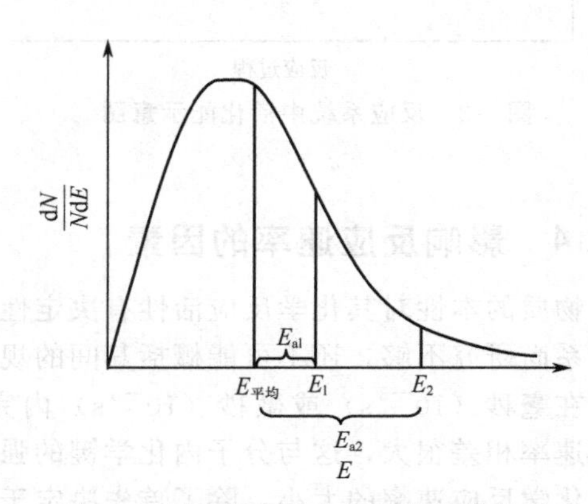

图 4-2　活化能与活化分子分数的关系

图 4-1 是在一定温度下分子能量的分布情况。图中横坐标为能量，纵坐标是单位能量范围内的分子分数，$E_{平均}$表示在该温度下分子的平均能量。由图 4-1 可见，具有很低能量或很高能量的分子都很少，大部分分子的能量接近于平均值。只有当两个相碰撞的反应物分子的能量等于或大于某一特定的能量值 $E_{最低}$时，才有可能发生有效碰撞，这种具有等于或大于 $E_{最低}$能量的分子称作活化分子。$E_{最低}$即为活化分子具有的最低能量。图中阴影部分的面积表示活化分子的分子分数。活化分子的最低能量与分子的平均能量之差（$E_{最低}-E_{平均}$）就称为反应的活化能。

每一个反应都有其特有的活化能。从图 4-2 可以看出，若反应的活化能越大，$E_{最低}$在图中横坐标的位置就越靠右，对应曲线下的面积就越小，活化分子分数就越小，单位时间内有效碰撞的次数越少，反应速率也就越慢。反之，活化能越小，反应速率就越快。一般化学反应的活化能约在 $40\sim400\text{kJ}\cdot\text{mol}^{-1}$ 之间。活化能小于 $40\ \text{kJ}\cdot\text{mol}^{-1}$ 的反应，反应速率很快，可瞬间进行，如中和反应等。

在讨论化学反应的快慢时，除了考虑分子的碰撞频率和活化能以外，还要考虑分子的碰撞方位。即反应物分子碰撞而起反应，它们彼此间的取向必须适当。

4.1.3.2 活化络合物理论

活化络合物理论又称为过渡态理论。该理论认为，反应物分子要发生碰撞而相互靠近到一定程度时，分子所具有的动能转变为分子间相互作用的势能，系统的势能增加。分子中原子间的距离发生了变化，旧键被削弱，同时新键开始形成，这时形成了活化络合体。

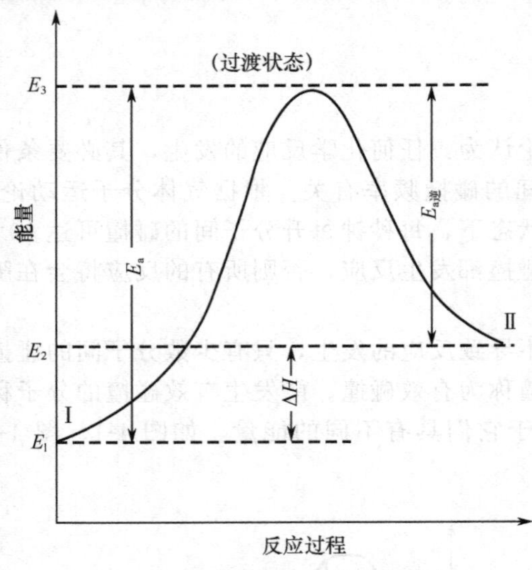

图 4-3　反应系统中活化能示意图

见图 4-3。

图 4-3 中 E_1 表示反应物分子的平均能量，E_2 表示产物分子的平均能量，E_3 表示活化络合体的平均能量。$E_3-E_1=E_a$，E_a 为正反应的活化能；$E_3-E_2=E_{a逆}$，$E_{a逆}$ 为逆反应的活化能。$E_a-E_{a逆}=\Delta H$，ΔH 就是该反应的焓变。

活化络合体是反应物转化为生成物的过程中，分子构型发生连续变化时的一种表现，所以又称为过渡状态。活化络合体分子具有较高的能量，它不稳定，会很快分解为产物分子，也可能分解为反应物分子，使系统的能量降低。由此可见，只有反应物分子具有足够的能量克服形成活化络合体的能垒，才有可能使旧键破裂，新键形成，得到生成物分子。

4.1.4　影响反应速率的因素

物质的本性对其化学反应活性有决定性的作用。目前对物质内部的结构与其反应活性间的关系尚研究不够，还不可能概括其间的规律。一般地说，溶液中的离子反应速率很快，通常可在毫秒（10^{-3}s）或微秒（10^{-6}s）内完成；共价分子间的反应就要慢得多，而且彼此间的速率相差很大，这与分子内化学键的强弱、分子的结构等都有密切的关系。

化学反应速率的大小，除了首先决定于物质本性外，还与外界条件如浓度、温度、催化剂等有关。

4.1.4.1　浓度对反应速率的影响

对任一化学反应

$$a\text{A}+b\text{B}=d\text{D}+e\text{E}$$

反应速率与反应物浓度呈如下函数关系

$$v=k\{c(\text{A})\}^x\{c(\text{B})\}^y \tag{4-4}$$

式中　k——反应速率常数；

x——A 物质的反应级数；

y——B 物质的反应级数；

$x+y$——反应的（总）级数。

式（4-4）称为反应速率方程。

对于简单反应，即一步完成的基元反应来说，$x=a$，$y=b$。此时反应速率方程可表示

$$v=k\{c(\text{A})\}^a\{c(\text{B})\}^b \tag{4-5}$$

式（4-5）称为质量作用定律。质量作用定律只适用于基元反应。

$$NO_2+CO \longrightarrow NO+CO_2$$

$$2NO_2 \longrightarrow 2NO+O_2$$

以上两式都为基元反应。

对于非基元反应即多步完成的复杂反应，反应级数 x 与 y 的数值需要通过实验测定。反应级数可以是零，简单的正数、负数以及分数。对于非基元反应，反应速率将由最慢的一

步反应控制。

例如： $2NO+2H_2 \longrightarrow N_2+2H_2O$

该反应分为两步完成： $2NO+H_2 \longrightarrow N_2+H_2O_2$（慢）

$H_2O_2+H_2 \longrightarrow 2H_2O$（快）

该反应为复杂反应，其中每一步都是基元反应，反应的速率是由慢的反应来决定的。反应速率常数 k 的单位与反应级数有关。当 c（A）$=c$（B）$=1.0\text{mol}\cdot\text{L}^{-1}$ 时，由式（4-5）可得 $v=k$。可见反应速率常数 k 数值上等于所有反应物均为单位浓度时的反应速率。

4.1.4.2 温度对反应速率的影响

温度与化学反应速率有密切关系。大多数化学反应速率随温度升高而加快。在1889年，瑞典的科学家阿仑尼乌斯总结了大量的实验数据提出了反应速率常数 k 随温度的变化关系：

$$k=Ae^{\frac{-E_a}{RT}} \tag{4-6}$$

$$\ln k=\ln A-\frac{E_a}{RT} \tag{4-7}$$

式中 k——反应速率常数；

E_a——反应的活化能；

A——指前因子（也称频率因子）。

在温度变化范围不太大时，A 与 E_a 不随温度改变而近似看作常数。由式（4-7）可知，若已知两个不同温度下的速率常数，就可求出反应的活化能。

当温度为 T_1 时，$\ln k_1=\ln A-\frac{E_a}{RT_1}$

当温度为 T_2 时，$\ln k_2=\ln A-\frac{E_a}{RT_2}$

两式相减可得到，$\ln\frac{k_2}{k_1}=\frac{E_a}{R}\left(\frac{T_2-T_1}{T_1T_2}\right)$

上式换成常用对数得，

$$\lg\frac{k_2}{k_1}=\frac{E_a}{2.303R}\left(\frac{T_2-T_1}{T_1T_2}\right) \tag{4-8}$$

4.1.4.3 催化剂对反应速率的影响

催化剂对化学反应的速率影响很大，它是一种能改变反应速率，而其本身的组成、质量和化学性质在反应前后保持不变的物质。催化剂为什么会加速反应速率呢？这是因为当把一种特定的催化剂加入某反应时，催化剂能改变反应历程，降低反应的活化能，因而使反应速率加快。如在印刷油墨中加“红燥油”，起到催化干燥的作用，可以加快油墨干燥速率。

4.1.4.4 影响多相反应速率的因素

前面讨论的为单相系统中各种因素对反应速率的影响。对于多相反应，如固体和液体、固体和气体、液体和气体等的反应，除了上述几种影响因素外，还与反应物接触面的大小和接触机会有关。因多相反应只能在其接触界面上进行，因此可采取将液态物质采用喷淋的方式形成微小液滴，将固体物料充分搅拌等办法来增大接触面。如锌粉与酸的反应，要比锌粒与酸的反应快，煤粉燃烧要比煤块燃烧的速率快。此外，通过搅拌、振荡的方法，可强化扩散作用，增大反应物的接触机会，并使产物及时脱离相界面，也会加快反应速率。

4.2 化学平衡

4.2.1 可逆反应与化学平衡

4.2.1.1 可逆反应

在同一条件下，能同时向正逆两个方向进行的化学反应称为可逆反应。习惯上，把从左向右进行的反应称为正反应，反方向进行的反应称为可逆反应。在化学方程式中常用两个相反的箭头（$\rightleftharpoons$）来表示。例如，汽车尾气无害化反应：

$$CO(g)+NO(g)\rightleftharpoons CO_2+\frac{1}{2}N_2(g)$$

从理论上讲，所有的化学反应都具有可逆性，只是不同反应的可逆程度不同而已。反应的可逆性和不彻底性是一般化学反应的普遍特征。由于正逆反应同处于一个体系中，所以在密闭容器中的可逆反应是不能进行到底的，也就是说此时反应物不可能全部转化为产物。但在敞开体系中，能通过改变条件来获得尽可能多的产物。

4.2.1.2 化学平衡

在一定温度的密闭容器中，反应物刚开始反应时，其浓度或分压最大，所以正反应速率 $v_{正}$ 最大，而由于此时还没有产物生成，故逆反应速率 $v_{逆}$ 为 0。随着反应的进行，反应物浓度或分压不断减小，生成物浓度或分压不断增大，故使 $v_{正}$ 逐渐减小，$v_{逆}$ 逐渐增大。当 $v_{正}=v_{逆}$时，反应达到极限，此时，反应物和生成物的浓度或分压不再随时间变化。因此，在一定条件下，密闭容器中，当可逆反应的正、逆反应速率相等时，反应体系所处的状态称为化学平衡状态，简称化学平衡。在恒温条件下，密闭容器内进行的可逆反应，无论先从正反应发生还是先从逆反应发生，最终同样可以达到化学平衡状态。

化学平衡的特征如下：

（1）反应的正反应速率与逆反应速率相等；

（2）反应物和生成物的浓度不再随时间而改变，此时，相应的反应物和生成物的浓度称作平衡浓度；

（3）反应物和生成物必须同处一处，两者不能分；

（4）可以从正、反两个方向达到平衡；

（5）化学平衡是有条件的，只能在一定的外界条件下才能保持，当外界条件改变后，原平衡将被破坏，会在新的条件下建立起新的平衡。

从表面上看，化学反应达平衡以后，反应似乎已停止，但实际上正逆反应仍然进行，只是正、逆反应速率相等。因此，化学平衡是一个动态平衡。

4.2.2 化学平衡常数

4.2.2.1 实验平衡常数

对任一可逆反应：$aA+bB\rightleftharpoons gG+dD$

在一定温度下达到平衡时，生成物浓度以反应方程式中化学计量数为指数的乘积与反应物浓度以化学计量数为指数的乘积之比为一常数，称为浓度平衡常数，记作 K_c。其表达式为：

$$K_c=\frac{c_G^g c_D^d}{c_A^a c_B^b}$$

若是气相反应，平衡常数表达式中各个项的浓度还可用分压代替（因为温度一定时，气体的分压与浓度成正比），此种形式表达的平衡常数称压力平衡常数，记作 K_p。其表达式为：

$$K_p=\frac{p_G^g p_D^d}{p_A^a p_B^b}$$

在 K_c 和 K_p 的表达式中，c_A、c_B、c_G、c_D 均为平衡浓度，p_A、p_B、p_G、p_D 均是平衡时的分压力，而 a、b、g、d 则是相应物质在反应方程式中的化学计量数。将实验数据（浓度或分压）代入平衡常数表达式所得的 K_c 或 K_p 叫做实验平衡常数。由于浓度或分压的单位不同，所求 K 值及其量纲也不同，这给计算带来很多麻烦，也不便于与研究平衡有重要价值的热力学函数相联系。若引入标准平衡常数（$K^{\ominus}$），问题则迎刃而解。

4.2.2.2　标准平衡常数（$K^{\ominus}$）

在化学反应中，若某组分为气态物质，则其平衡分压 p_i（以 Pa 为单位）除以标准态压力 $p^{\ominus}$（100kPa），即 $p_i/p^{\ominus}$，称相对分压；若某组分为溶液形式，则其平衡浓度除以标准态浓度 $c^{\ominus}$（$1\text{mol}\cdot\text{L}^{-1}$），即 $c_i/c^{\ominus}$，称相对浓度，由此所得的平衡常数称标准平衡常数，以 $K^{\ominus}$表示。设一般反应为：

$$a\text{A(g)}+b\text{B(aq)}\rightleftharpoons g\text{G(s)}+d\text{D(g)}$$

则其标准平衡常数为：

$$K=\frac{(p_D/p^{\ominus})^d}{(p_A/p^{\ominus})^a(c_B/c^{\ominus})^b}$$

按新国标（GB—3102.8—93），$K^{\ominus}$为量纲为 1 的量。$K^{\ominus}$的数值决定于反应的本性、温度以及标准态的选择，而与压力或组成无关。标准平衡常数 $K^{\ominus}$无浓度平衡常数和分压平衡常数之分，若 $c_i/c^{\ominus}$用 c'表示，$p_i/p^{\ominus}$用 p'表示，则上边标准平衡常数表达式即为：

$$K^{\ominus}=\frac{{p'_D}^d}{{p'_A}^a {c'_B}^b}$$

平衡常数是个重要的物理量，在书写平衡常数的表达式和应用式时要特别注意以下几点。

（1）在平衡常数表达式中，各物质的浓度或分压必须是系统达平衡状态时的对应值。固体、纯液体或溶剂的浓度不写进平衡常数表达式中。例如：

$$Cr_2O_7^{2-}+H_2O\rightleftharpoons 2CrO_4^{2-}+2H^+$$

$$K^{\ominus}=\frac{{c'_{CrO_4^{2-}}}^2 {c'_{H^+}}^2}{c'_{Cr_2O_7^{2-}}}$$

$$C(s)+2H_2O(g)\rightleftharpoons CO_2(g)+2H_2(g)$$

$$K^{\ominus}=\frac{p'_{CO_2}{p'_{H_2}}^2}{{p'_{H_2O}}^2}$$

（2）平衡常数 $K^{\ominus}$的数值表与化学计量方程式的写法有关。例如：

$$N_2+3H_2\rightleftharpoons 2NH_3 \qquad K_1^{\ominus}=\frac{{p'_{NH_3}}^2}{{p'}^1_{N_2}{p'_{H_2}}^3}$$

$$\frac{1}{2}N_2+\frac{3}{2}H_2\rightleftharpoons NH_3 \qquad K_2^{\ominus}=\frac{p'_{NH_3}}{{p'_{N_2}}^{1/2}{p'_{H_2}}^{3/2}}$$

$$2NH_3\rightleftharpoons N_2+3H_2 \qquad K_3^{\ominus}=\frac{p'_{N_2}{p'_{H_2}}^3}{p'^2_{NH_3}}$$

其中 $K_1^\ominus \neq K_2^\ominus \neq K_3^\ominus$，故应在使用或查阅时注意。

平衡常数是温度的函数，与反应系统的浓度无关。在一定条件下，每个反应都有其特有的 $K^\ominus$ 值。计算出一个反应的平衡常数可以衡量可逆反应进行的程度及判断反应进行的方向。在衡量反应进行的程度时，K 值越大，反应正向进行的程度越大，反应进行得越完全。判断反应进行的方向时，任意状态下，可逆反应生成物浓度幂的乘积与反应物浓度幂的乘积之比，称反应熵，以 Q 表示。

$$aA + bB \rightleftharpoons gG + dD$$

对溶液中反应：
$$Q = \frac{c'^{g}_{G} c'^{d}_{D}}{c'^{a}_{A} c'^{b}_{B}}$$

对气相中反应：
$$Q = \frac{p'^{g}_{G} p'^{d}_{D}}{p'^{a}_{A} p'^{b}_{B}}$$

需指出，Q 表达式中的各个项是任意状态下的相对浓度或相对分压，因此 Q 值是任意的，这与 $K^\ominus$ 表达式的意义完全不同。

比较 Q 与 K 的相对大小，即可判断可逆反应进行的方向。

①$Q < K^\ominus$，反应向 Q 增大的方向进行，即正向进行；

②$Q < K^\ominus$，反应向 Q 减小的方向进行，即逆向进行；

③$Q = K^\ominus$，系统处于平衡状态。

这就是化学反应进行方向的反应商判据。

4.2.2.3　多重平衡规则

多重平衡规则：如果某个反应可以表示为两个或更多个反应的总和，则总反应的平衡常数等于各反应平衡常数的乘积。

即，如果：

$$\text{反应(3)} = \text{反应(1)} + \text{反应(2)}$$

则：$K_3^\ominus = K_1^\ominus K_2^\ominus$。

例如：

(1) $SO_2(g) + \frac{1}{2}O_2(g) \rightleftharpoons SO_3(g)$　　$K_1^\ominus = \dfrac{p'_{SO_3}}{p'_{SO_2} p'^{1/2}_{O_2}}$

(2) $NO_2(g) \rightleftharpoons NO(g) + \frac{1}{2}O_2(g)$　　$K_2^\ominus = \dfrac{p'_{NO} p'^{1/2}_{O_2}}{p'_{NO_2}}$

(3) $SO_2(g) + NO_2(g) \rightleftharpoons SO_3(g) + NO(g)$　　$K_2^\ominus = \dfrac{p'_{SO_3} p'_{NO}}{p'_{SO_2} p'_{NO_2}}$

$$K_1^\ominus K_2^\ominus = \frac{p'_{SO_3}}{p'_{SO_2} p'^{1/2}_{O_2}} \times \frac{p'_{NO} p'^{1/2}_{O_2}}{p'_{NO_2}} = \frac{p'_{SO_3} p'_{NO}}{p'_{SO_2} p'_{NO_2}} = K_3^\ominus$$

因此可推出：$K_3^\ominus = K_1^\ominus K_2^\ominus$。

利用多重平衡规则，可以从一些已知反应的平衡常数推求许多未知反应的平衡常数。这对于尝试设计某产品新的合成路线，而又缺少实验数据时，常常是很有用的。

4.2.3　有关平衡常数的计算

根据平衡常数的大小可以衡量反应进行的程度，利用平衡常数也可以进行一些计算。例如，计算平衡时反应物或产物的浓度，求反应物的转化率。某反应的转化率是指平衡该反应物已转化的量占起始量的百分率，通常用 α 表示，即

$$转化率\ \alpha=\frac{反应物已转化的量}{反应开始时该反应物的量}\times100\%$$

【例 4-4】 1000K 时向容积为 5.0L 的密闭容器中充入 1.0mol O_2 和 1.0molSO_2 气体，平衡时生成了 0.85molSO_3 气体。计算反应：$2SO_2(g)+O_2(g)\rightleftharpoons 2SO_3(g)$的平衡常数。

解： $2SO_2(g)+O_2(g)\rightleftharpoons 2SO_3(g)$

	$2SO_2(g)$	$O_2(g)$	$2SO_3(g)$
开始时（mol）：	1.0	1.0	0
变化（mol）：	−0.85	−0.85/2	0.85
平衡时（mol）：	0.15	0.575	0.85

平衡时各物质的分压：

$$p_{SO_2}=n_{SO_2}RT/V=0.15\times8.314\times1000/(5\times10^{-3})=249.42\text{kPa}$$

$$p_{O_2}=n_{O_2}RT/V=0.575\times8.314\times1000/(5\times10^{-3})=956.11\text{kPa}$$

$$p_{SO_3}=n_{SO_3}RT/V=0.85\times8.314\times1000/(5\times10^{-3})=1413.38\text{kPa}$$

$$K^{\ominus}=\frac{\left[\dfrac{p_{SO_3}}{p^{\ominus}}\right]^2}{\left[\dfrac{p_{O_2}}{p^{\ominus}}\right]\left[\dfrac{p_{SO_2}}{p^{\ominus}}\right]^2}=\frac{\left(\dfrac{1413.38}{100}\right)^2}{\dfrac{956.11}{100}\times\left(\dfrac{249.42}{100}\right)^2}=3.36$$

【例 4-5】 25℃时，反应 $Fe^{2+}(aq)+Ag^+(aq)\rightleftharpoons Fe^{3+}(aq)+Ag(s)$的 $K^{\ominus}=2.98$。当溶液中含有 0.1 mol·L^{-1} $AgNO_3$、0.1 mol·L^{-1} $Fe(NO_3)_2$ 和 0.01 mol·L^{-1} $Fe(NO_3)_3$ 时，按上述反应式进行，求平衡时的各组分的浓度为多少？

解： $Fe^{2+}(aq)+Ag^+(aq)\rightleftharpoons Fe^{3+}(aq)+Ag(s)$

	$Fe^{2+}(aq)$	$Ag^+(aq)$	$Fe^{3+}(aq)$
开始浓度（mol·L^{-1}）：	0.1	0.1	0.01
变化浓度（mol·L^{-1}）：	$-x$	$-x$	x
平衡浓度（mol·L^{-1}）：	$0.1-x$	$0.1-x$	$0.01+x$

$$K^{\ominus}=\frac{\dfrac{c_{Fe^{3+}}}{c^{\ominus}}}{\left(\dfrac{c_{Fe^{2+}}}{c^{\ominus}}\right)\left(\dfrac{c_{Ag^+}}{c^{\ominus}}\right)}=\frac{0.01+x}{(0.1-x)^2}=2.98$$

解得 $x=0.0127$ mol·L^{-1}

平衡时：$c_{Ag^+}=c_{Fe^{2+}}=0.1-x=0.1-0.0127=0.0873$ mol·L^{-1}

$c_{Fe^{3+}}=0.01+x=0.01+0.0127=0.0227$ mol·L^{-1}

Ag^+ 的转化率：$\alpha_{Ag^+}=(0.0127/0.1)\times100\%=12.7\%$

4.2.4 化学平衡的移动

一切平衡都是相对的、暂时的。化学平衡也是相对的、暂时的、有条件的。当外界条件改变时，平衡就被破坏。在新的条件下，反应将向某一方向移动直到建立起新的平衡。这种因外界条件改变而使化学反应由原来的平衡状态改变为新的平衡状态的过程称为平衡的移动。这里所说的外界条件主要指浓度、压力和温度。

改变平衡状态的条件，平衡向着减弱这种改变的方向移动，直到建立起新的平衡为止。即化学平衡移动原理，亦称吕·查德里平衡移动原理。

4.2.4.1 浓度对平衡移动的影响

根据反应熵 Q 的大小，可以推断化学平衡移动的方向。浓度虽然可以使平衡发生移动，

但它不能改变 $K^{\ominus}$ 的数值，因为在一定温度下，$K^{\ominus}$ 值是一定的。在温度一定时，增加反应物的浓度或减少产物的浓度，此时 $Q<K^{\ominus}$。平衡将向正反应方向移动，直到建立新的平衡，即 $Q=K^{\ominus}$ 为止。若减少反应物浓度或增加生成物浓度，此时 $Q>K^{\ominus}$，平衡将向逆反应方向移动，直到建立新的平衡，即 $Q=K^{\ominus}$ 为止。

在化工生产中，经常利用这一原理，使反应的 $Q<K^{\ominus}$，使平衡正向移动来提高反应物的转换率。

【例 4-6】 25℃时，Fe^{2+} (aq) $+Ag^{+}$ (aq) $\rightleftharpoons Fe^{3+}$ (aq) $+Ag$ (s) 的 $K^{\ominus}=2.98$。当溶液中含有 0.1 $mol \cdot L^{-1}$ $AgNO_3$、0.1 $mol \cdot L^{-1}$ $Fe(NO_3)_2$ 和 0.01 $mol \cdot L^{-1}$ $Fe(NO_3)_3$ 时，按上述反应式进行。求：

(1) 判断反应进行的方向，求平衡时 Ag^{+} 的转化率；

(2) 向上述平衡体系中增加 Fe^{2+} 浓度，使其为 0.4$mol \cdot L^{-1}$，求达到新的平衡时 Ag^{+} 的总转化率。

解：(1)
$$Q=\frac{\dfrac{c_{Fe^{3+}}}{c^{\ominus}}}{\left(\dfrac{c_{Fe^{2+}}}{c^{\ominus}}\right)\left(\dfrac{c_{Ag^{+}}}{c^{\ominus}}\right)}=\frac{0.01}{0.1\times 0.1}=1.0$$

$Q<K^{\ominus}$，反应正向进行。根据例 4-5 的结果 Ag^{+} 的转化率为 12.7%。

(2) 根据例 4-5 的结果，新的平衡如下：

解：
$$Fe^{2+}(aq)+Ag^{+}(aq)\rightleftharpoons Fe^{3+}(aq)+Ag(s)$$

	Fe^{2+}	Ag^{+}	Fe^{3+}
开始浓度 ($mol \cdot L^{-1}$)：	0.4	0.0873	0.0127
变化浓度 ($mol \cdot L^{-1}$)：	$-x$	$-x$	x
平衡浓度 ($mol \cdot L^{-1}$)：	$0.4-x$	$0.0873-x$	$0.0127+x$

$$K^{\ominus}=\frac{\dfrac{c_{Fe^{3+}}}{c^{\ominus}}}{\left(\dfrac{c_{Fe^{2+}}}{c^{\ominus}}\right)\left(\dfrac{c_{Ag^{+}}}{c^{\ominus}}\right)}=\frac{0.0127+x}{(0.4-x)(0.0873-x)}=2.98$$

解得 $x=0.0391 mol \cdot L^{-1}$

平衡时 Ag^{+} 的总转化率：$\alpha(Ag^{+})=(0.0127+0.0391)/0.1=51.8\%$

4.2.4.2 压力对化学平衡的影响

压力对平衡的影响主要是有气态物质参加的化学反应。对这样的反应，反应系统压力的改变对平衡的影响要根据具体情况而定。对一般的化学反应

$$\alpha A+bB\rightleftharpoons dD+eE$$

以 Δn 表示反应前后气体分子数的差。

当 $\Delta n=0$ 时，改变系统压力，平衡不能发生移动。

当 $\Delta n<0$ 时，增加系统压力，平衡正向移动，即平衡向气体分子总数减少的方向移动。

当 $\Delta n>0$ 时，增加系统压力，平衡向气体分子总数减少的方向移动；反之，降低系统压力，平衡向气体分子总数增加的方向移动。

4.2.4.3 温度对化学平衡的影响

温度对化学平衡的影响与浓度和压力的影响不同，温度改变将导致 $K^{\ominus}$ 值发生变化，从而使平衡发生移动。

$$\ln K^{\ominus}=\frac{-\Delta H^{\ominus}}{RT}+\frac{\Delta S^{\ominus}}{R} \tag{4-9}$$

设某一可逆反应在温度 T_1 时的平衡常数为 $K_1^\ominus$，在温度 T_2 时的平衡常数为 $K_2^\ominus$，$\Delta H^\ominus$ 和 $\Delta S^\ominus$ 在温度变化不大时可视为常数。则

$$\ln K_1^\ominus = \frac{-\Delta H^\ominus}{RT_1} + \frac{\Delta S^\ominus}{R}$$

$$\ln K_2^\ominus = \frac{-\Delta H^\ominus}{RT_2} + \frac{\Delta S^\ominus}{R}$$

两式相减，得

$$\ln \frac{K_2^\ominus}{K_1^\ominus} = \frac{\Delta H^\ominus}{R}\left(\frac{T_2 - T_1}{T_1 T_2}\right) \tag{4-10}$$

式（4-10）表明了温度对平衡常数的影响，$K_1^\ominus$ 与 $K_2^\ominus$ 分别是温度为 T_1 与 T_2 时的平衡常数。由此式可见，$K^\ominus$ 不仅与温度有关，反应焓变 $\Delta H^\ominus$ 也会使 $K^\ominus$ 发生变化。对于放热反应，$\Delta H^\ominus < 0$，温度升高，则 $K_1^\ominus < K_2^\ominus$，平衡逆向移动；降低温度则相反。对于吸热反应 $\Delta H^\ominus > 0$，温度升高，平衡向正方向移动；降低温度则相反。总之系统温度升高，平衡向吸热反应方向移动；系统温度降低，平衡向放热反应方向移动。

4.2.4.4 催化剂与化学平衡

催化剂能同等程度地降低正逆反应的活化能，因此对正、逆反应速率的影响程度相同，故使 $v_{正}$ 仍等于 $v_{逆}$，因此平衡不发生移动，但缩短了到达平衡的时间。

综合上述各种因素对化学平衡的影响，法国科学家吕·查德里早在 1884 年就归纳出一条普遍规律：如果以某种形式改变一个平衡系统的条件（如温度、压力、浓度），平衡就会向着减弱这个改变的方向移动。这个规律叫做吕·查德里原理。上述原理只适用于已达平衡的系统，对于非平衡系统不适用。

复习思考题

1. 阐述下列概念：

   物质的量　物质的量浓度　标准状态　反应熵　标准平衡常数

2. 什么是气体的分压定律？分压与摩尔分数之间是何关系？
3. 化学平衡的标志是什么？化学平衡有哪些特征？
4. $K^\ominus$ 与 Q 在表达式的形式上是一样的，具体含义有何不同？
5. 平衡常数表达式与具体的反应途径有关吗？
6. 何谓化学平衡的移动？促使化学平衡移动的因素有哪些？
7. 下述说法是否正确？为什么？

   (1) $\Delta G^\ominus < 0$ 的反应，就是自发进行的反应；$\Delta G^\ominus > 0$ 的反应，必然不能进行。

   (2) 平衡常数改变，平衡一定会移动；反之，平衡发生移动，平衡常数也一定改变。

8. 根据平衡移动原理，讨论下列反应：

$$2Cl_2(g) + 2H_2O(g) \rightleftharpoons 4HCl(g) + O_2(g) \qquad \Delta H^\ominus > 0$$

将 Cl_2、H_2O、HCl、O_2 这四种气体混合后，反应达平衡时，若进行下列各项操作，对平衡数值各有何影响（指变化趋势增大、减小、不变等）？（操作项目中没有注明的均是指温度不变，体积不变。）

操作项目	平衡数值
(1) 加 O_2	H_2O 的物质的量
(2) 加 O_2	HCl 的物质的量
(3) 加 O_2	O_2 的物质的量
(4) 增大容器的体积	H_2O 的物质的量
(5) 减小容器的体积	Cl_2 的物质的量

(6) 减小溶剂的体积　　　　　　　　　　　Cl_2的分压
(7) 减小溶剂的体积　　　　　　　　　　　$K^{\ominus}$
(8) 升高温度　　　　　　　　　　　　　　$K^{\ominus}$
(9) 升高温度　　　　　　　　　　　　　　HCl的分压
(10) 加催化剂　　　　　　　　　　　　　HCl的物质的量

9. 下列说法是否正确？为什么？
(1) 达平衡时各反应物和生成物的分压一定相等。
(2) 改变生成物的分压，使$Q<K$，平衡将向右移动。
(3) 升高温度使v正增大、v逆减小，故平衡向右移动。
(4) 由于反应前后分子数目相等，所以增加压力对平衡无影响。
(5) 加入催化剂使v正增加，故平衡向右移动。

10. 选择题。
(1) 实际气体与理想气体更接近的条件是（　　）。
A. 高温高压　　B. 低温高压　　C. 高温低压　　D. 低温低压
(2) 下列方程式中，错误的是（　　）。
A. $p_{总}V_{总}=n_{总}RT$　　B. $p_iV_i=n_iRT$　　C. $p_iV_{总}=n_iRT$　　D. $p_{总}V_i=n_iRT$
(3) 升高温度使反应速率加快的主要原因是（　　）。
A. 温度升高，分子碰撞更加频繁
B. 反应物分子所产生的压力随温度升高而增大
C. 活化能随温度升高而增加
D. 活化分子的百分数随温度升高而增加
(4) 气体反应$A(g)+B(g)\rightleftharpoons C(g)$在密闭容器中建立化学平衡，若温度不变，但体积缩小了2/3，则平衡常数$K^{\ominus}$为原来的（　　）。
A. 3倍　　B. 9倍　　C. 2倍　　D. 不变
(5) 已知下列反应的平衡常数：
$H_2(g)+SO_2(g)\rightleftharpoons H_2S$；$K_1^{\ominus}$
$S(g)+O_2(g)\rightleftharpoons SO_2$；$K_2^{\ominus}$
则反应$H_2(g)+SO_2(g)\rightleftharpoons O_2(g)+H_2S(g)$的平衡常数为（　　）。
A. $K_1^{\ominus}+K_2^{\ominus}$　　B. $K_1^{\ominus}-K_2^{\ominus}$　　C. $K_1^{\ominus}K_2^{\ominus}$　　D. $K_1^{\ominus}/K_2^{\ominus}$

习　题

1. 10.0mLNaCl饱和溶液质量为12.003g，将其蒸干得NaCl 3.173g，已知NaCl的分子量为58.44，试计算该饱和溶液：
(1) 在该温度下的溶解度（$g/100gH_2O$）；
(2) 物质的量浓度；
(3) 质量摩尔浓度；
(4) NaCl的摩尔分数。

2. 在291K和100007Pa压力下，取200mL煤气进行分析。其中含CO59.4%，$H_2$10.2%，其他气体30.4%。求煤气中CO和H_2的分压以及样品中CO和H_2的物质的量（题中所给组分含量为摩尔百分数$=n_i/n_{总}\times100\%$）。

3. 密闭容器中反应$2NO(g)+O_2(g)\rightleftharpoons 2NO_2(g)$在1000K条件下达平衡。若始态时$p_{NO}=101.3kPa$、$p_{O_2}=303.9kPa$、$p_{NO_2}=0$，平衡时$p_{NO_2}=12.16kPa$。试计算平衡时NO、$O_2$的分压及平衡常数$K^{\ominus}$。

4. 在 294.8K 时反应 $NH_4HS(s) \rightleftharpoons NH_3(g) + H_2S(g)$ 的平衡常数 $K^{\ominus}=0.070$。求：

(1) 平衡时该气体混合物的总压；

(2) 在同样的实验中，NH_3 的最初分压为 25.3kPa 时，H_2S 的平衡分压为多少？

5. 在一密闭容器中，反应 $CO + H_2O(g) \rightleftharpoons CO_2 + H_2$ 的平衡常数 $K^{\ominus}=2.6$（476°C）。求：

(1) 当 H_2O 和 CO 的物质的量之比为 1 时，CO 的转化率为多少？

(2) 当 H_2O 和 CO 的物质的量之比为 3 时，CO 的转化率为多少？

(3) 根据计算结果，能得到什么结论？

6. 写出下列反应平衡常数的表达式。

(1) $N_2(g) + 3H_2(g) \rightleftharpoons 2NH_3(g)$

(2) $2MnO_4^{2-}(aq) + 5H_2O_2(aq) + 6H^+(aq) \rightleftharpoons 2Mn^{2+}(aq) + 5O_2 + 8H_2O(l)$

(3) $CH_4(g) + 2O_2(g) \rightleftharpoons CO_2(g) + 2H_2O(g)$

7. 用 Zn 与稀 H_2SO_4 制取 H_2 时，在反应开始后的一段时间内反应速率加快，后来反应速率变慢。试从浓度、温度等因素来解释这个现象（已知该反应为放热反应）。

5

溶液中的化学平衡

【学习要求】

1. 掌握酸碱质子理论，理解共轭酸碱概念及其关系。
2. 明确弱酸（碱）解离平衡和缓冲溶液的概念。
3. 掌握化学平衡和缓冲溶液的有关计算，了解 pH 值控制在印刷中的应用。
4. 掌握溶度积和溶解度的基本计算，了解溶度积规则及其在印刷中的应用。
5. 了解配离子的组成，配合物的基本命名方法，了解配合物的解离平衡。

5.1 基本概念

许多重要的化学平衡或化学反应存在于水溶液中，水溶液中的化学平衡或化学反应具有一些特殊的规律。

5.1.1 解离平衡相关概念

5.1.1.1 解离平衡

除少数强酸、强碱外，大多数酸和碱在水溶液中的解离是不完全的，且解离过程是可逆的，最后酸或碱与它解离出来的离子之间建立了动态平衡，该平衡称为解离平衡。

5.1.1.2 解离常数

解离平衡是水溶液中的化学平衡，其平衡常数 $K^{\ominus}$ 称为解离常数。对于 $A^{+}B^{-}$ 型弱电解质而言，其水溶液中的解离平衡为：

$$AB \rightleftharpoons A^{+} + B^{-}$$

根据化学反应平衡常数的概念，可得

$$K^{\ominus} = \frac{c'_{A^{+}} c'_{B^{-}}}{c'_{AB}}$$

式中　$c'_{A^{+}}$、$c'_{B^{-}}$、c'_{AB}——达到平衡时弱电解质的正离子、负离子和分子的浓度。

通常用 $K_a^{\ominus}$ 和 $K_b^{\ominus}$ 分别表示弱酸和弱碱的解离常数，其值可以由热力学数据计算，也可由实验测定。解离常数的大小表示弱电解质的相对强弱。弱电解质的解离常数只与温度有关，与浓度和压力无关。一般情况下温度对解离常数的影响不大，所以在研究常温下的解离平衡时，通常不考虑温度对解离常数的影响。

5.1.1.3 解离度

解离度是指弱电解质溶液达到解离平衡时，已解离的弱电解质分子百分数，以 α 表示：

$$\alpha = \frac{\text{已解离的弱电解质浓度}}{\text{弱电解质起始浓度}} \times 100\%$$

解离度与温度、浓度有关，其大小也可表示弱电解质的解离程度。在相同温度和浓度条件下，α 越小，表示该电解质越弱，解离程度越小。

5.1.2　酸碱质子理论

酸碱质子理论又称为质子传递理论，是 1923 年由丹麦化学家布朗斯台德（J. N. Bronsted）和英国化学家洛里（T. M. Lowry）提出的，该理论认为：凡能给出质子的物质（分子或离子）都是酸；凡能与质子结合的物质都是碱。简单地说，酸是质子的给予体，而碱是质子的接受体。酸碱质子理论对酸碱的区分只以 H^+ 为判据，认为 NH_3 和 Na_2CO_3 中的 CO_3^{2-} 都是碱，对于两者水溶液 pH 值的计算均使用同一简单公式，而且还有其他不少优点。据此，本书采用酸碱质子理论。

在水溶液中：

$$HCl \rightleftharpoons Cl^- + H^-$$

$$HAc \rightleftharpoons Ac^- + H^+$$

$$H_2O \rightleftharpoons OH^- + H^+$$

$$NH_4{}^+ \rightleftharpoons NH_3 + H^+$$

$$H_2PO_4{}^- \rightleftharpoons HPO_4^{2-} + H^+$$

$$HCO_3{}^- \rightleftharpoons CO_3^{2-} + H^+$$

HCl、HAc、H_2O、NH_4^+、$H_2PO_4^-$、HCO_3^- 都能给出质子，所以它们都是酸。由此可见，酸可以是分子、正离子或负离子。

酸给出质子的过程是可逆的，因此，酸给出质子后，余下的部分 Ac^-、NH_3、HPO_4^{2-}、CO_3^{2-} 都能接受质子，它们都是碱。所以碱也可以是分子或离子。

酸与对应的碱存在如下的相互依赖关系：

$$酸 \rightleftharpoons 质子 + 碱$$

这种相互依存、相互转化的关系被叫做酸碱的共轭关系。酸给出一个质子后形成的碱叫做该酸的共轭碱，例如 NH_3 是 NH_4^+ 的共轭碱。碱接受一个质子后形成的酸叫做该碱的共轭酸，例如 NH_4^+ 是 NH_3 的共轭酸等。酸与它的共轭碱（或碱与它的共轭酸）一起叫做共轭酸碱对。

在酸碱质子理论中，没有盐的概念，如 Na_2CO_3，质子理论认为：CO_3^{2-} 是碱，而 Na^+ 既不给出质子，又不接受质子，是非酸非碱物质。对于既可以给出质子又可接受质子的物质称为两性物质，例如 $H_2PO_4^-$、HCO_3^-、H_2O 等。

5.1.3　水的解离与溶液的酸碱性

5.1.3.1　水的离子积

实验表明，纯水是一种很弱的电解质，存在下列解离平衡：

$$H_2O + H_2O \rightleftharpoons H_3O^+ + OH^-$$

可简写成

$$H_2O \rightleftharpoons H^+ + OH^-$$

实验测得，298K 时纯水中

$$c_{H^+} = c_{OH^-} = 1.0 \times 10^{-7}\,mol \cdot L^{-1}$$

根据化学平衡原理

$$K_w^\ominus = c'_{H^+} c'_{OH^-} = 1.0 \times 10^{-14} \tag{5-1}$$

式中的 $K_w^\ominus$ 称为水的解离平衡常数，又称为水的离子积，其值与温度有关，随温度升高而增大（见表 5-1）。为了方便，在室温 25℃时，可采用 $K_w^\ominus = 1.0 \times 10^{-14}$。

表 5-1　不同温度时水的离子积

T/K	$K_w^\ominus$	T/K	$K_w^\ominus$
273	1.139×10^{-15}	298	1.007×10^{-14}
283	2.920×10^{-15}	323	5.474×10^{-14}
293	6.809×10^{-15}	373	5.510×10^{-13}
297	1.000×10^{-14}		

5.1.3.2　溶液的酸碱性

水的离子积不仅适用于纯水，也适用于稀水溶液。不论是在酸性还是碱性溶液中，H^+和OH^-都是同时存在的，它们的浓度的乘积是一个常数，知道了一种离子浓度，就可以计算出另一种离子浓度。根据它们的浓度不同，可以判断溶液的酸碱性。

中性溶液：　$c_{H^+}=c_{OH^-}=1.0\times10^{-7}\,mol\cdot L^{-1}$

酸性溶液：　$c_{H^+}>1.0\times10^{-7}\,mol\cdot L^{-1}>c_{OH^-}$

碱性溶液：　$c_{H^+}<1.0\times10^{-7}\,mol\cdot L^{-1}<c_{OH^-}$

为了使用方便，通常用H^+浓度的负对数（pH）来表示溶液的酸碱性：

$$pH=-\lg[c_{H^+}/c^\ominus]=-\lg c'_{H^+} \tag{5-2}$$

同样

$$pOH=-\lg[c_{OH^-}/c^\ominus]=-\lg c'_{OH^-}$$

$$pK_w^\ominus=-\lg K_w^\ominus=14$$

式（5-1）两边各取负对数，则

$$pH+pOH=pK_w^\ominus \tag{5-3}$$

室温下

$$pH+pOH=14 \tag{5-4}$$

pH的一般应用范围在1～14，当pH=7时，溶液为中性；pH>7时，溶液呈碱性；pH<7时，溶液呈酸性。粗略测定溶液的pH值，可用pH试纸。精确测定时，要用pH计。一些常见的液体都具有一定范围的pH值范围，如表5-2所示。

表 5-2　一些常见液体的 pH 值

液体	pH 值	液体	pH 值	液体	pH 值
柠檬汁	2.2～2.4	人尿	4.8～8.4	饮用水	6.5～8.0
酒	2.8～3.8	牛奶	6.3～6.6	人血液	7.3～7.5
醋	约 3.0	人唾液	6.6～7.5	海水	约 8.3

5.2　弱电解质的解离平衡

5.2.1　弱酸/弱碱的解离平衡

5.2.1.1　弱酸的解离平衡

（1）一元弱酸

以醋酸HAc为例，

$$HAc+H_2O \rightleftharpoons H_3O^+ +Ac^-$$

或简写为

$$HAc \rightleftharpoons H^+ +Ac^-$$

若以HA表示酸，则可写成如下通式：

$$HA+H_2O \rightleftharpoons H_3O^+ + A^-$$

或简写为 $HA \rightleftharpoons H^+ + A^-$

根据化学平衡常数的概念，可得

$$K_a^{\ominus}=\frac{c'_{H^+}c'_{A^-}}{c'_{HA}} \tag{5-5}$$

设一元酸的浓度为 $c_{酸}$，解离度为 α，则

$$K_a^{\ominus}=\frac{c'\alpha c'\alpha}{c'(1-\alpha)}$$

当 α 很小时，$1-\alpha \approx 1$，则

$$K_a^{\ominus}=c'\alpha^2 \tag{5-6}$$

$$\alpha \approx \sqrt{\frac{K_a^{\ominus}}{c'}} \tag{5-7}$$

$$c'(H^+)=c'\alpha \approx \sqrt{K_a^{\ominus}c'} \tag{5-8}$$

式（5-8）表明：溶液的解离度与其浓度平方根成反比。即浓度越稀，解离度越大，这个关系式叫做稀释定律。

【例 5-1】 计算 0.10mol·L^{-1} HAc 溶液中的 H^+ 浓度及其溶液的 pH 值。

解：从附录 1 查得 HAc 的 $K_a^{\ominus}=1.75\times10^{-5}$。

设 0.10mol·L^{-1} HAc 溶液中 H^+ 的平衡浓度 c'_{H^+} 为 x，则

	HAc	$\rightleftharpoons H^+$	$+Ac^-$
起始浓度/（mol·L^{-1}）	0.10	0	0
平衡浓度/（mol·L^{-1}）	$0.10-x$	x	x

$$K_a^{\ominus}=\frac{c'_{H^+}c'_{Ac^-}}{c'_{HAc}}=\frac{x^2}{0.10-x}$$

由于 $K_a^{\ominus}$很小，$c'/K_a^{\ominus}\gg500$，故 $0.10-x\approx0.10$，则

$$x\approx\sqrt{1.75\times10^{-5}\times0.10}=1.32\times10^{-3}$$

$$c(H^+)=1.32\times10^{-3}\ mol\cdot L^{-1}$$

$$pH=-\lg c'_{H^+}=2.88$$

可以用类似方法计算 0.10mol·L^{-1} NH_4Cl 溶液中的 H^+ 浓度及 pH 值。NH_4Cl 在溶液中以 $NH_4{}^+$ 和 Cl^- 存在，Cl^- 在溶液中可视为中性，因而只考虑 $NH_4{}^+$ 这一弱酸的解离平衡即可：

$$NH_4^+ + H_2O \rightleftharpoons NH_3 + H_3O^+$$

可简写为

$$NH_4^+ \rightleftharpoons NH_3 + H^+$$

（2）多元弱酸　多元酸的解离是分步进行的，每一步都有一个解离常数，以在水溶液中的氢硫酸为例，其解离过程按以下两步进行：

一级解离为

$$H_2S \rightleftharpoons H^+ + HS^-$$

$$K_{a1}^{\ominus}=\frac{c'_{H^+}c'_{HS^-}}{c'_{H_2S}}=1.32\times10^{-7}$$

二级解离为

$$HS^- \rightleftharpoons H^+ + S^{2-}$$

$$K_{a2}^{\ominus}=\frac{c'_{H^+}c'_{S^{2-}}}{c'_{HS^-}}=7.10\times10^{-13}$$

式中　$K_{a1}^{\ominus}$，$K_{a2}^{\ominus}$——H_2S 的一级解离常数和二级解离常数。

一般情况下，二元酸的$K_{a1}^{\ominus} \gg K_{a2}^{\ominus}$。$H_2S$的二级解离使$HS^-$进一步给出$H^+$，这比一级解离要困难得多，因为带有两个负电荷的$S^{2-}$对$H^+$的吸引比带一个负电荷的$HS^-$对$H^+$的吸引要强得多。又由于一级解离所生成的$H^+$能抑制二级解离，所以二级解离的解离度比一级解离的要小得多。计算多元弱酸的H^+浓度时，若$K_{a1}^{\ominus} \gg K_{a2}^{\ominus}$，则可忽略二级解离平衡，与计算一元酸$H^+$浓度的方法相同，即应用式（5-8）作近似计算，不过式中的$K_a^{\ominus}$应改为$K_{a1}^{\ominus}$。

5.2.1.2 一元弱碱

若以B代表一元弱碱，可写成如下通式：

$$B+H_2O \rightleftharpoons BH^+ + OH^-$$

$$K_b^{\ominus}=\frac{c'_{BH^+}c'_{OH^-}}{c'_B} \tag{5-9}$$

以Ac^-为例：

$$Ac^- + H_2O \rightleftharpoons HAc + OH^-$$

$$K_b^{\ominus}=\frac{c'_{HAc}c'_{OH}}{c'_{Ac^-}}$$

Ac^-的共轭酸是HAc：

$$HAc \rightleftharpoons H^+ + Ac^-$$

$$K_b^{\ominus}K_a^{\ominus}=\frac{c'_{HAc}c'_{OH^-}}{c'_{Ac^-}}\times\frac{c'_{H^+}c'_{Ac^-}}{c'_{HAc}}=c'_{H^+}c'_{OH^-}$$

由式（5-1），H^+和OH^-的浓度的乘积即为水的离子积$K_w^{\ominus}$，任何共轭酸碱的解离常数之间都有同样的关系，即

$$K_a^{\ominus}K_b^{\ominus}=K_w^{\ominus} \tag{5-10}$$

$K_a^{\ominus}$，$K_b^{\ominus}$互成反比，这体现了共轭酸碱之间的强度的关系，酸越强，其共轭碱越弱，强酸（如HCl、HNO_3）的共轭碱（Cl^-、NO_3^-）碱性极弱，可认为是中性的。

根据式（5-10），只要知道共轭酸碱中酸的解离常数$K_a^{\ominus}$，便可算得共轭碱的解离常数$K_b^{\ominus}$，或已知碱的解离常数$K_b^{\ominus}$，便可算得共轭酸的解离常数$K_a^{\ominus}$。

书末附录表2中列出了一些共轭酸碱的解离常数$K_a^{\ominus}$和$K_b^{\ominus}$。与一元酸相仿，一元碱的解离平衡中，若设一元弱碱的浓度为$c_{碱}$，解离度为α，则

$$K_b^{\ominus}=\frac{c'\alpha c'\alpha}{c'(1-\alpha)}$$

当α很小时，$1-\alpha\approx1$，则

$$K_b^{\ominus}=c'\alpha^2 \tag{5-11}$$

$$\alpha\approx\sqrt{\frac{K_b^{\ominus}}{c'}} \tag{5-12}$$

$$c'_{OH^-}=c'\alpha\approx\sqrt{K_b^{\ominus}c'} \tag{5-13}$$

从而可得

$$c'_{H^+}=\frac{K_w^{\ominus}}{c'_{OH^-}}$$

注意：式（5-11）～式（5-13）与式（5-6）～式（5-8）是完全一致的，只是前者用$K_b^{\ominus}$代替后者的$K_a^{\ominus}$，用c'_{OH^-}代替c'_{H^+}。弱酸计算时采用酸的解离常数$K_a^{\ominus}$、c'_{H^+}、$c_{酸}$，而弱碱计算时采用碱的解离常数$K_b^{\ominus}$、c'_{OH^-}、$c_{碱}$。

5.2.2 同离子效应与缓冲溶液

5.2.2.1 同离子效应

与所有的化学平衡一样，当溶液的浓度、温度等条件改变时，弱酸、弱碱的解离平衡会发生移动。就浓度的改变来说，除用稀释的方法外，还可在弱酸、弱碱溶液中加入具有相同离子的强电解质，以改变某一离子的浓度，从而引起弱电解质解离平衡的移动。

例如，往 HAc 溶液中加入 NaAc，由于 Ac^- 浓度增大，使平衡向生成 HAc 的一方移动，结果就降低了 HAc 的解离度。又如，往弱碱溶液 $NH_3 \cdot H_2O$ 中加入 NH_4Cl（NH_4^+ 浓度增大），也会降低 $NH_3 \cdot H_2O$ 的解离度，平衡向逆方向移动。

$$HAc \rightleftharpoons H^+ + Ac^-$$

$$\xleftarrow{\text{平衡逆向移动}}$$

$$NaAc \rightleftharpoons Na^+ + Ac^-$$

$$NH_3 \cdot H_2O \rightleftharpoons NH_4^+ + OH^-$$

$$\xleftarrow{\text{平衡逆向移动}}$$

$$NH_4Cl \rightleftharpoons NH_4^+ + Cl^-$$

由此可见，在弱酸溶液中加入该酸的共轭碱，或在弱碱的溶液中加入该碱的共轭酸时，可使这些弱酸或弱碱的解离度急剧降低。这种现象叫做同离子效应。

【例 5-2】 向 $0.10\text{mol} \cdot L^{-1}$ HAc 溶液中，加入少量固体 NaAc，使 NaAc 浓度为 $0.10\text{mol} \cdot L^{-1}$（不考虑体积的变化），比较加入 NaAc 固体前后 H^+ 浓度和 HAc 解离度的变化。

解：(1) 加入 NaAc 固体前（忽略水的解离），由 HAc 解离的 $c'_{H^+} = x$，则由式 (5-8) 得

$$c'_{H^+} \approx \sqrt{K_a^{\ominus} c'} = \sqrt{1.75 \times 10^{-5} \times 0.10} = 1.32 \times 10^{-3}$$

即

$$c_{H^+} = 1.32 \times 10^{-3}\ \text{mol} \cdot L^{-1}$$

$$\alpha = \frac{c'_{H^+}}{c'_{HAc}} \times 100\% = \frac{1.32 \times 10^{-3}}{0.10} \times 100\% = 1.32\%$$

(2) 加入 NaAc 固体后（忽略水的解离），由于 NaAc 为强电解质，由它解离的 c'_{Ac^-} 为 $0.10\text{mol} \cdot L^{-1}$。设平衡时溶液中 $c'_{H^+} = x$，则

$$HAc \rightleftharpoons H^+ + Ac^-$$

	HAc	H^+	Ac^-
起始浓度/（$\text{mol} \cdot L^{-1}$）	0.10	0	0.10
平衡浓度/（$\text{mol} \cdot L^{-1}$）	$0.10 - x$	x	$0.10 + x$

$$K_a^{\ominus} = \frac{c'_{H^+} c'_{Ac^-}}{c'_{HAc}} = \frac{x(0.10 + x)}{0.10 - x}$$

由于 HAc 本身的解离度 α 较低，又因加入 NaAc 后同离子效应的存在，使得 HAc 的解离度更低，故 $c'_{Ac^-} = 0.10 + x \approx 0.10$，$c'_{HAc} = 0.10 - x \approx 0.10$，代入上式得

$$1.75 \times 10^{-5} \approx \frac{0.10x}{0.10}$$

$$x \approx 1.75 \times 10^{-5}$$

即

$$c_{H^+} \approx 1.75 \times 10^{-5}\ \text{mol} \cdot L^{-1}$$

$$\alpha = \frac{c'_{H^+}}{c'_{HAc}} \times 100\% = \frac{1.75 \times 10^{-5}}{0.10} \times 100\% = 0.018\%$$

将 (1)、(2) 计算结果对比，可见当 HAc 溶液中加入 NaAc 后，由于同离子效应的作

用，溶液 c_{H^+} 及 α 都大为降低。

5.2.2.2 缓冲溶液与缓冲作用

许多化学反应要在一定 pH 值范围内进行，但一般的水溶液当加入酸、碱或用水稀释后，pH 值会发生明显变化，因此需设法稳定溶液 pH 值。能保持溶液 pH 值相对稳定的溶液称缓冲溶液，这种溶液的 pH 值能在一定范围内不因稀释或外加的少量酸或碱而发生显著变化。也就是说，对外加的酸和碱具有缓冲的能力。

印刷过程中，润版液很容易被从纸浆中沥滤下来的酸或碱的杂质给污染，如果没有缓冲溶液，就必须定期更换润版液。缓冲溶液通常由弱酸及其共轭碱或弱碱及其共轭酸组成。组成缓冲溶液的两种物质称缓冲对。可用通式来表示这种共轭酸碱之间存在的平衡：

$$\text{共轭酸} \rightleftharpoons H^+ + \text{共轭碱}$$

当外加少量酸时，平衡向逆方向移动，共轭碱与 H^+ 结合生成共轭酸；当外加少量碱时，平衡向正方向移动，共轭酸转变成共轭碱和 H^+。以 HAc-NaAc 缓冲溶液为例：

在 HAc-NaAc 缓冲溶液中存在以下解离过程：

$$HAc \rightleftharpoons H^+ + Ac^-$$
$$NaAc \rightleftharpoons Na^+ + Ac^-$$

由前讨论可知，当向 HAc 溶液中加入 NaAc，由于 c_{Ac^-} 的增大，产生同离子效应作用，使 HAc 溶液解离平衡向逆方向移动，因此溶液中 HAc 及 Ac^- 是大量的。

当向此缓冲溶液中加入少量强酸时，溶液中大量存在的 Ac^- 与加入的 H^+ 结合生成 HAc 分子，致使溶液的 c_{H^+} 几乎不变；当加入少量强碱时，由于溶液中的 H^+ 将与加入的 OH^- 结合而生成 H_2O，使 HAc 的解离平衡向正方向移动，继续解离以补充所消耗的 H^+，结果使溶液中 c_{H^+} 也几乎不变，即溶液的 pH 值基本不变，由此可见，缓冲溶液同时具有抵抗少量外来酸或碱的作用。

组成缓冲溶液的一对共轭酸碱，如 HAc-Ac^-、NH_4^+-NH_3、$H_2PO_4^-$-HPO_4^{2-}，其中的 HAc、NH_4^+、$H_2PO_4^-$ 等起抵抗碱的作用，Ac^-、NH_3、HPO_4^{2-} 等起抵抗酸的作用。简而言之酸是抗碱部分，碱是抗酸部分。

5.2.2.3 缓冲溶液的pH值计算

以 HAc-NaAc 缓冲溶液为例，设由 HAc 解离的 $c'_{H^+}=x$。溶液中存在以下解离过程：

$$HAc \rightleftharpoons H^+ + Ac^-$$

起始浓度/ $(mol \cdot L^{-1})$　　$c_{\text{共轭酸}}$　　0　　$c_{\text{共轭碱}}$

平衡浓度/ $(mol \cdot L^{-1})$　　$c_{\text{共轭酸}}-x$　　x　　$c_{\text{共轭碱}}+x$

根据共轭酸碱之间的平衡，可得：

$$K_a^\ominus = \frac{c'_{H^+} c'_{Ac^-}}{c'_{HAc}} = \frac{x(c'_{\text{共轭碱}}+x)}{c'_{\text{共轭酸}}-x}$$

当 $c'/K_a^\ominus \geqslant 500$ 时，$c'_{\text{共轭碱}}+x \approx c'_{\text{共轭碱}}$，$c'_{\text{共轭酸}}-x \approx c'_{\text{共轭酸}}$，故

$$K_a^\ominus \approx \frac{xc'_{\text{共轭碱}}}{c'_{\text{共轭酸}}}$$

即

$$x \approx K_a^\ominus \frac{c'_{\text{共轭酸}}}{c'_{\text{共轭碱}}}$$

$$c'_{H^+} \approx K_a^\ominus \frac{c'_{\text{共轭酸}}}{c'_{\text{共轭碱}}} \tag{5-14}$$

$$pH = -\lg c'_{H^+} = -\lg K_a^\ominus - \lg \frac{c'_{\text{共轭酸}}}{c'_{\text{共轭碱}}} \tag{5-15}$$

以上是一元弱酸及其共轭碱所组成的缓冲溶液 H^+ 浓度和 pH 值的计算通式。同理，可以推导出一元弱碱及其共轭酸所组成的缓冲溶液 H^+ 浓度和 pH 值的计算通式：

$$c'_{OH^-} \approx K_b^\ominus \frac{c'_{共轭碱}}{c'_{共轭酸}} \tag{5-16}$$

$$pOH = -\lg c'_{OH^-} = -\lg K_b^\ominus - \lg \frac{c'_{共轭碱}}{c'_{共轭酸}} \tag{5-17}$$

这种计算方法与同离子效应的计算相同。且由以上计算公式可看出，将溶液有限度稀释后，$c'_{共轭酸}$（或 $c'_{共轭碱}$）与 $c'_{共轭碱}$（或 $c'_{共轭酸}$）下降相同的倍数，$c'_{共轭酸}/c'_{共轭碱}$（或 $c'_{共轭碱}/c'_{共轭酸}$）不变，故溶液 pH 值不变。

【例 5-3】 （1）计算含有 $0.10mol \cdot L^{-1}$ HAc 与 $0.10mol \cdot L^{-1}$ NaAc 的缓冲溶液的 H^+ 浓度和 pH 值。（2）若往 100mL 上述缓冲溶液中加入 1.0mL $1.0mol \cdot L^{-1}$ HCl 溶液后，则溶液的 pH 值变为多少？

解：（1）根据式（5-14）：

$$c_{H^+} \approx K_a^\ominus \frac{c'_{HAc}}{c'_{Ac^-}} mol \cdot L^{-1}$$

$$c_{H^+} \approx 1.75\times10^{-5} \times \frac{1.0}{1.0} = 1.75\times10^{-5}\ mol \cdot L^{-1}$$

$$pH = -\lg c'_{H^+} = -\lg 1.75\times10^{-5} = 4.76$$

（2）加入的 $1.0mol \cdot L^{-1}$ HCl 溶液，由于稀释，浓度变为

$$\frac{1.0mL}{(100+1)mL} \times 1.0mol \cdot L^{-1} \approx 0.01mol \cdot L^{-1}$$

因 HCl 在溶液中完全解离，加入的 $c_{H^+} = 0.01mol \cdot L^{-1}$，由于加入的 H^+ 的量相对于缓冲溶液中 Ac^- 的量来说是较小的，可以认为这些加入的 H^+ 可与 Ac^- 完全结合成 HAc 分子，从而使溶液中 Ac^- 浓度减小，HAc 浓度增大。若忽略体积改变的微小影响，则

$$c_{共轭酸} = c_{HAc} = 0.10 + 0.01 - x \approx 0.11\ mol \cdot L^{-1}$$

$$c_{共轭碱} = c_{Ac^-} = 0.10 - 0.01 + x \approx 0.09\ mol \cdot L^{-1}$$

$$pH = -\lg K_a^\ominus - \lg \frac{c'_{共轭酸}}{c'_{共轭碱}} \approx 4.76 - \lg \frac{0.11}{0.09} = 4.67$$

上述缓冲溶液不加盐酸时，pH 值为 4.76；加入 1.0mL$1.0mol \cdot L^{-1}$ HCl 后，pH 值为 4.67。两者相差 0.09，说明 pH 值基本不变。若加入 1.0mL$1.0mol \cdot L^{-1}$ NaOH 溶液后，则 pH 值为 4.85（读者可自行计算），也基本不变。

显然，当加入大量的强酸或强碱，溶液中的弱酸及其共轭碱或弱碱及其共轭酸中的一种消耗将尽时，就失去缓冲能力了。所以，缓冲溶液的缓冲能力是有一定限度的。

5.2.3 pH 值控制在印刷中的应用

在印刷过程中，要求润版液具有严格、稳定的 pH 值。这是保证印版空白部分生成无机亲水盐层的必要条件。pH 值过高或过低都会给印刷带来许多不良后果。若 pH 值过高，溶液呈碱性，润版液对版基（如铝版、锌版等）腐蚀加剧，造成使用寿命缩短，同时版面部分有腐蚀砂眼，空白部分会存留较多润版液。这些润版液和墨辊接触时，又会附着在墨辊上，影响油墨的正常传递，最后使图文部分和金属版基的结合遭到破坏，也使网点损伤以致完全脱落。pH 值过低，印版部分会遭到深度腐蚀，使印版空白部分出现砂眼，不能形成坚固的亲水盐层，同时，由于 $c(H^+)$ 增大会与油墨中一定量金属盐的催干剂发生反应，使干燥时间加长，增加了生产成本，降低了生产效率。

由此可见，为了获得稳定、良好的印刷产品，必须控制润版液pH值。印刷工业常采用磷酸及其磷酸盐作为缓冲剂，通过在润版液中加入磷酸二氢铵，使其和磷酸构成缓冲溶液，以控制润版液的pH值。磷酸二氢铵在水中的解离过程是：

$$NH_4H_2PO_4 \longrightarrow NH_4^+ + H_2PO_4^-$$

$$H_2PO_4^- \longrightarrow H^+ + HPO_4^{2-} \quad (K^\ominus_{a2}=6.20\times10^{-8})$$

$$HPO_4^{2-} \longrightarrow H^+ + PO_4^{3-} \quad (K^\ominus_{a3}=4.79\times10^{-13})$$

$H_2PO_4^-$ 的解离常数远比 HPO_4^{2-} 的解离常数大，$H_2PO_4^-$ 解离出的 H^+ 由于同离子效应对 HPO_4^{2-} 的解离有明显的抑制作用，所以磷酸二氢铵在润版液中主要解离 H^+、NH_4^+、$H_2PO_4^-$、HPO_4^{2-}。H^+ 使润版液显酸性，当润版液中原有氢离子 c_{H^+} 浓度增大时，H^+ 和润版液中的 HPO_4^{2-} 结合，生成 $H_2PO_4^-$，解离平衡向逆方向移动；当润版液的氢氧根离子浓度 c_{OH^-} 增大时，OH^- 便和润版液中的 H^+ 结合，生成难解离的 H_2O 分子，使 H^+ 减少，解离平衡向正方向移动，$H_2PO_4^-$ 又解离出 H^+，从而补充了溶液中的氢离子的浓度。印刷过程中，润版液因 $NH_4H_2PO_4$ 的解离平衡的移动，使 H^+ 浓度保持恒定值，润版液的酸度也就稳定了。

对于须控制不同pH值的润版液，如PS版润版液的pH值在5.0～6.0之间，平凹版润版液的pH值在4.0～6.0之间，多层金属版润版液的pH值在6.0上下为好，只需适当控制润版液的加放量，便可得到实际生产所需稳定的pH值，以满足生产的需要。

另外在印刷制版过程中缓冲溶液也起到重要作用，制电镀印刷金属版的一个重要工艺条件就是必须严格控制电镀液的pH值，它是印版质量优劣的先决条件。在电镀版时，常常采用 Na_2HPO_4、NaAc、H_3BO_3、NH_4Cl 以及弱酸及其盐或弱碱及其盐的缓冲对作为缓冲溶液，以使电镀液的pH值稳定在一定数值。

5.3 沉淀与溶解平衡

在科学研究和工业生产中，经常要利用沉淀反应来制备材料、分离杂质、处理污水以及鉴定离子等。怎样判断沉淀能否生成？如何使沉淀析出更趋完全？又如何使沉淀溶解？为了解决这些问题，就需要研究在含有难溶电解质和水的系统中所存在的固体和液体中离子之间的平衡，也就是沉淀与溶解平衡。

5.3.1 溶度积和溶解度

5.3.1.1 溶度积常数

所谓“难溶”的电解质在水中不是绝对不能溶解的。例如，$BaSO_4$ 在水中的溶解度虽然很小，但还会有一定数量的 Ba^{2+} 和 SO_4^{2-} 离子离开晶体表面而溶入水中。同时，已溶解的 Ba^{2+} 和 SO_4^{2-} 又会不断地从溶液中回到晶体的表面而析出。

在一定条件下，当溶解与结晶的速率相等时，便建立了固体和溶液中离子之间的动态平衡，这叫做溶解平衡。其平衡常数表达式为：

$$BaSO_4(s) \underset{\text{沉淀}}{\overset{\text{溶解}}{\rightleftharpoons}} Ba^{2+}(aq) + SO_4^{2-}(aq)$$

根据平衡原理，得：

$$K^\ominus_{BaSO_4} = c'_{Ba^{2+}}c'_{SO_4^{2-}} \tag{5-18}$$

为了表明这种平衡常数的特殊性，通常用 $K^\ominus_{sp}$ 代替 $K^\ominus$ 以示区别，并可把难溶电解质的化学式注在后面。

此式表明：难溶电解质的饱和溶液中，当温度一定时，其离子浓度的乘积为一常数，这个平衡常数 $K_{sp}^{\ominus}$ 叫做溶度积常数，简称溶度积。

根据平衡常数表达式的书写原则，对于通式：

$$A_mB_n(s) \underset{\text{沉淀}}{\overset{\text{溶解}}{\rightleftharpoons}} mA^{n+}(aq) + nB^{m-}(aq)$$

溶度积的表达式为：

$$K_{sp,A_mB_n}^{\ominus} = (c'_{A^{n+}})^m(c'_{B^{m-}})^n \tag{5-19}$$

与其他平衡常数一样，$K_{sp}^{\ominus}$ 也受温度影响，但影响不大，通常可采用常温下测得的数据，也可以应用热力学数据来计算。各种物质在水中的溶解度不同，一些常见难溶电解质的溶度积常数见本书附录表 2。

5.3.1.2　溶度积与溶解度的关系

通常，把溶解度大于 0.1g/100gH_2O 的物质称为易溶物；介于 0.01～0.1g/100gH_2O 的物质称为微溶物；小于 0.01g/100gH_2O 的物质称为难溶物。溶度积常数仅适用于难溶强电解质的饱和溶液，对中等或易溶的电解质不适用。

溶度积和溶解度的大小都能表示难溶电解质的溶解能力，只是表达方式不同。它们之间有着必然的内在联系，因此可相互换算。由于一些手册上查出的溶解度常以 g/100g H_2O 表示，所以首先需要进行单位换算，将浓度单位统一为 $mol \cdot L^{-1}$。由于难溶电解质的溶解度很小，溶液很稀，其饱和溶液密度可近似认为等于纯水的密度。

【例 5-4】　25℃时已知 $BaSO_4$ 的溶解度为 2.42×10^{-4} g/100gH_2O。求该温度下 $BaSO_4$ 的溶度积。（已知 $BaSO_4$ 的相对分子质量为 233.4）

解：先将 $BaSO_4$ 溶解度单位由 g/100gH_2O 换算成 $mol \cdot L^{-1}$。设 $BaSO_4$ 溶解度为 $x\,mol \cdot L^{-1}$，则

$$x = 2.42 \times 10^{-4} \times \frac{1000}{100} \times \frac{1}{233.4} = 1.04 \times 10^{-5}\ mol \cdot L^{-1}$$

$BaSO_4$ 饱和溶液的沉淀-溶解平衡为

$$BaSO_4(s) \rightleftharpoons Ba^{2+}(aq) + SO_4^{2-}(aq)$$

平衡浓度/（$mol \cdot L^{-1}$）　　1.04×10^{-5}　1.04×10^{-5}

溶解的 $BaSO_4$ 全都解离，故饱和溶液中 Ba^{2+} 与 SO_4^{2-} 浓度就等于溶解度，故有

$$K_{sp,BaSO_4}^{\ominus} = c'_{Ba^{2+}}c'_{SO_4^{2-}} = (1.04 \times 10^{-5})^2 = 1.1 \times 10^{-10}$$

【例 5-5】　在 25℃时，氯化银的溶度积为 1.8×10^{-10}，铬酸银的溶度积为 1.12×10^{-12}，试求氯化银和铬酸银的溶解度（以 $mol \cdot L^{-1}$ 表示）。

解：(1) 设 AgCl 的溶解度 s_1 为 x $mol \cdot L^{-1}$，由于溶解的部分全部解离，因此：

$$AgCl(s) \underset{\text{沉淀}}{\overset{\text{溶解}}{\rightleftharpoons}} Ag^+(aq) + Cl^-(aq)$$

平衡浓度/（$mol \cdot L^{-1}$）　　x　　x

$$K_{sp,AgCl}^{\ominus} = c'_{Ag^+}c'_{Cl^-} = x^2$$

$$x = \sqrt{K_{sp,AgCl}^{\ominus}} = \sqrt{1.8 \times 10^{-10}} = 1.34 \times 10^{-5}$$

$$s_1 = 1.34 \times 10^{-5}\ mol \cdot L^{-1}$$

(2) 设 Ag_2CrO_4 的溶解度 s_2 为 $y\,mol \cdot L^{-1}$，则根据

$$Ag_2CrO_4(s) \underset{\text{沉淀}}{\overset{\text{溶解}}{\rightleftharpoons}} 2Ag^+(aq) + CrO_4^{2-}(aq)$$

平衡浓度/（$mol \cdot L^{-1}$）　　$2y$　　y

$$K^{\ominus}_{sp,Ag_2CrO_4}=(c'_{Ag^+})^2c'_{CrO_4^{2-}}=(2y)^2y=4y^3$$

$$y=\sqrt[3]{\frac{K^{\ominus}_{sp,AgCl}}{4}}=\sqrt[3]{\frac{1.12\times10^{-12}}{4}}=6.5\times10^{-5}$$

$$s_2=6.5\times10^{-5}\ mol\cdot L^{-1}$$

上述计算结果表明，AgCl 的溶度积 $K^{\ominus}_{sp}$ 虽比 Ag_2CrO_4 的 $K^{\ominus}_{sp}$ 要大，但 AgCl 的溶解度（$1.34\times10^{-5}mol\cdot L^{-1}$）反而比 Ag_2CrO_4 的溶解度（$6.5\times10^{-5}mol\cdot L^{-1}$）要小。这是因为 AgCl 是 AB 型难溶电解质，Ag_2CrO_4 是 A_2B 型难溶电解质，两者的类型不同且两者的溶度积数值相差不大。

对于同一类型的难溶电解质，可以通过溶度积的大小来比较它们的溶解度大小。例如，均属 AB 型的难溶电解质 AgCl、$BaSO_4$ 和 $CaCO_3$ 等，在相同温度下，溶度积越大，溶解度也越大；反之亦然。但对于不同类型的难溶电解质，则不能认为溶度积小的，溶解度也一定小。

必须指出，上述溶度积与溶解度的换算是一种近似的计算，忽略了难溶电解质的离子与水的作用等情况。

5.3.2 溶度积规则及其应用

对一给定难溶电解质来说，在一定条件下沉淀能否生成或溶解可从溶度积的概念来判断。例如，当混合两种电解质的溶液时，若有关的两种相对离子浓度（以溶解平衡中该离子的化学计量数为指数）的乘积——离子积（即反应熵 Q，见第四章）大于由该两种有关离子所组成的物质的溶度积（即 $K^{\ominus}_{sp}$），就会产生该物质的沉淀；若溶液中相对离子浓度的乘积小于溶度积，则不可能产生沉淀。又如，往含有沉淀的溶液中（此时有关相对离子浓度的乘积等于溶度积）加入某种物质而使其中某一离子浓度减小，由于相对离子浓度的乘积小于溶度积，则沉淀必将溶解。

对于 A_mB_n 型难溶电解质：

$$A_mB_n(s)\underset{沉淀}{\overset{溶解}{\rightleftharpoons}}mA^{n+}(aq)+nB^{m-}(aq)$$

当体系中 A^{n+} 与 B^{m-} 为任意值时，则各组分离子相对浓度幂的乘积，以 Q 表示为：

$$Q=(c'_{A^{n+}})^m(c'_{B^{m-}})^n$$

将 Q 与 $K^{\ominus}_{sp}$ 比较，可以得到以下规律：

$Q=(c'_{A^{n+}})^m(c'_{B^{m-}})^n>K^{\ominus}_{sp}$ 有沉淀析出，直至溶液达饱和状态（即反应向逆方向进行）；

$Q=(c'_{A^{n+}})^m(c'_{B^{m-}})^n=K^{\ominus}_{sp}$ 饱和溶液（即平衡状态）；

$Q=(c'_{A^{n+}})^m(c'_{B^{m-}})^n<K^{\ominus}_{sp}$ 不饱和溶液，无沉淀析出（不饱和溶液）或沉淀溶解（即反应向正方向进行）。

以上规律称为溶度积规则，它是判断沉淀生成和溶解的重要依据。原理同第 4 章中判断可逆反应进行的方向。

5.3.3 沉淀的生成与转化

5.3.3.1 沉淀的生成

根据溶度积规则，当离子积大于溶度积时，难溶电解质溶液中将有沉淀生成。

【例 5-6】 (1) 往盛有 1.00L 纯水的烧杯中加入 0.10mL（约 2 滴）$0.010mol\cdot L^{-1}CaCl_2$ 溶液和 0.10mL $0.010mol\cdot L^{-1}Na_2CO_3$ 溶液，判断是否有沉淀生成？

(2) 如果将浓度为 $0.10mol\cdot L^{-1}$ 的 $CaCl_2$ 溶液与等体积等浓度的 Na_2CO_3 溶液混合，

判断是否有沉淀生成？

解：(1) 混合液中 $c_{Ca^{2+}}=c_{CO_3^{2-}}=\frac{0.010\times0.10\times10^{-3}}{1+0.10\times10^{-3}}\approx1.0\times10^{-6}\ \mathrm{mol\cdot L^{-1}}$

$$Q=c'_{Ca^{2+}}c'_{CO_3{}^{2-}}\approx(1.0\times10^{-6})\times(1.0\times10^{-6})=1.0\times10^{-12}<K^{\ominus}_{sp,CaCO_3}=3.36\times10^{-9}$$

因而不能生成 $CaCO_3$ 沉淀。

(2) 两种溶液等体积混合后，体积增大一倍，浓度各自减小至原来的1/2。

$$c_{Ca^{2+}}=c_{CO_3^{2-}}=\frac{0.010}{2}\approx0.005\mathrm{mol\cdot L^{-1}}$$

$$Q=c'_{Ca^{2+}}c'_{CO_3^{2-}}\approx0.005\times0.005=2.5\times10^{-5}>K^{\ominus}_{sp,CaCO_3}=3.36\times10^{-9}$$

因而有白色 $CaCO_3$ 沉淀产生。

5.3.3.2 同离子效应

与其他任何平衡一样，难溶电解质在水溶液中的溶解平衡也是相对的、有条件的。上例中，当 $CaCO_3$ 固体与溶液中的 Ca^{2+} 和 CO_3^{2-} 之间建立了平衡时，该溶液为 $CaCO_3$ 饱和溶液，平衡关系可以表示如下：

$$CaCO_3(s)\underset{\text{沉淀}}{\overset{\text{溶解}}{\rightleftharpoons}}Ca^{2+}(aq)+CO_3^{2-}(aq)$$

此时，若在溶解平衡的系统中加入 Na_2CO_3 溶液，由于 CO_3^{2-} 的浓度增大，使 $c_{Ca^{2+}}c_{CO_3{}^{2-}}>K^{\ominus}_{sp,CaCO_3}$，平衡将向生成 $CaCO_3$ 沉淀的方向移动，直到溶液中离子浓度乘积等于溶度积为止。当达到新平衡时，溶液中的 Ca^{2+} 浓度减小了，也就是降低了 $CaCO_3$ 的溶解度。这种因加入含有共同离子的强电解质，而使难溶电解质溶解度急剧降低的现象，叫做沉淀-溶解平衡的同离子效应。

【例 5-7】 求 25℃时，AgCl 在 $0.01\mathrm{mol\cdot L^{-1}}$ NaCl 溶液中的溶解度。

解：设 AgCl 的溶解度 s 为 $x\mathrm{mol\cdot L^{-1}}$

$$AgCl(s)\underset{\text{沉淀}}{\overset{\text{溶解}}{\rightleftharpoons}}Ag^{+}(aq)+Cl^{-}(aq)$$

平衡浓度/ $(\mathrm{mol\cdot L^{-1}})$ $\qquad x \qquad 0.01+x$

$$K^{\ominus}_{sp,AgCl}=c'_{Ag^+}c'_{Cl^-}=x(0.01+x)=1.8\times10^{-10}$$

由于 AgCl 溶解度很小，$0.01+x\approx0.01$，则上式简化为

$$x\times0.01=1.8\times10^{-10}$$

$$x=1.8\times10^{-8}$$

$$s=1.8\times10^{-8}\ \mathrm{mol\cdot L^{-1}}$$

本例中所得 AgCl 在 $0.01\mathrm{mol\cdot L^{-1}}$ NaCl 溶液中的溶解度只是例 5-5AgCl 在纯水中的溶解度（$1.34\times10^{-5}\ \mathrm{mol\cdot L^{-1}}$）的千分之一。这说明由于同离子效应，难溶电解质的溶解度急剧下降。因此，利用同离子效应，可使沉淀-溶解平衡向生成沉淀的方向移动，使被沉淀离子趋于沉淀完全。但是，由于溶液中沉淀-溶解平衡的存在，所以溶液中不可能有任何一种离子的浓度等于零。一般认为，残留在溶液中的某种离子浓度当小于 $1\times10^{-5}\ \mathrm{mol\cdot L^{-1}}$ 时，沉淀就达完全（在实际运用中，可能有其他的标准）。

5.3.3.3 分步沉淀

在实际工作中，常常会遇到体系中同时含有多种离子，这些离子可能与加入的某种沉淀剂均发生沉淀反应，生成难溶电解质，这种情况下离子积 Q 首先超过溶度积的难溶电解质先沉淀。这种按先后顺序沉淀的现象，称为分步沉淀。

对于同一类型的难溶电解质，在离子浓度相同或相近情况下，溶度积较小的难溶电解质

首先析出沉淀。例如，溶液中含有相同浓度的 I^- 和 Cl^-，逐滴加入 $AgNO_3$ 溶液，最先看到淡黄色 AgI 沉淀，至加到一定量 $AgNO_3$ 溶液后，才生成白色 AgCl 沉淀，这是因为 AgI 的溶度积比 AgCl 小得多，离子积最先达到溶度积而首先沉淀。

【例 5-8】 在含有 $0.010 mol \cdot L^{-1}$ 的 I^- 和 $0.010\ mol \cdot L^{-1}$ 的 Cl^- 的溶液中，逐滴加入 $AgNO_3$ 溶液，哪种离子先沉淀？当第二种离子开始沉淀时，溶液中第一种离子的浓度是多少（忽略溶液体积的变化）？

解：I^- 开始沉淀时 Ag^+ 的浓度为

$$c_{Ag^+} > \frac{K^{\ominus}_{sp,AgI}}{c_{I^-}} = \frac{8.3\times10^{-17}}{0.010} = 8.3\times10^{-15} mol \cdot L^{-1}$$

Cl^- 开始沉淀时 Ag^+ 的浓度为

$$c_{Ag^+} > \frac{K^{\ominus}_{sp,AgCl}}{c_{I^-}} = \frac{1.8\times10^{-10}}{0.010} = 1.8\times10^{-8} mol \cdot L^{-1}$$

计算结果说明，生成 AgI 沉淀比生成 AgCl 沉淀所需 Ag^+ 的浓度小得多，所以当溶液中 Ag^+ 的浓度逐渐增加时，AgI 沉淀先析出。只有当溶液中 Ag^+ 的浓度大于 $1.8\times10^{-8} mol \cdot L^{-1}$ 时，才有 AgCl 沉淀析出。在 AgCl 开始沉淀前的瞬间，即溶液中 $c_{Ag^+} \geqslant 1.8\times10^{-8}\ mol \cdot L^{-1}$ 时，c_{Ag^+} 必然同时满足下列两个关系式：

$$c_{Ag^+} c_{I^-} > K^{\ominus}_{sp,AgI}$$

$$c_{Ag^+} c_{Cl^-} > K^{\ominus}_{sp,AgCl}$$

所以，在 AgCl 开始沉淀前的一瞬间 c_{I^-} 为

$$c_{I^-} = \frac{K^{\ominus}_{sp,AgI}}{c_{Ag^+}} = \frac{8.3\times10^{-17}}{1.8\times10^{-8}} = 4.6\times10^{-9} mol \cdot L^{-1}$$

当 AgCl 开始沉淀时，$c_{I^-} = 4.6\times10^{-9}\ mol \cdot L^{-1} < 1\times10^{-5} mol \cdot L^{-1}$，说明第一种离子 I^- 早已沉淀完全。

有上述例题可以看出，当一种沉淀剂能沉淀溶液中几种离子时，生成沉淀所需沉淀剂离子浓度最小者其离子积必先达到溶度积，该难溶物先沉淀，此即为分步沉淀的基本原理。分步沉淀原理在分离提纯有用物质或除去有害物质方面有广泛应用。

5.3.3.4 沉淀的转化

在实践中，有时需要将一种沉淀转化为另一种沉淀，例如，锅炉中的锅垢的主要组分为 $CaSO_4$。由于锅垢的导热能力很小（热导率只有钢铁的 1/50～1/30），阻碍传热，浪费燃料，还可能引起锅炉或蒸汽管的爆裂，造成事故。但 $CaSO_4$ 不溶于酸，难以除去。若用 Na_2CO_3 溶液处理，则可使 $CaSO_4$ 转化为疏松而可溶于酸的 $CaCO_3$ 沉淀，便于锅垢的清除。

$$CaSO_4(s) \rightleftharpoons Ca^{2+} + SO_4^{2-}$$

由于 $CaSO_4$ 的溶度积（$K^{\ominus}_{sp,CaSO_4} = 9.1\times10^{-6}$）大于 $CaCO_3$ 的溶度积（$K^{\ominus}_{sp,CaCO_3} = 3.36\times10^{-9}$），在溶液中与 $CaSO_4$ 平衡的 Ca^{2+} 与加入的 $CO_3{}^{2-}$ 结合生成溶度积更小的 $CaCO_3$ 沉淀。从而降低了溶液中 Ca^{2+} 浓度，破坏了 $CaSO_4$ 的溶解平衡，使 $CaSO_4$ 不断溶解或转化。沉淀转化的程度可以用反应的平衡常数值来表达。

$$CaSO_4(s) + CO_3^{2-} \rightleftharpoons CaCO_3(s) + SO_4^{2-}$$

$$K^{\ominus} = \frac{c'_{SO_4^{2-}}}{c'_{CO_3^{2-}}} = \frac{c'_{SO_4^{2-}} c'_{Ca^{2+}}}{c'_{CO_3{}^{2-}} c'_{Ca^{2+}}} = \frac{K^{\ominus}_{sp,CaSO_4}}{K^{\ominus}_{sp,CaCO_3}} = 2.71\times10^{3}$$

上述平衡常数较大，表明沉淀转化的程度较大。

一般说来，由一种难溶的电解质转化为更难溶的电解质的过程是很易实现的；而反过来，由一种很难溶的电解质转化为不太难溶的电解质就比较困难。但应指出，沉淀的生成或转化除与溶解度或溶度积有关外，还与离子浓度有关。当涉及两种溶解度或溶度积相差不大的难溶物质的转化，尤其有关离子的浓度有较大差别时，必须进行具体分析或计算，才能明确反应进行的方向。

5.3.3.5 沉淀的溶解

在实际工作中，经常会遇到要使难溶电解质溶解的问题。根据溶度积规则，只要设法降低难溶电解质饱和溶液中有关离子的浓度，使离子积小于它的溶度积，就有可能使难溶电解质溶解。常用的方法有下列几种。

(1) 利用酸碱反应　众所周知，如果往含有 $CaCO_3$ 的饱和溶液中加入稀盐酸（HCl），能使 $CaCO_3$ 溶解，甚至生成 CO_2 气体。这一反应的实质是利用酸碱反应使 CO_3^{2-}（碱）的浓度不断降低，难溶电解质 $CaCO_3$ 的多相离子平衡发生移动，因而使沉淀溶解。

$$CaCO_3 + 2H^+ \rightleftharpoons Ca^{2+} + CO_2\uparrow + H_2O$$

难溶金属氢氧化物加入强酸后，由于生成极弱的电解质 H_2O，使 OH^- 浓度大为降低，从而使金属氢氧化物溶解，例如用盐酸溶解 Fe（OH）$_3$：

$$Fe(OH)_3(s) + 3H^+ \rightleftharpoons Fe^{3+} + 3H_2O(l)$$

部分金属硫化物，如 FeS、ZnS 等也能溶于稀酸，例如：

$$FeS(s) + 2H^+ \rightleftharpoons Fe^{2+} + H_2S(g)$$

(2) 利用配合反应当难溶电解质中的金属离子与某些试剂（配合剂）形成配离子时，会使沉淀或多或少地溶解。例如照相底片上未曝光的 AgBr，可用 $Na_2S_2O_3$ 溶液（$Na_2S_3O_3 \cdot 5H_2O$ 俗称海波）溶解，反应式为

$$AgBr(s) + 2S_2O_3^{2-} \rightleftharpoons [Ag(S_2O_3)_2]^{3-} + Br^-$$

但 AgBr 难溶于氨水溶液中，这是因为 $[Ag(S_2O_3)_2]^{3-}$ 的 K_i（3.46×10^{-14}）比 $[Ag(NH_3)_2]^+$ 的 K_i（8.93×10^{-8}）要小得多，即 $[Ag(S_2O_3)_2]^{3-}$ 是更难解离的物质（有关 K_i 见本章 5.4.3 相关内容）。

(3) 利用氧化还原反应有一些难溶于酸的硫化物如 Ag_2S、CuS、PbS 等，它们的溶度积太小，不能像 FeS 那样溶解于非氧化性酸，但可以加入氧化性酸使之溶解。例如，加入 HNO_3 作氧化剂，使发生下列反应：

$$3CuS(s) + 8HNO_3(稀) \rightleftharpoons 3Cu(NO_3)_2 + 3S(s) + 2NO(g) + 4H_2O(l)$$

由于 HNO_3 能将 S^{2-} 氧化为 S，从而大大降低了 S^{2-} 的浓度，当 $c'_{Cu^{2+}}c'_{S^{2-}} < K^{\ominus}_{sp,CuS}$ 时，CuS 即可溶解。

5.3.4 沉淀-溶解平衡在印刷中的应用

沉淀-溶解平衡在印刷中有许多重要的应用。

5.3.4.1 合理选择照相定影剂

印刷制版的定影过程就是从感光材料的乳剂层中去除残留的卤化银，而不损害组成影像的过程。根据溶度积原则，卤化银溶解在水中的量决定于银离子与卤素离子浓度的乘积（即溶度积），它在任何既定的温度下都是一个常数，如下式所示；

$$K^{\ominus}_{sp,AgX} = c'_{Ag^+}c'_{X^-}$$

在一般的冲洗温度范围内（18～25℃），氯化银、溴化银和碘化银的溶度积都非常

小。所以，不可能单纯用水来溶去乳剂层中的卤化银。根据溶度积规则可知，无论是降低银离子或者是卤素离子在溶液中的浓度，都能促使卤化银在水中溶解。银离子极易与某些阴离子结合成稳定的配离子，由于这些配离子的解离常数极小，就使得溶液中银离子的浓度降低了，卤化银也就可以不断地溶解，这就是感光材料定影作用的基础。

为了使定影速度加快，所选择的定影物质（即定影剂）必须与银离子生成不稳定常数为最小的配离子。可以与银离子生成配离子的化合物很多，例如亚硫酸盐可与银离子生成 $[Ag(SO_3)_2]^{3-}$，氨则可生成 $[Ag(NH_3)_2]^+$。除此以外，还有硫代硫酸盐、硫氰化物、氰化物以及硫脲等均可与银离子结合为配离子。但是，并非这些化合物均可作定影剂，因为定影剂必须满足这样一些要求：①所形成的配合物有较小的不稳定常数，即使在溶液被稀释时，还能保持稳定而不被分解，不会损坏影像；②价廉而易于得到。上述化合物中只有硫代硫酸盐与氰化物能满足这些要求，然而氰化物的毒性太大，不宜选用。因此，实际上都用硫代硫酸盐（主要是硫代硫酸钠，俗称大苏打）作为定影剂。在定影过程中，硫代硫酸钠与溴化银生成易溶于水的配合物。通常认为定影过程经历两个阶段，可用下面两个反应式来表示：

第 1 阶段 $$AgBr+Na_2S_2O_3 \longrightarrow NaBr+Na[Ag(S_2O_3)]$$

第 2 阶段 $$Na[Ag(S_2O_3)]+Na_2S_2O_3 \longrightarrow Na_3[Ag(S_2O_3)_2]$$

总的化学方程式为：

$$AgBr+2Na_2S_2O_3 \longrightarrow NaBr+Na_3[Ag(S_2O_3)_2]$$

如果硫代硫酸钠的用量很少，则反应就停留在第 1 阶段，仅在有足够的硫代硫酸钠时才会生成第二种配合物。当溴化银全部转变为第一种配合物时，乳剂层已经透明，但并不能认为定影过程已经完成。因为这种配合物是水溶性很小的透明晶体，它留在乳剂层内，会逐渐分解为棕黄色的硫化银而使影像受到破坏。因此，必须使反应继续进行，以生成易溶的第二种配合物，才完成了定影过程。

5.3.4.2 加速无机亲水盐层的沉积

在某些润版液配方中加入硝酸锌等强电解质，其目的就是为了产生同离子效应，加速亲水盐层的生成。润版液的酸成分，例如磷酸可和锌版基生成磷酸锌，磷酸锌是难溶电解质，可建立以下电离平衡：

$$Zn_3(PO_4)_2 \rightleftharpoons 3Zn^{2+}+2PO_4^{3-}$$

加入硝酸锌等强电解质，可全部解离成锌离子和酸根离子：

$$Zn(NO_3)_2 \rightleftharpoons Zn^{2+}+2NO_3^-$$

这样实质上就是向溶液加入了与 $Zn_3(PO_4)_2$ 相同的阳离子 Zn^{2+}，使得 Zn^{2+} 与 PO_4^{3-} 两离子浓度的乘积大于溶度积 $K^{\ominus}_{sp,Zn_3(PO_4)_2}$，$Zn_3(PO_4)_2$ 就会从溶液中沉淀出来，加快了版面上形成磷酸亲水盐层的速度。

5.4 配合物和配位离子的解离平衡

5.4.1 配合物的概念

5.4.1.1 配合物的定义

配位化合物，简称配合物，是一类组成复杂、特点多样、应用广泛的化合物。1893 年瑞士化学家维尔纳（A. Werner）创立了配位学说，成功解释了配合物的化学键本质，从此配合物的研究得到了迅速的发展，配合物的应用更趋广泛。

为了说明什么是配合物，可以先看一个向 $CuSO_4$ 溶液中滴加过量氨水的实验：在盛有 $CuSO_4$ 溶液的试管中滴加氨水，边加边摇，开始时有大量天蓝色的沉淀生成，继续滴加氨水时，沉淀逐渐消失，得深蓝色透明溶液。

若向这种深蓝色溶液中加入 NaOH 溶液，无天蓝色 $Cu(OH)_2$ 沉淀生成，但若向该溶液中加入少量 $BaCl_2$ 溶液时，则有白色 $BaSO_4$ 沉淀析出。这说明溶液中存在着 SO_4^{2-}，却几乎检查不出 Cu^{2+}。

往深蓝色溶液中加入乙醇，立即有深蓝色晶体析出。经 X 射线分析，该深蓝色结晶的化学组成是 $[Cu(NH_3)_4]SO_4 \cdot H_2O$。它在水溶液中能够完全解离为 $[Cu(NH_3)_4]^{2+}$ 和 SO_4^{2-}，而 $[Cu(NH_3)_4]^{2+}$ 是由 1 个 Cu^{2+} 和 4 个 NH_3 分子相互结合形成的复杂离子。这类复杂的离子称为配位个体。

通常把具有空轨道的中心原子或阳离子与可以提供孤电子对的配位体（可能是阴离子或中性分子）以配位键形成的不易解离的复杂离子（或分子）称为配位个体。配位个体可以是中性分子，也可以是带电荷的离子。不带电荷的中性配位个体也称配位分子，它本身就是配合物。带电荷的配位个体称为配离子，其中带正电荷的配位个体称为配阳离子，如 $[Cu(NH_3)_4]^{2+}$、$[Ag(NH_3)_2]^+$ 等；带负电荷的配离子称为配阴离子，如 $[HgI_4]^{2-}$ 等。

由带电荷的配位个体所形成的相应化合物及中性配位个体统称为配合物（习惯上把带电荷的配位个体也称为配合物）。如 $[Cu(NH_3)_4]SO_4$、$K_4[Fe(CN)_6]$、$H[Cu(CN)_2]$、$[Cu(NH_3)_4](OH)_2$、$[PtCl_2(NH_3)_2]$、$[Fe(CO)_5]$ 都是配合物。

5.4.1.2 配合物的组成

通常把由阳离子或原子（能提供空轨道）与一定数目的阴离子或中性分子（能提供孤对电子）通过配位键结合成的、具有一定空间构型的复杂离子或分子称为配位单元，含有配位单元的化合物称为配合物。显然，配位化合物与简单化合物的本质区别是配位化合物中含有配位键。配位单元可以是中性分子，称为配位分子，也可以是带电荷的离子，称为配离子，带正电荷的配离子称为配阳离子，带负电荷的配离子称为配阴离子。配合物的组成如图 5-1 所示。

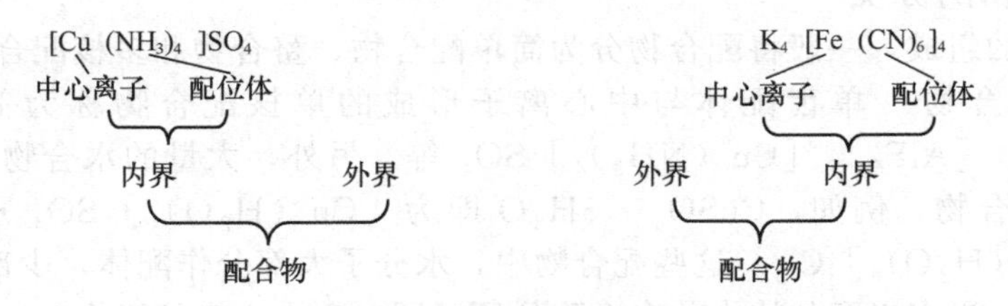

图 5-1 配合物的组成

(1) 内界和外界　配位单元是配合物的特征部分，也称配合物的内界，通常把内界写在方括号之内；配合物中除了内界以外的其他离子称为配合物的外界，内界与外界之间一般以离子键相结合。配位分子只有内界，没有外界。

(2) 中心离子(原子)　在配位单元中，接受孤对电子的阳离子或原子称为中心离子（原子）。中心离子（原子）位于配位单元的中心位置，是配位单元的核心部分。中心离子（原子）一般是过渡金属离子或原子，它们都能提供空轨道。此外，某些高氧化数的非金属离子也可以做中心离子。

配合物中只含有一个中心离子（原子）的称为单核配合物，含有两个或两个以上中心离子（原子）的称为多核配合物。

（3）配位体和配位原子　在配位单元中，围绕着中心离子并按一定空间构型与中心离子以配位键结合的阴离子或分子称为配位体，简称配体。配体中直接与中心离子形成配位键的原子称为配位原子。配位原子的最外电子层中都含有孤对电子，一般的配位原子是电负性较大的非金属元素原子。

一个配体可以含有一个或多个配位原子，根据配体中所含的配位原子数目，可将配体分为单齿（基）配体和多齿（基）配体。只含有一个配位原子的配体称为单齿（基）配体，如 CN^-、NH_3 等。含有两个或两个以上配位原子的配体称为多齿（基）配体，如乙二胺(en)、草酸根、乙二胺四乙酸（EDTA）等。

（4）配位数　配合物中直接与中心离子以配位键结合的配位原子的数目称为中心离子的配位数。如果配体均为单齿配体，则配体的数目与中心离子的配位数相等，例如，$[Pt(NH_3)_2Cl_2]$ 中，NH_3 和 Cl^- 均是单齿配体，Pt^{2+} 的配位数是4；如果配体中有多齿配体，则中心离子的配位数与配体的数目不相等，如 $[Ni(en)_2]^{2+}$ 中，Ni^{2+} 的配位数为4。

常见中心离子的配位数一般为2、4、6。配位数的大小主要决定于中心离子的电荷和半径。中心离子电荷高，吸引配体能力强，配位数就高。如 Cu^+ 的配位数是2，Cu^{2+} 的配位数是4。中心离子半径大，其外围空间所容纳的配体个数多，中心离子的配位数就高。如 $[BF_4]^-$ 和 $[AlF_6]^{3-}$。此外配位数也和配体的半径、电荷等因素有关。

一般说来，中心离子都有其特征的配位数，如 Ag^+、Cu^+ 的配位数常为2，而 Co^{3+}、Fe^{3+} 等则配位数常为6。

（5）配离子的电荷　配离子的电荷数等于中心离子和配体电荷总数的代数和。例如在 $[Co(H_2O)_6]^{3+}$ 中，由于配体是中性分子，所以配离子电荷就等于中心离子的电荷；在 $[FeF_6]^{3-}$ 中，配体 F^- 为−1价，所以配离子带的电荷为−3。由于配合物是电中性的，因此也可根据外界离子的电荷来确定配离子的电荷，如在 $K_3[FeF_6]$ 中，由于配离子和3个 K^+ 离子组成电中性的配合物，故配离子电荷是−3。

5.4.2　配合物的分类与命名

5.4.2.1　配合物的分类

根据配合物的组成，一般将配合物分为简单配合物、螯合物和多核配合物。

（1）简单配合物　单齿配体与中心离子形成的单核配合物称为简单配合物。如 $K_2[PtCl_6]$、$Na_3[AlF_6]$、$[Cu(NH_3)_4]SO_4$ 等。另外，大量的水合物实际上也是以水为配体的简单配合物，例如，$CuSO_4 \cdot 5H_2O$ 即为 $[Cu(H_2O)_4]SO_4 \cdot H_2O$，$FeCl_3 \cdot 6H_2O$ 即为 $[Fe(H_2O)_6]Cl_3$。这些配合物中，水分子大部分作配体，少部分是结晶水。

（2）螯合物　当多齿配位体中的多个配位原子同时和中心离子键合时，可形成具有环状结构的配合物，这类具有环状结构的配合物称为螯合物。能提供多齿配体的物质，称为螯合剂，它与中心离子的键合也称螯合。

例如，乙二胺（简写为en）$H_2NCH_2CH_2NH_2$ 中含有两个配位原子（N原子）。因此，两个乙二胺分子能与中心原子（如 Cu^{2+}）形成环状结构的配离子 $[Cu(en)_2]^{2+}$，可表示（以符号→表示配位键）如下：

$$\begin{array}{ccccc} & H_2 & & H_2 & \\ H_2C- & N & & N- & CH_2 \\ | & & \searrow Cu^{2+} \swarrow & & | \\ & & \nearrow \quad \nwarrow & & \\ H_2C- & N & & N- & CH_2 \\ & H_2 & & H_2 & \end{array}$$

乙二胺作为双齿配体，其中的两个N各提供一对孤对电子与Cu^{2+}形成配位键，犹如螃蟹以双螯钳住中心原子，形成环状结构，将中心原子嵌在中间。螯合物的名称便由此而得。此处Cu^{2+}与四个N原子相连，故Cu^{2+}的配位数为4。

又如乙二胺四乙酸（简写为EDTA），是一种六齿配体。在乙二胺四乙酸根离子中，四个羧基上的氧原子（标有孤电子对的）和两个氨基上的氮原子都是配位原子，它能与许多金属离子形成十分稳定的配离子。

```
     O                                        O
     ‖                                        ‖
   O—C—CH2                          CH2—C—O
          \                         /
           N—CH2—CH2—N
          /                         \
   O—C—CH2                          CH2—C—O
     ‖                                        ‖
     O                                        O
```

理论和实践都证明五原子环和六原子环最稳定，故螯合剂中两个配位原子之间一般要隔2～3个原子。在中心离子相同、配位原子相同的情况下，形成螯合物要比形成配合物稳定，在水中的离解程度也更小。例如，$[Cu(en)_2]^{2+}$、$[Zn(en)_2]^{2+}$配离子要比相应的$[Cu(NH_3)_2]^{2+}$、$[Zn(NH_3)_2]^{2+}$配离子稳定得多。

螯合物中所含的环越多，其稳定性越高。由于螯合物的特殊稳定性、特征颜色和溶解性使其被广泛地应用于沉淀分离、溶剂萃取、比色分析和滴定分析工作中。

除了以上两种类型的配合物外，还有一些特殊配合物，如$[(RuCl_5)_2O]^{4+}$这类分子中含有两个或两个以上中心原子（离子）的多核配合物；$Ni(CO)_4$、$Fe(CO)_5$这类以一氧化碳为配体的羰基配合物，以及如血红素这类环状骨架上带O、N、P、S等多个配位原子的多齿配体形成的大环配合物等。

5.4.2.2 配合物的命名

配合物的命名有系统命名法，也有商业命名法等。本书介绍国际纯粹与应用化学联合会推荐的系统命名法，该命名服从无机化合物的命名原则。对含有配离子的配合物，先命名阴离子，后命名阳离子，阴、阳离子间用“化”或“酸”连接，阴离子为简单离子时用“化”，为复杂离子（包括配离子）时用“酸”。配合物内界的命名顺序如下：

配体数→配体名称→“合”→中心离子名称（中心离子电荷数）。

配体数要用大写的一、二、三等数字表示；括号内中心离子的电荷数用罗马数字表明；如果配体不止一种，不同配体的名称之间用“·”隔开。不同配体的命名顺序规定如下。

（1）配体中按先阴离子后中性分子、先无机配体后有机配体的原则命名，即：简单阴离子→复杂阴离子→有机阴离子→无机分子→有机分子。

（2）同类配体中，按配位原子元素符号的英文字母顺序命名，如NH_3→H_2O。

（3）同类配体且配位原子相同时，则原子个数少的配体排在前面，多的配体排在后面，如NH_3→NH_2OH→Py（吡啶）。

（4）同类配体且配位原子和原子数目均相同，则按结构式中与配位原子相连的原子的元素符号的英文字母顺序排列，如NH_2→NO_2。

某些配体的化学式相同，但提供的配位原子不同，其名称不同，命名时需要注意，如：

—NO_2^-（N为配位原子）硝基　　—ONO^-（O为配位原子）亚硝酸根

—SCN^-（S为配位原子）硫氰酸根　　—NCS^-（N为配位原子）异硫氰酸根

一些配合物的命名如下：

$[CrCl(NH_3)_5]Cl_2$	二氯化一氯·五氨合铬（Ⅲ）
$[Co(NH_3)_2(en)_2](NO_3)_3$	硝酸二氨·二乙二胺合钴（Ⅲ）
$H_2[PtCl_6]$	六氯合铂（Ⅳ）酸
$K[Co(NO_2)_4(NH_3)_2]$	四硝基·二氨合钴（Ⅲ）酸钾
$[Ni(CO)_4]$	四碳基合镍
$[Co(ONO)(NH_3)_5]SO_4$	硫酸一亚硝酸根·五氨合钴（Ⅲ）
$[Co(NO_2)_3(NH_3)_3]$	三硝基·三氨合钴（Ⅲ）
$[Pt(Py)_4][PtCl_4]$	四氯合铂（Ⅱ）酸四吡啶合铂（Ⅱ）
$K_3[Fe(NCS)_6]$	六异硫氰酸根合铁（Ⅲ）酸钾
$[CoCl(SCN)(en)_2]NO_3$	硝酸一氯·一硫氰酸根·二乙二胺合钴（Ⅲ）

有些配合物也常用简称或俗名，如 $K_4[Fe(CN)_6]$（亚铁氰化钾，俗名黄血盐），$K_3[Fe(CN)_6]$（铁氰化钾，俗名赤血盐），$[Cu(NH_3)_4]^{2+}$（铜氨离子），$[Ag(NH_3)_2]^+$（银氨离子）。

5.4.3 配离子的解离平衡

5.4.3.1 配离子的稳定常数

中心离子与配体生成配离子的反应叫配位反应。实验结果表明，即使反应生成了很稳定的配合物，溶液中也仍然存在着少量游离的中心离子和配体，说明系统在发生配位反应的同时，还发生着解离反应，即配位反应是可逆反应，最终也将达到平衡，称为配位解离平衡。如 $[Ag(NH_3)_2]^+$ 在水溶液中总的解离平衡可简单表达如下：

$$[Ag(NH_3)_2]^+ \rightleftharpoons Ag^+ + 2NH_3$$

其总的解离常数为

$$K=\frac{(c_{Ag^+}/c^{\ominus})(c_{NH_3}/c^{\ominus})^2}{c_{Ag(NH_3)_2^+}/c^{\ominus}}$$

在不考虑 K 的单位时，可将上式简化为

$$K_i=\frac{c'_{Ag^+}(c'_{NH_3})^2}{c'_{Ag(NH_3)_2^+}}$$

式中 K_i——配离子的不稳定常数，对同一类型（配位体数目相同）的配离子来说，K_i 越大，表示配离子越易解离，即配离子越不稳定。

配离子的稳定性也可用配离子的稳定常数 K_f 来表示，K_f 是由中心离子与配位体生成配离子的配合反应的平衡常数。例如：

$$Ag^+ + 2NH_3 \rightleftharpoons [Ag(NH_3)_2]^+$$

$$K_f=\frac{c'_{Ag(NH_3)_2^+}}{c'_{Ag^+}(c'_{NH_3})^2}$$

对同一类型的配离子来说，K_f 越大，表示配离子越容易生成，配离子越稳定。反之，则越不稳定。K_f 与 K_i 互成倒数关系：

$$K_f=1/K_i \text{ 或 } K_fK_i=1$$

5.4.3.2 配离子解离平衡的移动

与所有的平衡系统一样，改变配离子解离平衡时的条件，平衡将发生移动。有时，改变溶液的酸度，也会引起配离子解离平衡的移动。若往深蓝色的 $[Cu(NH_3)_4]^{2+}$ 溶液中加入少量稀 H_2SO_4，溶液会由深蓝色转变为浅蓝色。这是由于加入的 H^+ 与 NH_3 结合，生成了 NH_4^+，促使 $[Cu(NH_3)_4]^{2+}$ 进一步解离：

$$[Cu(NH_3)_4]^{2+} \rightleftharpoons Cu^{2+} + 4NH_3$$

$$NH_3 + H^+ \rightleftharpoons NH_4^+$$

也可写成

$$[Cu(NH_3)_4]^{2+} + 4H^+ \rightleftharpoons Cu^{2+} + 4NH_4^+$$

在配离子反应中，一种配离子可以转化为另一种更稳定的配离子，即平衡移向生成更难解离的配离子的方向。对于相同配位数的配离子，通常可根据配离子的 K_i 来判断反应进行的方向。例如：

$$[HgCl_4]^{2-} + 4I^- \rightleftharpoons [HgI_4]^{2-} + 4Cl^-$$

$$K_i([HgCl_4]^{2-}) = 8.55 \times 10^{-16}, K_i([HgI_4]^{2-}) = 1.48 \times 10^{-30}$$

由于 $K_i([HgCl_4]^{2-}) \gg K_i([HgI_4]^{2-})$，即 $[HgCl_4]^{2-}$ 更不稳定，因此若往含有 $[HgCl_4]^{2-}$ 的溶液中加入足够的 I^-，则 $[HgCl_4]^{2-}$ 将解离而转化生成 $[HgI_4]^{2-}$。

5.4.4 配离子在印刷中的应用

配合物在科学研究及印刷业中都有广泛的应用。

在印刷材料中，常利用配合物的特征颜色和受热变色等特性来制备各种油墨。例如铁蓝，又称普鲁士蓝、柏林蓝等，它的化学名称为亚铁氰化铁钾（钠），是由配合物亚铁氰化钾（钠）和亚铁盐反应后氧化而成。铁蓝因其价廉、色彩鲜艳、耐光好等特点，长期以来一直被油墨工业采用着。又如 $Fe_4[Fe(CN)_6]_2$，是一种变色配合物，温度大于 25℃时颜色为棕色，温度小于 25℃时颜色为蓝色。利用此配合物加热前后出现的颜色变化截然不同的特性，以 $Fe_4[Fe(CN)_6]_2$ 基本组分，可以制得因受热而发生颜色变化以指示温度的特种油墨——示温变色油墨。

在分析化学方面，为了准确而快速地检出和测定试样中的元素组成，常常需要某些特殊试剂，这些试剂多数为稳定的配合物或螯合物。例如铜的特征试剂（称为铜试剂，即二乙氨基二硫代甲酸钠）在氨性溶液中能与 Cu^{2+} 配位生成棕色螯合物沉淀。容量分析中的配位滴定法是测定金属含量的常用方法之一，其所依据的原理就是配合物的形成与相互转化，而最常用的分析试剂就是 EDTA。

此外，分析化学中常用的指示剂、显色剂和掩蔽剂都在不同程度上利用了各种各样特殊配合物的生成。

在生物化学方面，生物体内许多种重要物质都是配合物。例如，动物血液中起输送氧气作用的血红素是 Fe^{3+} 的螯合物，植物中起光合作用的叶绿素是 Mg^{2+} 的螯合物，胰岛素是 Zn^{2+} 的螯合物，在豆类植物的固氮菌中能固定大气中氮气的固氮酶是铁铜蛋白螯合物。

在湿法冶金中，提取贵金属常用到配位反应。如 Au、Ag 能与 NaCN 溶液作用，生成稳定的 $[Au(CN)_2]^-$ 和 $[Ag(CN)_2]^-$ 配离子而从矿石中提取出来，其反应如下：

$$4Au + 8NaCN + 2H_2O + O_2 \longrightarrow 4Na[Au(CN)_2] + 4NaOH$$

配合物还广泛应用于配位催化、医药合成等方面，在电镀、印染、半导体、原子能等工业中也有重要应用。

复习思考题

1. 理解下列概念的含义。

解离度　解离常数　共轭酸碱对　缓冲溶液　溶解度　溶度积　溶度积规则　同离子效应　沉淀完全 沉淀转化　配位体　配位原子　配位数　配合物的内层、外层

2. 下列说法是否正确？若不正确，则予以更正。

(1) 根据 $K_a^\ominus = c\alpha^2$，弱酸的浓度越小，则解离度越大，因此酸性越强（即 pH 值越小）。

(2) 在相同浓度的一元酸溶液中，c_{H^+} 都相等，因为中和同体积同浓度的 HAc 溶液或 HCl 溶液所需的碱是等量的。

(3) 在所有配合物中，配位体的总数就是中心离子的配位数。

(4) K_f 大的配离子的稳定性大。

(5) 配合物的内界与外界之间主要以共价键结合。

(6) 配合物的中心离子仅为带正电荷的离子。

(7) 配合物的中心离子（或原子）是电子对的接受体，配位体是电子对的给予体。

(8) 在 $[FeF_6]^{3-}$ 中加入强酸，不影响配离子的稳定性。

3. 往氨水中加少量下列物质时，NH_3 的解离度和溶液的 pH 值将发生怎样的变化？

(1) NH_4Cl (s)　(2) NaOH (s)　(3) HCl 溶液　(4) H_2O (l)

4. 在下列各系统中，各加入约 1.00gNH_4Cl 固体并使其溶解，对所指定的性质（定性地）影响如何？并简单指出原因。

(1) 10.0mL0.10mol·L^{-1}HCl 溶液（pH 值）________。

(2) 10.0mL 0.10mol·L^{-1}NH_3 水溶液（氨在水溶液中的解离度）________。

(3) 10.0mL 纯水（pH 值）________。

(4) 10.0mL 带有 $PbCl_2$ 沉淀的饱和溶液（$PbCl_2$ 的溶解度）________。

5. 若要比较一些难溶电解质溶解度的大小，是否可以根据各难溶电解质的溶度积大小直接比较？即溶度积较大的，溶解度就较大，溶度积较小的，溶解度也就较小？为什么？

6. 请分析溶解度与溶度积，离子积与溶度积有何区别与联系？

7. 已知室温下下列各物质的溶解度，试计算相应的溶度积（不考虑水解）。

(1) AgCl　1.95×10^{-4} g/100g H_2O；

(2) AgBr　7.1×10^{-7} mol·L^{-1}；

(3) BaF_3　6.3×10^{-3} mol·L^{-1}。

8. 由 $K_{sp}^\ominus$ 计算下列物质的溶解度（以 mol·L^{-1} 表示）

(1) Al $(OH)_3$ 的 $K_{sp}^\ominus = 1.3\times10^{-33}$；

(2) Fe $(OH)_3$ 的 $K_{sp}^\ominus = 4.0\times10^{-38}$；

(3) $PbSO_4$ 的 $K_{sp}^\ominus = 1.6\times10^{-8}$。

9. $FeCO_3$ 和 CaF_2 的溶度积分别为 3.13×10^{-11} 和 5.3×10^{-9}。计算每种物质的溶解度（以 mol·L^{-1} 表示）。$FeCO_3$ 和 CaF_2 的溶度积虽然很相近，但为什么它们的溶解度却相差很大？

10. 如何从化学平衡观点来理解溶度积规则？

11. 要使沉淀溶解，可采用哪些措施？举例说明。

12. 按用溶度积规则说明下列事实。

(1) $CaCO_3$ 沉淀能溶于 HAc 溶液中。

(2) Fe $(OH)_3$ 沉淀能溶于 H_2SO_4 溶液中。

(3) $BaSO_4$ 难溶于稀 HCl 中。

(4) CuS沉淀不溶于盐酸但可溶于热的HNO_3溶液中。

(5) 往Mg^{2+}的溶液中滴加$NH_3 \cdot H_2O$，产生白色沉淀，再滴加NH_4Cl溶液，白色沉淀消失。

13. 指出下列配合物的名称、中心离子、配离子电荷数、配位数、配位体。

$[Co(NH_3)_6]SO_4$、$[Cu(NH_3)_4](OH)_2$、$Na_3[Ag(S_2O_3)_2]$、$[Ni(CO)_4]$、$[PtCl_2(NH_3)_2]$

14. 配离子的不稳定性可用什么平衡常数来表示？是否所有的配离子都可用该常数直接比较它们的不稳定性的大小？为什么？

15. 试从配离子的不稳定常数或稳定常数的大小定性地解释下列现象。

(1) 在氨水中AgCl能溶解，AgBr仅稍溶解，而在$Na_2S_2O_3$溶液中AgCl和AgBr均能溶解。

(2) KI能自$[Ag(NH_3)_2]NO_3$溶液中将Ag^+沉淀为AgI，但不能从$K[Ag(CN)_2]$溶液中使Ag^+以AgI沉淀形式析出。

16. 本章总共提到哪几类离子平衡？它们各自的特点是什么？特征的平衡常数是什么？

习　题

1. 是非题（对的在括号内填“√”号，错的填“×”号）

(1) 中和等体积、等pH值的HCl溶液和HAc溶液，需要等物质的量的NaOH。(　　)

(2) $0.10mol \cdot L^{-1}$NaCN溶液的pH值比相同浓度的NaF溶液的pH值要大，这表明CN^-的$K_b^{\ominus}$值比F^-的$K_b^{\ominus}$值要大。(　　)

(3) PbI_2和$CaCO_3$的溶度积均近似为10^{-9}，从而可知两者的饱和溶液中Pb^{2+}的浓度与Ca^{2+}的浓度近似相等。(　　)

(4) $MgCO_3$的溶度积$K_{sp}^{\ominus}=6.82\times10^{-6}$，这意味着所有含有$MgCO_3$的溶液中，$c_{Mg^{2+}}=c_{CO_3^{2-}}$，而且$c_{Mg^{2+}}c_{CO_3^{2-}}=6.82\times10^{-6}mol \cdot L^{-1}$。(　　)

2. 选择题（将正确答案的标号填入空格内）

(1) 往1mL$0.10mol \cdot L^{-1}$HAc溶液中加入一些NaAc晶体并使之溶解，会发生的情况是________。

A. HAc的$K_a^{\ominus}$值增大　　B. HAc的$K_a^{\ominus}$值减小

C. 溶液的pH值增大　　D. 溶液的pH值减小

(2) 设氨水的浓度为c，若将其稀释1倍，则溶液中c_{OH^-}为(　　)。

A. $c/2$　　B. $\frac{1}{2}\sqrt{K_b^{\ominus}c}$　　C. $\sqrt{K_b^{\ominus}c/2}$　　D. $2c$

(3) 浓度为$0.10mol \cdot L^{-1}$弱酸HX溶液，有2.0%的HX解离。则HX的解离常数$K_a^{\ominus}=$(　　)。

A. 2.0×10^{-3}　　B. 4.0×10^{-3}　　C. 0.2　　D. 4.0×10^{-5}

(4) $0.10mol \cdot L^{-1}$的MOH溶液pH=10.0，则该碱的$K_b^{\ominus}$为(　　)。

A. 1.0×10^{-3}　　B. 1.0×10^{-19}　　C. 1.0×10^{-13}　　D. 1.0×10^{-7}

(5) 已知Ag_2CrO_4在纯水中的溶解度为$6.5\times10^{-5}mol \cdot L^{-1}$。则其在$0.0010mol \cdot L^{-1}$ $AgNO_3$溶液中的溶解度为(　　)$mol \cdot L^{-1}$。

A. 6.5×10^{-5}　　B. 1.1×10^{-6}　　C. 1.1×10^{-9}　　D. 无法确定

(6) 配合物$Cu_2[SiF_6]$的正确名称是(　　)。

A. 六氟硅酸铜　　B. 六氟合硅(Ⅳ)酸亚铜

C. 六氟合硅(Ⅳ)化铜　　D. 六氟硅酸铜(Ⅰ)

(7) 对于分步沉淀，下列叙述正确的是（　　）。

A. 被沉淀离子浓度小的先沉淀

B. 沉淀时所需沉淀剂浓度小的先沉淀

C. 溶解度小的物质先沉淀

D. 被沉淀离子浓度大的先沉淀

(8) 下列叙述中错误的是（　　）。

A. 配位平衡是指溶液中配离子解离为中心离子和配体的解离平衡。

B. 配离子在溶液中的行为像弱电解质。

C. 对于同一配离子而言 $K_f K_i = 1$。

D. 配位平衡是指配合物在溶液中解离为内界和外界的解离平衡。

3. 在某温度下 0.10mol·L^{-1} 氢氰酸（HCN）溶液的解离度为 0.010%，试求在该温度时 HCN 的解离常数。

4. 计算 0.050mol·L^{-1} 次氯酸（HClO）溶液中的 H^+ 的浓度和次氯酸的解离度。

5. 实验测得 0.1mol·L^{-1}HAc 溶液的 pH＝2.88，求 HAc 的 $K_a^\ominus$ 及解离度 α。若在此溶液中加入 NaAc 并使其浓度达到 0.1mol·L^{-1}，溶液的 pH 和解离度 α 又为多少？这说明什么问题？

6. 取 50.0mL0.100mol·L^{-1} 某一元弱酸溶液，与 20.0 mL 0.100mol·L^{-1}KOH 溶液混合，将混合溶液稀释至 100 mL，测得此溶液的 pH 值为 5.25。求此一元弱酸的解离常数。

7. 在烧杯中盛放 20.00mL0.100mol·L^{-1} 氨的水溶液，逐步加入 0.100mol·L^{-1}HCl 溶液。试计算：

(1) 当加入 10.00 mL HCl 后，混合液的 pH 值；

(2) 当加入 20.00 mL HCl 后，混合液的 pH 值；

(3) 当加入 30.00 mL HCl 后，混合液的 pH 值。

8. 现有 125mL1.0mol·L^{-1}NaAc 溶液，欲配制 250mLpH 值为 5.0 的缓冲溶液，需加入多少毫升 6.0mol·L^{-1}HAc 溶液？

9. 现有 1.0L 由 HF 和 F^- 组成的缓冲溶液。试计算：

(1) 当该缓冲溶液中含有 0.10 molHF 和 0.30molNaF 时，其 pH 值为多少？

(2) 往（1）缓冲溶液中加入 0.40gNaOH 固体，并使其完全溶解（设溶解后溶液的体积不变），问该溶液的 pH 值为多少？

(3) 当缓冲溶液 pH＝6.5 时，HF 与 F^- 浓度的比值为多少？此时溶液还有缓冲能力吗？

10. 计算 25℃ 时，$CaCO_3$ 在 0.50mol·L^{-1} Na_2CO_3 溶液中的溶解度（mol·L^{-1}）。

11. 根据 PbI_2 的溶度积，计算 25℃ 时：

(1) PbI_2 在纯水中的溶解度（mol·L^{-1}）；

(2) PbI_2 饱和溶液中的 Pb^{2+} 和 I^- 离子的浓度；

(3) PbI_2 在 0.010mol·L^{-1}KI 饱和溶液中 Pb^{2+} 离子的浓度；

(4) PbI_2 在 0.010mol·L^{-1}Pb（NO_3）$_2$ 溶液中的溶解度（mol·L^{-1}）。

12. 已知 $BaSO_4$ 的 $K_{sp}^\ominus = 1.1\times10^{-10}$，在 10mL 的 0.010 mol·L^{-1}$BaCl_2$ 溶液中，加入 50 mL 0.02mol·L^{-1}$NaSO_4$ 溶液，问有无 $BaSO_4$ 沉淀生成？

13. 一种混合溶液中含有 3.0×10^{-2}mol·L^{-1} Pb^{2+} 和 2.0×10^{-2}mol·L^{-1} Cr^{3+}，若向其中逐滴加入 NaOH 浓溶液（忽略体积变化），Pb^{2+} 与 Cr^{3+} 均有可能形成氢氧化物沉淀。问：(1) 哪种离子先被沉淀？(2) 若要使先沉淀的离子沉淀完全，溶液的 pH 值应控制在什么数值？

14. 某溶液中含杂质 Fe^{3+} 为 0.01mol·L^{-1}。试计算 Fe（OH）$_3$ 开始沉淀和沉淀完全时的 pH 值。至少应为多少？

15. 命名下列配合物，指出中心离子、配体、配位原子、配位数和配位个体所带电荷。

配合物	名 称	中心离子	配体	配位原子	配位数	配位个体所带电荷
$H_2[SiF_6]$						
$Na_3[Ag(S_2O_3)_2]$						
$[Zn(OH)(H_2O)_3]NO_3$						
$[CoCl_2(NH_3)_3(H_2O)]Cl$						
$K_2[Co(NCS)_4]$						
$(NH_4)_2[FeCl_5(H_2O)]$						
$NH_4[Cr(NCS)_4(NH_3)_2]$						
$[Ni(en)_3]Cl_2$						
$[Ni(CO)_4]$						

6 氧化还原平衡

【学习要求】

1. 熟悉氧化还原的基本概念，掌握氧化还原反应式的配平。
2. 理解原电池和电极电势的概念及其有关应用。
3. 掌握电解、电镀在印刷方面的应用。
4. 掌握金属的腐蚀种类及防止方法，了解印刷生产中的腐蚀。

化学反应从不同的角度可以有多种分类方法。根据反应物和生成物的类别以及反应前后物质种类的多少，可以将化学反应分为化合反应、分解反应、置换反应和复分解反应这四种基本类型的反应。根据反应过程中是否有氧化数的变化或电子转移，化学反应基本上可以分为两大类：有电子转移或氧化数变化的氧化还原反应和没有电子转移或氧化数无变化的非氧化还原反应。

氧化还原反应是一类极其重要的化学反应。在工农业生产、科学技术和日常生活中都有广泛的应用。如在印刷工业当中，利用电解的原理对印版进行粗化处理，可以提高印版的润湿性能和耐印性；润版液中加入的磷酸能使版面重新生成磷酸铝，以保持印版空白部分的亲水性；利用硝酸铵、硝酸的强氧化性来避免印版上氢气的生成，防止氢气气泡使无机盐层疏松不牢固。以上提到的这些过程都是氧化还原反应。但是，有些氧化还原反应会给人类带来危害，如易燃物的自燃、金属的腐蚀（包括印版的腐蚀）、橡胶的老化等，我们应该运用化学知识来防止这类具有危害性的氧化还原反应的发生或减慢其进程。

6.1 氧化还原反应的基本概念

6.1.1 氧化数

6.1.1.1 氧化数的概念与确定规则

氧化数又称氧化值，它是以化合价学说和元素电负性概念为基础发展起来的一个化学概念，在一定程度上标志着元素在化合物中的化合状态。

1970 年，国际纯粹与应用化学联合会（IUPAC）定义氧化数为：氧化数是指某元素的一个原子表观上所带的电荷数，这种电荷数是由假设将每个键中的电子指定给电负性更大的元素的原子而求得的。可见，氧化数是一个有一定人为性的、经验性的概念，它是按一定规则指定了的数字，用来表征元素在化合状态时的形式电荷数（或表观电荷数）。

在离子化合物中，元素的氧化数等于其离子实际所带的电荷数。例如，在 KCl 分子中，K 的氧化数为＋1，Cl 的氧化数为－1。对于共价化合物，元素的氧化数是假设把化合物中的成键电子都指定归于电负性更大的原子而求得，这时氧化数是元素的形式电荷，它不仅可以有正值、负值、零，还可以有分数。例如，在HCl中，H的形式电荷为＋1，Cl的形式电荷为－1，因此它们的氧化数分别为＋1、－1。

确定元素原子氧化数有以下一些经验规则。

（1）单质中元素的氧化数为零。例如$\overset{0}{O}_2$、$\overset{0}{N}_2$。

（2）中性分子中，各元素氧化数的代数和为零。例如$\overset{+1}{Na}\overset{-1}{Cl}$、$\overset{+1}{H}\overset{-1}{Cl}$。

（3）在简单（单原子）离子中，元素的氧化数等于该离子所带的电荷数；在复杂（多原子）离子中，各元素氧化数的代数和等于离子的总电荷数。例如$\overset{+1}{K^+}$、$\overset{-1}{I^-}$、$\overset{+6}{S}\overset{-2}{O}{}_4^{2-}$。

（4）氢在化合物中的氧化数一般为＋1，只有在活泼金属氢化物中，氢的氧化数为－1。例如$\overset{+1}{Na}\overset{-1}{H}$、$\overset{+2}{Ca}\overset{-1}{H_2}$。

（5）氧在化合物中的氧化数一般为－2，例外的有：在过氧化物（$\overset{+1}{H_2}\overset{-1}{O_2}$、$\overset{+1}{Na_2}\overset{-1}{O_2}$）中氧的氧化数是－1，在超氧化物（$\overset{+1}{K}\overset{-1/2}{O_2}$）中氧的氧化数是－1/2，在氟化氧（$\overset{+1}{O_2}\overset{-1}{F_2}$、$\overset{+2}{O}\overset{-1}{F_2}$）中，氧的氧化数为正。

【例 6-1】 计算$Na_2S_2O_3$中S的氧化数。

解：设S在$Na_2S_2O_3$中的氧化数为x，

因为$Na_2S_2O_3$中Na的氧化数为＋1，O的氧化数为－2，所以：

$$2\times(+1)+2x+3\times(-2)=0$$

$$x=+2$$

所以，$Na_2S_2O_3$中S的氧化数为＋2。

【例 6-2】 计算Fe_3O_4中Fe的氧化数。

解：设Fe在Fe_3O_4中的氧化数为x，

因为Fe_3O_4中O的氧化数为－2，所以：

$$3x+4\times(-2)=0$$

$$x=+8/3$$

所以，Fe_3O_4中Fe的氧化数为＋8/3。

【例 6-3】 计算$Cr_2O_7{}^{2-}$中Cr的氧化数。

解：设Cr在$Cr_2O_7{}^{2-}$中的氧化数为x，

因为$Cr_2O_7{}^{2-}$中O的氧化数为－2，所以：

$$2x+7\times(-2)=-2$$

$$x=+6$$

所以，$Cr_2O_7{}^{2-}$中Cr的氧化数为＋6。

6.1.1.2 氧化数和化合价两个概念的区别与联系

尽管习惯上常将氧化数称为价态，但氧化数与化合价是两个不同的概念。从定义上看，氧化数是指某元素的一个原子表观上所带的电荷数，是一个平均值；化合价是指某元素的一定数目的原子与其他元素的一定数目的原子相化合的性质。从数值上看，氧化数有整数、零、负数和分数，而化合价不能为分数（因为原子是化学反应中的基本微粒），只能是整数。

化合价有离子价（电价）和共价之分，离子价指元素的一个原子在形成离子化合物时得到或失去的电子数，即相应的离子电荷数，有正负之分；共价指元素的一个原子在共价化合物中形成的共价键数目，无正负之分。

对于离子化合物而言，氧化数与化合价（电价）的数值一般相同，但有时也不一致。例如在Fe_3O_4中Fe的氧化数为+8/3，而X射线研究表明其组成为$Fe^{3+} \cdot Fe^{2+}$ [Fe^{3+}]，Fe的电价分别为2和3。在共价化合物中氧化数与化合价则完全不同，例如在H_2O_2中，氧的氧化数为-1，而其化合价（共价）为2。又如在CH_4、CH_3Cl、$CHCl_3$和CCl_4中，碳的化合价（共价数）为4，而氧化数分别为-4、-2、+2和+4。

将前面所述氧化数概念及其应用与中学化学课本中化合价概念的定义及其应用对比一下，就可看出，中学化学课本中所定义的化合价实际上指的是氧化数。

6.1.2 氧化剂和还原剂

在化学反应过程中，元素的原子或离子在反应前后氧化数发生了变化的一类反应称为氧化还原反应。在氧化还原反应中，所含元素氧化数升高的物质是还原剂，其自身被氧化；所含元素氧化数降低的物质是氧化剂，其自身被还原。在同一个反应中，氧化和还原是同时发生的。

例如下列反应：

$$\overset{+2}{Cu}O+\overset{0}{H_2} \xrightarrow{\triangle} \overset{0}{Cu}+\overset{+1}{H_2}O$$

在该反应中，铜元素的氧化数从+2降到0，氧化铜是氧化剂，被还原；氢元素的氧化数从0升到+1，氢气是还原剂，被氧化。

一般来说，作为氧化剂的物质应含有高氧化数的元素，如$KMnO_4$中的Mn的氧化数为+7，处于Mn元素最高氧化数；作为还原剂的物质应含有低氧化数的元素，如H_2S中S的氧化数为-2，处于S元素最低氧化数。含有处于元素中间氧化数的物质，视反应条件不同，可能作氧化剂也可能作还原剂，如在H_2O_2中O元素的氧化数为-1，处于O元素的中间氧化数，H_2O_2与Fe^{2+}反应时作氧化剂，但与$KMnO_4$反应时作还原剂。

常用作氧化剂的物质有O_2、Cl_2、浓硫酸、HNO_3、$KMnO_4$、$FeCl_3$等；常用作还原剂的物质有活泼的金属单质如Al、Zn、Fe以及C、H_2、CO等。

6.1.3 氧化还原电对

任何一个氧化还原反应可拆分为两部分，即氧化反应和还原反应，称为两个半反应。

如：$2Fe^{3+}+Sn^{2+} \longrightarrow 2Fe^{2+}+Sn^{4+}$可拆分为两个半反应：

$$Sn^{2+}-2e^- \longrightarrow Sn^{4+}, 2Fe^{3+}+2e^- \longrightarrow 2Fe^{2+}$$

半反应中包含同一种元素两种不同氧化态的物质，氧化数较大的物质为氧化型（如Sn^{4+}、Fe^{3+}），氧化数较小的物质为还原型（如Sn^{2+}、Fe^{2+}）。这样就构成了如下两个共轭的氧化还原体系或称氧化还原电对（简称电对）：

Sn^{4+}/Sn^{2+}（氧化型）（还原型）　　Fe^{3+}/Fe^{2+}（氧化型）（还原型）

常见的氧化还原电对有以下几种。

①金属及其离子：Cu^{2+}/Cu、Zn^{2+}/Zn等。

②同种金属两种不同价态的离子：Fe^{3+}/Fe^{2+}、Sn^{4+}/Sn^{2+}、MnO_4^-/Mn^{2+}等。

③非金属及其离子：Cl_2/Cl^-、H^+/H等。

④不同价态非金属形成的离子：NO_3^-/NO_2^-等。

由于氧化半反应与还原半反应相加即为氧化还原反应，因此氧化还原反应一般可写成：

$$还原型(Ⅰ)+氧化型(Ⅱ) \longrightarrow 氧化型(Ⅰ)+还原型(Ⅱ)$$

式中的Ⅰ和Ⅱ分别表示其所对应的两种物质构成的不同电对，氧化反应和还原反应总是同时发生，相辅相成。

6.1.4 氧化还原反应方程式的配平

氧化还原反应往往比较复杂，参加反应的物质也比较多，配平氧化还原方程式的常用方法有两种：氧化数法和离子-电子法。氧化数法比较简便，中学已经学过；而离子-电子法却能更清楚地反映水溶液中氧化还原反应的本质，本书将分别介绍这两种方法的步骤和特点。

无论采取什么方法，配平时均要遵循下列原则：

①反应过程中氧化剂得到的电子数必须等于还原剂失去的电子数，即氧化剂的氧化值降低总数必等于还原剂的氧化值升高总数；

②反应前后各元素的原子总数相等。

6.1.4.1 氧化数法

用氧化数法配平氧化还原反应方程式的具体步骤如下。

(1) 找出方程式中氧化数有变化的元素，根据氧化数的改变，确定氧化剂和还原剂，并指出氧化剂和还原剂的氧化数的变化。

$$\overset{+7}{K Mn O_4} + H_2\underset{-2}{S} + H_2SO_4 \longrightarrow \overset{+2}{Mn}SO_4 + \underset{0}{S} + K_2SO_4 + H_2O$$

（Mn：$(-5)\times 2$；S：$(+2)\times 5$）

(2) 按照最小公倍数的原则对各氧化数的变化值乘以相应的系数，使氧化数降低值和升高值相等。$KMnO_4$ 和 $MnSO_4$ 前面的系数为 2，H_2S 和 S 前面的系数为 5。

$$2KMnO_4 + 5H_2S + H_2SO_4 \longrightarrow 2MnSO_4 + 5S + K_2SO_4 + H_2O$$

(3) 平衡方程式两边氧化数没有变化的除氧、氢之外的其他元素的原子数目。如方程式中的 SO_4^{2-}，产物中有 3 个 SO_4^{2-}，则反应物中必须有 3 个 H_2SO_4。

$$2KMnO_4 + 5H_2S + 3H_2SO_4 \longrightarrow 2MnSO_4 + 5S + K_2SO_4 + H_2O$$

(4) 检查方程式两边的氢（或氧）原子数目，平衡氢（或氧）。并将方程式中的“$\longrightarrow$”变为等号“$=\!=\!=$”。

$$2KMnO_4 + 5H_2S + 3H_2SO_4 =\!=\!= 2MnSO_4 + 5S + K_2SO_4 + 8H_2O$$

氧化数法配平氧化还原反应方程式的优点是简单、快速，它既适用于水溶液中的氧化还原反应，也适用于非水体系的氧化还原反应。

6.1.4.2 离子-电子法

离子-电子法是根据对应的氧化剂和还原剂的半反应方程式来配平氧化还原反应方程式的方法，因此又称半反应法。配平的一般步骤如下。

(1) 根据实验事实或化学反应方程式，写出未配平的离子反应方程式，例如：

$$KMnO_4 + K_2SO_3 + H_2SO_4 \longrightarrow MnSO_4 + K_2SO_4 + H_2O$$

改写成

$$MnO_4^- + SO_3^{2-} + H^+ \longrightarrow Mn^{2+} + SO_4^{2-} + H_2O$$

(2) 将未配平的离子反应方程式分成两个半反应，一个代表氧化剂被还原，一个代表还原剂被氧化：

还原反应 $MnO_4^- \longrightarrow Mn^{2+}$

氧化反应 $SO_3^{2-} \longrightarrow SO_4^{2-}$

(3) 分别配平两个半反应式，使两边各种元素原子总数和电荷总数均相等。MnO_4^- 被还原为 Mn^{2+} 时，要减少 4 个 O 原子，在酸性介质中可加入 8 个 H^+，使之结合生成 4 个 H_2O：

$$MnO_4^- + 8H^+ \longrightarrow Mn^{2+} + 4H_2O$$

然后配平电荷数。左边总电荷数为+7，右边为+2，则需在左边加上5个电子，达到两边电荷平衡，即：

$$MnO_4^- + 8H^+ + 5e^- \longrightarrow Mn^{2+} + 4H_2O \quad (6\text{-}1)$$

SO_3^{2-} 被氧化为 SO_4^{2-} 时，需增加一个O原子，酸性介质中可由 H_2O 提供，同时可生成两个 $2H^+$：

$$SO_3^{2-} + H_2O \longrightarrow SO_4^{2-} + 2H^+$$

然后配平电荷数，左边总电荷数为−2，右边正、负电荷抵消为0，因此要在左边减去2个电子，即：

$$SO_3^{2-} + H_2O - 2e^- \longrightarrow SO_4^{2-} + 2H^+ \quad (6\text{-}2)$$

（4）将两个配平的半反应式（6-1）、式（6-2）各乘以适当的系数，使得失电子总数相等，然后将两个半反应式合并，消去电子，得到一个配平的氧化还原反应方程式。式（6-1）、式（6-2）中电子得失的最小公倍数为2×5=10，将式（6-1）×2+式（6-2）×5可得下式：

$$2MnO_4^- + 5SO_3^{2-} + 6H^+ = 2Mn^{2+} + 5SO_4^{2-} + 3H_2O \quad (6\text{-}3)$$

检查方程式（6-3）两边各元素的原子数应相等，即式（6-3）为配平的离子方程式。

（5）把离子方程式改写成分子方程式：

$$2KMnO_4 + 5K_2SO_3 + 3H_2SO_4 = 2MnSO_4 + 6K_2SO_4 + 3H_2O$$

离子-电子法配平氧化还原反应方程式的关键是根据溶液的酸碱性增补 H_2O、H^+ 或 OH^-，配平氧原子数。不同介质条件下配平氧原子的经验规则见表6-1。

表6-1 不同介质条件下配平氧原子的经验规则

介质种类	反应物中	
	多一个氧原子［O］	少一个氧原子［O］
酸性介质	$+2H^+ \xrightarrow{结合[O]} +H_2O$	$+H_2O \xrightarrow{提供[O]} +2H^+$
碱性介质	$+H_2O \xrightarrow{结合[O]} +2OH^-$	$+2OH^- \xrightarrow{提供[O]} +H_2O$
中性介质	$+H_2O \xrightarrow{结合[O]} +2OH^-$	$+H_2O \xrightarrow{提供[O]} +2H^+$

离子-电子法配平氧化还原反应方程式有其特点，它不需要知道元素的氧化值，在配平过程中自然地把水及介质等添入反应式中，而且能直接写出离子方程式，因此能反映出水溶液中氧化还原反应的本质。但它也有局限性，只适用于水溶液中的氧化还原反应，对于气相或固相反应式的配平不适用。配平时，可根据具体的氧化还原反应特点，选用氧化数法或离子-电子法中的一种进行配平。

6.2 原电池和电极电势

6.2.1 原电池

6.2.1.1 原电池的工作原理

在 $CuSO_4$ 溶液中放入一块Zn片，可以观察到Zn片上开始形成浅棕色的海绵状薄层，同时溶液的蓝色不断变浅，这是由于发生了如下氧化还原反应：

$$Zn + Cu^{2+} \longrightarrow Zn^{2+} + Cu$$

在该反应中，Zn 失去电子，为还原剂，Cu^{2+} 得到电子，为氧化剂。Zn 将电子直接传递给 Cu^{2+}，电子转移是通过微粒的热运动而发生有效碰撞的结果。由于微粒的热运动没有一定的方向，不会形成电子的定向运动——电流，所以化学能只能以热能的形式表现出来，反应过程中溶液的温度会有所升高。

如果设计一种装置，使还原剂失去的电子通过导体间接地传递给氧化剂，那么在外电路中就可以观察到电流的产生，如图 6-1 所示。两个烧杯中分别盛有 $ZnSO_4$ 溶液和 $CuSO_4$ 溶液，在 $ZnSO_4$ 溶液中插入 Zn 片，在 $CuSO_4$ 溶液中插入 Cu 片，烧杯间用盐桥连接。盐桥中装有饱和 KCl 溶液和琼脂制成的胶冻，使溶液中的正负离子可以在管内定向迁移。当安培计与 Zn 片及 Cu 片连接时，可以看到其指针发生了偏转，据指针偏转的方向得知电子从 Zn 片流向 Cu 片。同时可观察到 Zn 片逐渐溶解，Cu 片上有 Cu 沉积。这种将氧化还原反应的化学能转化为电能的装置，称为原电池。

铜-锌原电池之所以能够产生电流，主要是由于 Zn 比 Cu 活泼，在锌半电池中，锌极上的 Zn 释放电子变为 Zn^{2+} 进入 $ZnSO_4$ 溶液中，锌片上有富余电子沿导线流向铜片；而 $CuSO_4$ 溶液中的 Cu^{2+} 从 Cu 片上获得电子，变成单质 Cu 沉积在 Cu 片上。随着反应的进行，盐桥中的负离子就会向 $ZnSO_4$ 溶液移动，中和由于 Zn^{2+} 进入溶液而过剩的正电荷以保持溶液的电中性；正离子便向 $CuSO_4$ 溶液移动，中和溶液中过剩的负电荷。

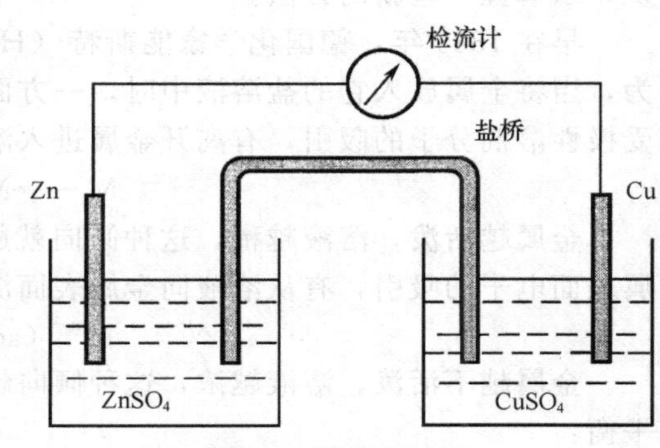

图 6-1 铜-锌原电池

在原电池中，电子流出的电极为负极，在该电极发生氧化反应；电子流入的电极为正极，在该电极发生还原反应。如铜-锌原电池中，Zn 极是原电池的负极；Cu 极是原电池的正极，发生的半反应分别为：

锌电极（负极）：$Zn \longrightarrow Zn^{2+} + 2e^-$（氧化反应，氧化数升高）

铜电极（正极）：$Cu^{2+} + 2e^- \longrightarrow Cu$（还原反应，氧化数降低）

原电池的总反应为两个电极半反应之和：

$$Zn + Cu^{2+} \longrightarrow Zn^{2+} + Cu$$

理论上任何一个自发进行的氧化还原反应都能组成一个原电池，而且也不一定要使用盐桥，可以使用其他材料等代替盐桥，或将两种电极材料插入同一份电解质溶液中。例如，世界上第一个原电池——伏特电池，就是将锌片和铜片插入稀硫酸中制成的。

6.2.1.2 原电池的表示方法

原电池装置可用电池符号来表示，如 Cu-Zn 原电池可表示为：

$$(-)Zn|ZnSO_4(c_1)\|CuSO_4(c_2)|Cu(+)$$

用电池符号表示原电池时通常规定。

①负极（－）写在左边，正极（＋）写在右边。

②以双垂线“‖”表示盐桥，两边各为原电池的一个电极。

③以单垂线“|”表示两相之间的界面。若溶液中含有两种离子参与电极反应，可用逗号将其分开。

④溶液应注明离子浓度，气体应注明分压。

⑤当电对中没有固态物质时，应插入惰性电极 Pt 或 C（石墨），并注明。

例如，由 H^+/H_2 电对和 Fe^{3+}/Fe^{2+} 电对组成的原电池，电池符号为

$(-)Pt|H_2(p)|H^+(c_1)||Fe^{3+}(c_2),Fe^{2+}(c_3)|Pt(+)$

负极反应：$H_2 \longrightarrow 2H^+ + 2e^-$

正极反应：$2Fe^{3+} + 2e^- \longrightarrow 2Fe^{2+}$

原电池反应：$H_2 + 2Fe^{3+} \longrightarrow 2H^+ + 2Fe^{2+}$

6.2.2 电极电势

6.2.2.1 电极电势的产生

在铜-锌原电池中，为什么电子从锌片流向铜片？为什么铜为正极、锌为负极？或者说为什么铜片的电势比锌片的高？在中学阶段，通常依据金属活动顺序表来判断原电池的正、负极。但原电池和电极是多种多样的，仅靠这一种方法是不够的，我们必须学习一些新的知识，以掌握一些新的方法。

早在1889年，德国化学家能斯特（H. W. Nernst）就提出了双电层理论。该理论认为，当将金属放入它的盐溶液中时，一方面，金属晶体中的金属离子由于本身的热运动以及受极性溶剂分子的吸引，有离开金属进入溶液的趋势：

$$M \longrightarrow M^{n+}(aq) + ne^-$$

金属越活泼，溶液越稀，这种倾向就越大。另一方面，溶液中的$M^{n+}(aq)$由于受到金属表面电子的吸引，有从溶液向金属表面沉积的趋势：

$$M^{n+}(aq) + ne^- \longrightarrow M$$

金属越不活泼，溶液越浓，这种倾向越大。当这两种倾向的速率相等时，即建立了动态平衡：

$$M \rightleftharpoons M^{n+}(aq) + ne^-$$

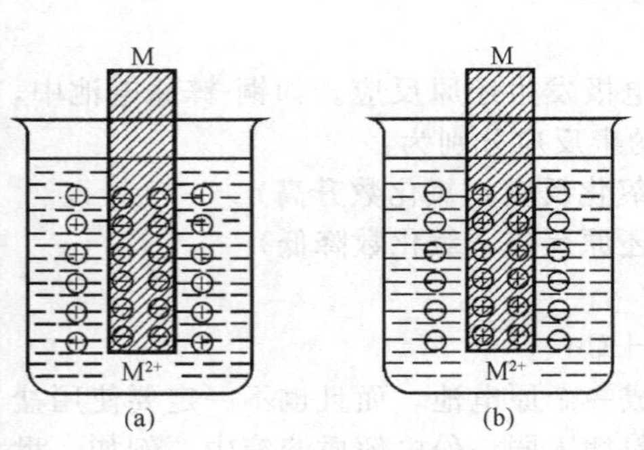

图6-2 金属电极电势的产生

若M失去电子的倾向大于$M^{n+}(aq)$获得电子的倾向，达到平衡时将形成金属板上带负电，靠近金属板附近溶液带正电的双电层，如图6-2（a）所示，金属与溶液间产生了电势差。相反，若$M^{n+}(aq)$获得电子的倾向大于M失去电子的倾向，则形成金属板上带正电而金属板附近溶液带负电的双电层，如图6-2（b）所示，同样产生电势差。这种由于双电层的作用在金属和它的盐溶液之间产生的电势差，就称为金属的电极电势，用$\varphi(M^{n+}/M)$表示，单位为伏（V）。如锌电极、铜电极的电极电势分别表示为$\varphi(Zn^{2+}/Zn)$、$\varphi(Cu^{2+}/Cu)$。金属电极电势的大小取决于金属的活泼性及溶液中金属离子的浓度，还与温度、介质有关。当外界条件一定时，电极电势的大小只取决于电极的本性。

6.2.2.2 原电池的电动势

用导线连接原电池的两极，构成的电路中就有电流通过，说明两极之间存在电势差，用电位计测得的正极与负极间的电势差就是原电池的电动势。用E表示电动势，则有

$$E = \varphi_+ - \varphi_- \tag{6-4}$$

原电池电动势的大小主要取决于组成原电池物质的本性，此外，还与温度有关，一般是在298.15K下测定。在标准状态（物质为纯物质，气体物质的分压为100kPa，溶液中离子浓度为$1mol \cdot L^{-1}$）下测定所得的电动势称为标准电动势，以$E^\ominus$表示：

$$E^\ominus = \varphi_+^\ominus - \varphi_-^\ominus \tag{6-5}$$

例如，当 $c_{Zn^{2+}}=c_{Cu^{2+}}=1mol\cdot L^{-1}$，温度为 298.15K 时，铜锌电池的电动势 $E^{\ominus}=1.10V$，若改变 Zn^{2+} 或 Cu^{2+} 的浓度，电动势则会发生变化。

6.2.2.3 标准电极电势及其测定

电极电势的绝对值无法测出，但可以测出其相对值。正如海拔高度是以海平面的高度为参考标准一样，确定电极电势的相对大小也要选取一个比较标准。通常以标准氢电极作为比较标准。

(1) 标准氢电极　标准氢电极的构成如图 6-3 所示。将一片由铂丝连接的镀有蓬松铂黑的铂片浸入 H^+ 浓度为 $1mol\cdot L^{-1}$ 的 H_2SO_4 溶液中，在 25℃时，从玻璃管侧口不断通入压力为 100kPa 的纯 H_2，H_2 即被铂黑吸附并达到饱和，铂片就像是用 H_2 制成的电极一样。在铂黑上达到了饱和的 H_2 与溶液中的 H^+ 之间建立起如下动态平衡：

$$2H^+ + 2e^- \rightleftharpoons H_2$$

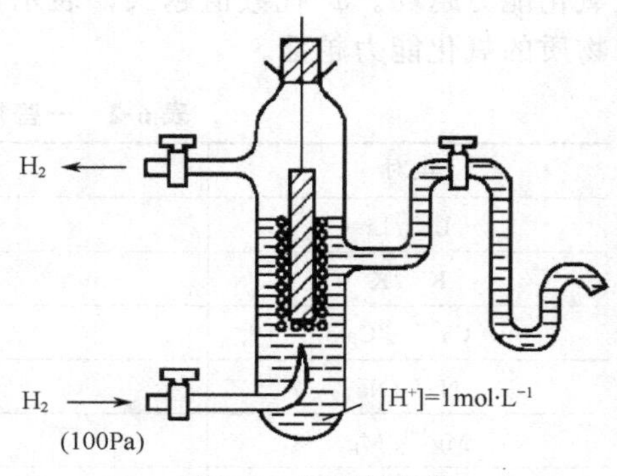

图 6-3　标准氢电极

上述饱和了 H_2 的铂片与酸溶液构成的电极就叫标准氢电极。规定标准氢电极的电极电势值为零，记为：

$$\varphi^{\ominus}(H^+/H_2)=0V$$

(2) 标准电极电势的概念　电极电势的高低，主要由电对的本性决定，但也受体系的温度、浓度、压力的影响。为了便于比较，电化学中引入标准态的概念：电极反应有关的离子浓度为 $1mol\cdot L^{-1}$，有关气体压力为 100kPa，温度为 25℃，这样的状态称标准状态。处于标准状态的电极称做标准电极，其电极电势称为标准电极电势，用 $\varphi^{\ominus}$（氧化型/还原型）表示。非标准电极的电极电势用 φ（氧化型/还原型）表示。

(3) 标准电极电势的测定　测定标准电极电势的方法及步骤如下：

①将标准状态下的待测电极与标准氢电极组成原电池；

②测出该原电池的标准电动势 $E^{\ominus}$。$E^{\ominus}$是组成原电池的两电极均处于标准态时测得的电动势。$E^{\ominus}$与该原电池中两个电极的标准电极电势之间的关系为：

$$E^{\ominus}=\varphi^{\ominus}_{+}-\varphi^{\ominus}_{-}$$

③由电流流动方向确定原电池的正、负极，根据 $\varphi^{\ominus}(H^+/H_2)=0V$，求出待测电极的标准电极电势。

例如，要测定标准锌电极的电极电势，可将锌片放入 $1mol\cdot L^{-1}$ 的盐溶液中，使锌电极与标准氢电极组成原电池，电池符号为：

$$(-)Zn|Zn^{2+}(1mol\cdot L^{-1})\|H^+(1mol\cdot L^{-1})|H_2(100kPa)|Pt(+)$$

测定时，由电位计读数得知，该原电池的标准电动势 $E^{\ominus}$为 0.7618V，由电位计的指针偏转方向可知锌电极为负极，氢电极为正极。根据电动势的计算公式有：

$$E^{\ominus}=\varphi^{\ominus}_{+}-\varphi^{\ominus}_{-}=\varphi^{\ominus}(H^+/H_2)-\varphi^{\ominus}(Zn^{2+}/Zn)=0.7618V$$

因为

$$\varphi^{\ominus}(H^+/H_2)=0V$$

所以

$$0-\varphi^{\ominus}(Zn^{2+}/Zn)=0.7618V$$

$$\varphi^{\ominus}(Zn^{2+}/Zn)=0V-0.7618V=-0.7618V$$

负值表示标准锌电极在上述原电池中作负极，或者说，Zn 比 H_2 更易失去电子，该原电池的电池反应为：

$$Zn+2H^+ \rightleftharpoons Zn^{2+}+H_2\uparrow$$

同样可以测出，$\varphi^\ominus(Cu^{2+}/Cu)=0.3419V$。正值表示标准铜电极在它与标准氢电极组成的原电池中作正极，也就是说 Cu^{2+} 得电子能力比 H^+ 的强。

用类似的方法测出一系列电极的标准电极电势后，将它们按代数值由小到大的顺序排列，得到标准电极电势表，见表 6-2（完整的标准电极电势表参见附录表 3）。从表中数据可以看出，$\varphi^\ominus$代数值越小，表示该电对所对应的还原型物质的还原能力越强，氧化型物质的氧化能力越弱。$\varphi^\ominus$代数值越大，表示该电对所对应的还原型物质的还原能力越弱，氧化型物质的氧化能力越强。

表 6-2　一些常用电对的标准电极电势（298K）

电对	电极反应	$\varphi_a^\ominus$/V
Li^+/Li	$Li^++e^- \rightleftharpoons Li$	−3.0401
K^+/K	$K^++e^- \rightleftharpoons K$	−2.931
Ca^{2+}/Ca	$Ca^{2+}+2e^- \rightleftharpoons Ca$	−2.868
Na^+/Na	$Na^++e^- \rightleftharpoons Na$	−2.71
Mg^{2+}/Mg	$Mg^{2+}+2e^- \rightleftharpoons Mg$	−2.372
Zn^{2+}/Zn	$Zn^{2+}+2e^- \rightleftharpoons Zn$	−0.7618
Fe^{2+}/Fe	$Fe^{2+}+2e^- \rightleftharpoons Fe$	−0.447
Sn^{2+}/Sn	$Sn^{2+}+2e^- \rightleftharpoons Sn$	−0.1375
Pb^{2+}/Pb	$Pb^{2+}+2e^- \rightleftharpoons Pb$	−0.1262
H^+/H_2	$2H^++2e^- \rightleftharpoons H_2$	0.0000
Sn^{4+}/Sn^{2+}	$Sn^{4+}+2e^- \rightleftharpoons Sn^{2+}$	0.151
Cu^{2+}/Cu	$Cu^{2+}+2e^- \rightleftharpoons Cu$	0.3419
Fe^{3+}/Fe^{2+}	$Fe^{3+}+e^- \rightleftharpoons Fe^{2+}$	0.771
Pd^{2+}/Pd	$Pd^{2+}+2e^- \rightleftharpoons Pd$	0.951
O_2/H_2O	$O_2+4H^++4e^- \rightleftharpoons 2H_2O$	1.229
Cl_2/Cl^-	$Cl_2+2e^- \rightleftharpoons 2Cl^-$	1.3583
MnO_4^-/Mn^{2+}	$MnO_4^-+8H^++5e^- \rightleftharpoons Mn^{2+}+4H_2O$	1.507
F_2/F^-	$F_2+2e^- \rightleftharpoons 2F^-$	2.866

因此，电极电势是表示氧化还原电对所对应的氧化态物质或还原态物质得失电子能力（即氧化还原能力）相对大小的物理量。

使用标准电极电势表时应注意以下几点。

①本书采用的是电极反应的还原电势。即指定 $\varphi^\ominus(Zn^{2+}/Zn)=-0.7618V$。

②标准电极电势是强度性质，无加合性。不论在电极反应两边同乘以任何实数，$\varphi^\ominus$仍然不改变。

$$Zn^{2+}+2H^+ \rightleftharpoons Zn+H_2\uparrow \qquad \varphi^\ominus(Zn^{2+}/Zn)=-0.7618V$$

$$\frac{1}{2}Zn^{2+}+H^+ \rightleftharpoons \frac{1}{2}Zn+\frac{1}{2}H_2\uparrow \qquad \varphi^\ominus(Zn^{2+}/Zn)=-0.7618V$$

③标准电极电势数值与电极反应方向无关。

④$\varphi^\ominus$是水溶液体系的标准电极电势，对于非标准状态、非水溶液体系不能用它来直接比较物质的氧化还原能力。其中，非标准状态下需要运用能斯特方程将 $\varphi^\ominus$转换为实际情况

下的 φ 值，然后再作比较。

6.2.2.4 影响电极电势的因素——能斯特方程

电极电势的大小，不仅取决于电极本身的性质，还与温度、溶液中离子的浓度、气体的分压有关。当然，电极的种类是最根本的因素。

（1）能斯特方程　能斯特（Nernst）从理论上推导出电极电势与浓度、温度之间的关系，从而可以计算出电极在非标准状态下的电极电势。

对于任意给定的电极反应：

$$a_{\text{氧化态}} + ne^- \rightleftharpoons b_{\text{还原态}}$$

其相应的浓度（严格来说应该是活度）、温度对电极电势影响的通式可表达为：

$$\varphi = \varphi^\ominus + \frac{RT}{nF}\ln\frac{[\text{氧化型}]^a}{[\text{还原型}]^b} \tag{6-6}$$

式中 φ——电对在某一浓度时的电极电势，V；

$\varphi^\ominus$——电对的标准电极电势，V；

R——气体热力学常数，8.314J·K^{-1}·mol^{-1}；

F——法拉第常数，96485C·mol^{-1}；

T——热力学温度，K；

n——电极半反应式中转移的电子数。

式（6-6）称为能斯特方程。

$[\text{氧化型}]^a$、$[\text{还原型}]^b$ 分别表示在电极反应中氧化型一侧或还原型一侧各物质相对浓度幂的乘积，气体则用相对分压。各物质浓度或分压的指数等于电极反应中相应物质的计量数。

将上列数值代入式（6-6），温度为 298.15K，并将自然对数改为常用对数，则该方程式变为：

$$\varphi = \varphi^\ominus + \frac{0.0592}{n}\lg\frac{[\text{氧化型}]^a}{[\text{还原型}]^b} \tag{6-7}$$

（2）使用能斯特方程应注意的事项

①如果组成电对的物质是固体、纯液体或水，则它们的浓度不列入方程式中。如果是气体，其浓度用相对分压表示。例如：

$$Cu^{2+} + 2e^- \rightleftharpoons Cu$$

$$\varphi_{Cu^{2+}/Cu} = \varphi^\ominus_{Cu^{2+}/Cu} + \frac{0.0592}{2}\lg c'_{Cu^{2+}}$$

$$Br_2(l) + 2e^- \rightleftharpoons 2Br^-$$

$$\varphi_{Br_2/Br^-} = \varphi^\ominus_{Br_2/Br^-} + \frac{0.0592}{2}\lg\frac{1}{(c'_{Br^-})^2}$$

$$2H^+ + 2e^- \rightleftharpoons H_2$$

$$\varphi_{H^+/H_2} = \varphi^\ominus_{H^+/H_2} + \frac{0.0592}{2}\lg\frac{(c'_{H^+})^2}{p'_{H_2}}$$

②电极反应中，除氧化型、还原型物质外，若还有其他参加反应的物质如 H^+、OH^- 等存在，则应把这些物质的浓度也表示在能斯特方程中。例如：

$$MnO_4^- + 8H^+ + 5e^- \rightleftharpoons Mn^{2+} + 4H_2O$$

$$\varphi_{MnO_4^-/Mn^{2+}} = \varphi^\ominus_{MnO_4^-/Mn^{2+}} + \frac{0.0592}{5}\lg\frac{c'_{MnO_4^-}(c'_{H^+})^8}{c'_{Mn^{2+}}}$$

下面举例说明能斯特方程的应用。

【例 6-4】 试写出下列电对的能斯特方程。

(1) Fe^{3+}/Fe^{2+} (2) Cl_2/Cl^-

解：先写出配平的半反应式，然后用能斯特方程。

(1) $$Fe^{3+}+e^- \rightleftharpoons Fe^{2+}$$

$$\varphi=\varphi^{\ominus}_{Fe^{3+}/Fe^{2+}}+\frac{0.0592}{1}\lg\frac{c'_{Fe^{3+}}}{c'_{Fe^{2+}}}$$

(2) $$Cl_2+2e^- \rightleftharpoons 2Cl^-$$

$$\varphi=\varphi^{\ominus}_{Cl_2/Cl^-}+\frac{0.0592}{2}\lg\frac{p_{Cl_2}}{(c'_{Cl^-})^2}$$

从能斯特方程式可看出，当体系温度一定时，对确定的电对来说，其电极电势 φ 除了与 $\varphi^{\ominus}$ 有关外，还主要取决于 [氧化型]^a / [还原型]^b 的比值大小，比值越大，其 φ 值越大。

【例 6-5】 已知 $Fe^{3+}+e^- \rightleftharpoons Fe^{2+}$，$\varphi^{\ominus}=0.771V$。试求 $\frac{c'_{Fe^{3+}}}{c'_{Fe^{2+}}}=10^4$ 时的 $\varphi_{Fe^{3+}/Fe^{2+}}$ 值。

解：根据能斯特方程：

$$\varphi=\varphi^{\ominus}+\frac{0.0592}{n}\lg\frac{[\text{氧化型}]^a}{[\text{还原型}]^b}$$

$$\begin{aligned}\varphi&=\varphi^{\ominus}_{Fe^{3+}/Fe^{2+}}+\frac{0.0592}{1}\lg\frac{c'_{Fe^{3+}}}{c'_{Fe^{2+}}}\\&=0.771+0.0592\lg10^4\\&=0.771+0.237=1.008V\end{aligned}$$

计算结果表明，还原型物质 Fe^{2+} 浓度降低，使电极电势升高了 0.237V，作为氧化剂的 Fe^{3+} 夺取电子的能力增强了，也就是说 Fe^{2+} 浓度降低，促使平衡向正方向移动。同理，若增加氧化型物质浓度，也会使电极电势升高。反之，若降低氧化型物质浓度或增加还原型物质的浓度，则使电极电势降低。

【例 6-6】 已知 $Cr_2O_7^{2-}+14H^++6e^- \rightleftharpoons 2Cr^{3+}+7H_2O$，$\varphi^{\ominus}=1.232V$。当其他条件处于标准状态，计算当 (1) $c_{H^+}=1\times10^{-4}mol\cdot L^{-1}$；(2) $c_{H^+}=10mol\cdot L^{-1}$ 时的电极电势。

解：(1) $c_{Cr_2O_7^{2-}}=c_{Cr^{3+}}=1mol\cdot L^{-1}$，$c_{H^+}=1\times10^{-4}mol\cdot L^{-1}$，则

$$\begin{aligned}\varphi&=\varphi^{\ominus}+\frac{0.0592}{6}\lg\frac{c'_{Cr_2O_7^{2-}}c'^{14}_{H^+}}{c'^{2}_{Cr^{3+}}}\\&=1.232+\frac{0.0592}{6}\lg(1\times10^{-4})^{14}\\&=1.232-0.553=0.679V\end{aligned}$$

(2) $c_{Cr_2O_7^{2-}}=c_{Cr^{3+}}=1mol\cdot L^{-1}$，$c_{H^+}=10mol\cdot L^{-1}$，则

$$\begin{aligned}\varphi&=\varphi^{\ominus}+\frac{0.0592}{6}\lg\frac{c'_{Cr_2O_7^{2-}}c'^{14}_{H^+}}{c'^{2}_{Cr^{3+}}}\\&=1.232+\frac{0.0592}{6}\lg10^{14}\\&=1.232+0.138=1.37V\end{aligned}$$

由计算表明，$Cr_2O_7^{2-}$ 的氧化能力随溶液酸度的增大而增加，随溶液酸度的降低而减弱。因此，在实验室或工厂中，总是在较强的酸液中用含氧酸盐作氧化剂以增强其氧化能力。

6.2.3 电极电势的应用

电极电势是电化学中很重要的数据，除了计算原电池的 E 和电池反应 $\Delta_r G_m$ 外（本教材略），还可以比较氧化剂和还原剂的相对强弱、判断氧化还原反应进行的方向和程度等。

6.2.3.1 判断氧化剂和还原剂的相对强弱

利用电极电势可以比较氧化剂和还原剂的相对强弱。电极电势的代数值越大，电对中的氧化型物质越易得到电子，是越强的氧化剂，对应的还原型物质越难失去电子，是越弱的还原剂；电极电势的代数值越小，电对中的还原型物质越容易失去电子，是越强的还原剂，对应的氧化型物质越难得到电子，是越弱的氧化剂。

【例 6-7】 从下列电对中选出标准状态下最强的氧化剂和最强的还原剂，并列出各氧化型物质的氧化性及还原型物质的还原性的相对强弱。

Sn^{2+}/Sn　　Cl_2/Cl^-　　I_2/I^-

解：查附录表 3 得：

$$Sn^{2+} + 2e^- \rightleftharpoons Sn \qquad \varphi^\ominus = -0.1375V$$

$$Cl_2 + 2e^- \rightleftharpoons 2Cl^- \qquad \varphi^\ominus = 1.3583V$$

$$I_2 + 2e^- \rightleftharpoons 2I^- \qquad \varphi^\ominus = 0.5355V$$

电对 Cl_2/Cl^- 的 $\varphi^\ominus$ 值最大，说明其氧化型物质 Cl_2 是最强的氧化剂，电对 Sn^{2+}/Sn 的 $\varphi^\ominus$ 值最小，说明其还原型物质 Sn 是最强的还原剂。

各氧化型物质的氧化性：$Sn^{2+} < I_2 < Cl_2$

各还原型物质的还原性：$Sn > I^- > Cl^-$

6.2.3.2 判断氧化还原反应进行的方向

氧化还原反应自发进行的方向，总是由较强氧化剂与较强还原剂相互作用，向着生成较弱还原剂和较弱氧化剂的方向进行：

较强氧化剂 1＋较强还原剂 2＝较弱还原剂 1＋较弱氧化剂 2

电对的标准电极电势 $\varphi^\ominus$（氧化型$_1$/还原型$_1$）$>\varphi^\ominus$（氧化型$_2$/还原型$_2$）。当把上述两个电对组成原电池时，电对氧化型$_1$/还原型$_1$ 处于正极，这样原电池的电动势大于零。因此可以得出结论：要判断一个给定的氧化还原反应自发进行的方向，可以通过相应的原电池的电动势来判断，一般步骤是：

①按给定的反应方向找出氧化剂、还原剂；

②以氧化剂电对作正极，还原剂电对作负极，组成原电池；

③求出给定原电池的标准电动势 $E^\ominus$。若 $E^\ominus > 0$，则在标准状态下反应自发正向（向右）进行；若 $E^\ominus < 0$，则在标准状态下反应自发逆向（向左）进行；若 $E^\ominus = 0$，则在标准状态下体系处于平衡状态。

例如，判断反应 $Fe + Cu^{2+} \rightleftharpoons Cu + Fe^{2+}$ 在标准状态下自发进行的方向。首先，根据给定的反应可以知道氧化剂为 Cu^{2+}、还原剂为 Fe；所以 Cu^{2+}/Cu 电对作正极，Fe^{2+}/Fe 电对作负极，组成的原电池为：

$$(-)Fe|Fe^{2+}(1.0mol \cdot L^{-1}) \| Cu^{2+}(1.0mol \cdot L^{-1})|Cu(+)$$

然后查表得有关电对的标准电极电势 $\varphi^\ominus$，并计算原电池的电动势 $E^\ominus$。

$$\varphi^\ominus(Cu^{2+}/Cu) = 0.3419V, \ \varphi^\ominus(Fe^{2+}/Fe) = -0.447V$$

$$E^\ominus = \varphi^\ominus_+ - \varphi^\ominus_- = \varphi^\ominus(Cu^{2+}/Cu) - \varphi^\ominus(Fe^{2+}/Fe)$$
$$= 0.3419 - (-0.447) = 0.7889V$$

因为 $E^\ominus > 0$，

所以该反应在标准状态下自发正向进行。

【例 6-8】 判断反应：$Pb^{2+}+Sn \rightleftharpoons Pb+Sn^{2+}$ 在（1）标准状态、（2）非标准状态，且 $c_{Pb^{2+}}=10^{-3}mol \cdot L^{-1}$，$c_{Sn^{2+}}=1mol \cdot L^{-1}$ 时反应自发进行的方向。

解：（1）查附录，标准状态时：

$$E^{\ominus}=\varphi^{\ominus}(Pb^{2+}/Pb)-\varphi^{\ominus}(Sn^{2+}/Sn)=-0.1262-(-0.1375)=0.0113V$$

由于 $E^{\ominus}>0$，所以反应自发向右进行。

（2）非标准状态时：

$$\varphi(Pb^{2+}/Pb)=\varphi^{\ominus}(Pb^{2+}/Pb)+\frac{0.0592}{2}\lg c'_{Pb^{2+}}$$

$$=-0.1262+\frac{0.0592}{2}\lg 10^{-3}=-0.215V$$

$$E=\varphi(Pb^{2+}/Pb)-\varphi^{\ominus}(Sn^{2+}/Sn)=-0.215-(-0.1362)=-0.0788V$$

由于 $E<0$，所以上述反应的方向逆转，自发向逆方向进行。

6.2.3.3 判断氧化还原反应进行的程度

从电极电势的观点来看，只要两个氧化还原电对之间存在电势差，就会因电子的转移而发生氧化还原反应。例如下列反应：

$$Zn+Cu^{2+} \rightleftharpoons Zn^{2+}+Cu$$

随着反应的进行，Cu^{2+} 浓度不断减小，Zn^{2+} 浓度不断增大。因而 $\varphi_{Cu^{2+}/Cu}$ 的代数值不断减小，$\varphi_{Zn^{2+}/Zn}$ 的代数值不断增大。当两个电对的电极电势相等时，反应进行到了极限，建立起动态平衡。

根据能斯特方程：

$$\varphi_{Cu^{2+}/Cu}=\varphi^{\ominus}_{Cu^{2+}/Cu}+\frac{0.0592}{2}\lg c'_{Cu^{2+}}$$

$$\varphi_{Zn^{2+}/Zn}=\varphi^{\ominus}_{Zn^{2+}/Zn}+\frac{0.0592}{2}\lg c'_{Zn^{2+}}$$

平衡时有： $\varphi_{Cu^{2+}/Cu}=\varphi_{Zn^{2+}/Zn}$

即

$$\varphi^{\ominus}_{Cu^{2+}/Cu}+\frac{0.0592}{2}\lg c'_{Cu^{2+}}=\varphi^{\ominus}_{Zn^{2+}/Zn}+\frac{0.0592}{2}\lg c'_{Zn^{2+}}$$

$$\frac{0.0592}{2}\lg\frac{c'_{Zn^{2+}}}{c'_{Cu^{2+}}}=\varphi^{\ominus}_{Cu^{2+}/Cu}-\varphi^{\ominus}_{Zn^{2+}/Zn}$$

反应的标准平衡常数表达式为： $K^{\ominus}=\frac{c'_{Zn^{2+}}}{c'_{Cu^{2+}}}$

代入上式，得 $\lg K^{\ominus}=\frac{2}{0.0592}(\varphi^{\ominus}_{Cu^{2+}/Cu}-\varphi^{\ominus}_{Zn^{2+}/Zn})$

$$\lg K^{\ominus}=\frac{2}{0.0592}[0.3419-(-0.7618)]=37.3$$

$$K^{\ominus}=2.0\times 10^{37}$$

平衡常数很大，说明该反应进行得非常完全。

由上例可以推导出氧化还原反应标准平衡常数 $K^{\ominus}$ 与参加反应的两个电对的电极电势值及转移的电子数的关系为：

$$\lg K^{\ominus}=\frac{n(\varphi^{\ominus}_{正}-\varphi^{\ominus}_{负})}{0.0592} \quad (6\text{-}8a)$$

或

$$\lg K^{\ominus}=\frac{nE^{\ominus}}{0.0592} \quad (6\text{-}8b)$$

式中 $K^{\ominus}$——反应的标准平衡常数；

n——总反应中得失电子总数；

$\varphi^{\ominus}_{正}$、$\varphi^{\ominus}_{负}$——反应中作为正极（氧化剂）、负极（还原剂）的电对的标准电极电势。

由上式可以看出，两个电对的标准电极电势差值越大，$K^{\ominus}$值也越大，反应进行得越完全。还需指出，电极电势的相对大小可以判断反应方向和限度，但不能由此说明反应速率的快慢。

6.3 氧化还原平衡在印刷中的应用

6.3.1 电解

6.3.1.1 电解的原理及应用

电流通过电解质溶液或熔化的电解质引起的氧化还原的过程，称为电解。进行电解的装置称为电解池（或电解槽），如图 6-4 所示。电解是电能转变为化学能的过程。

电解池中与电源负极相连的电极称为阴极，和电源正极相连的电极称为阳极。其实质是在电流的作用下，使电解质溶液发生氧化还原反应的过程。通电时，一方面电子从电源的负极沿导线流入电解池的阴极，使阴极上电子过剩，带负电；另一方面电子从电解池的阳极离开，沿导线回到电源的正极，使阳极上缺少电子，带正电。因此，电解质溶液中的阳离子移向阴极，在阴极上得到电子发生还原反应；电解质溶液中阴离子移向阳极，在阳极上给出电子，发生氧化反应。

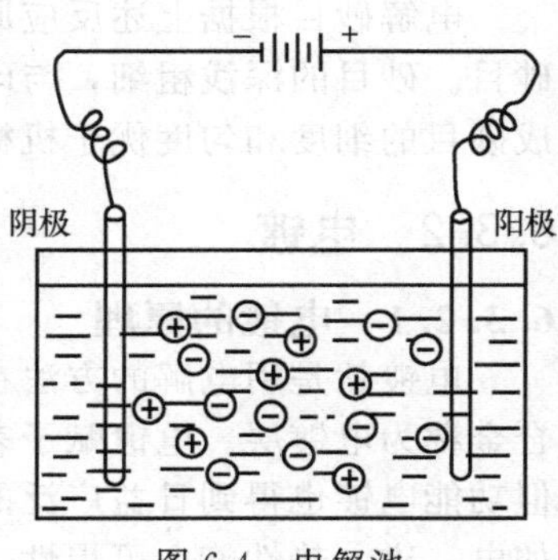

图 6-4 电解池

例如，在电解池中注入 $CuCl_2$ 溶液，插入两根石墨棒作电极，接通直流电源。通电后不久，可以观察到阴极上有锗红色的铜析出；阳极上有气体放出，该气体能使淀粉碘化钾试纸变蓝，可以判断是氯气。那么，整个过程是 $CuCl_2$ 溶液通电后分解为铜和氯气，发生的反应是：

阴极： $Cu^{2+} + 2e^- \longrightarrow Cu$（还原反应）

阳极： $2Cl^- - 2e^- \longrightarrow Cl_2$（氧化反应）

总反应： $Cu^{2+} + 2Cl^- \xrightarrow{电解} Cu + Cl_2$

电解在工业上有很重要的意义，它的应用包括以下几个方面。

（1）电化学工业　工业上采用电解的方法制取化工产品，例如通过电解饱和食盐水制取烧碱和 Cl_2，通过电解三份氟氢化钾与两份无水 HF 的熔融混合物制取 F_2，此外还可以制取一些无机盐（$KMnO_4$）和有机物。

（2）冶炼金属　活泼金属 K、Na、Ca、Mg、Al 等一般采用电解其熔融盐或氧化物的方法进行冶炼。

（3）金属的精炼　例如粗铜的提纯，采用粗铜做阳极，纯铜板做阴极，$CuSO_4$ 溶液做电解液，这样可以将含铜 98.5%的粗铜精炼为含铜 99.9%的精铜。

（4）电镀　利用电解原理在某些金属制品表面镀上一层其他金属或合金，其目的是增强金属的抗腐蚀能力、增加美观和表面硬度。例如在铁的表面镀镍。

6.3.1.2 电解在印刷制版中的应用

根据平版胶印印刷的工艺特点，油与水同时作用于固体表面，工艺技术上为了保证固体表面对液体的稳定亲和力，就得设法提高固体表面的吸附能力，其主要手段是利用毛细现象。毛细现象的形成就是改变锌版（或铝版）的表面结构，一般是使其表面形成砂目。砂目是指在光滑的锌版或铝版表面使其表面粗糙化、多孔化的工艺操作，最常用的方法是机械球磨法和电解粗化法。

电解砂目是把经过前处理的铝版作为电极，放在酸性电解液中，当电解液通过交流电时，金属铝在阳极溶解，铝版表面形成均匀细密、深浅粗细适中的砂目。以稀盐酸作电解液为例，电解砂目的原理如下。

首先，盐酸在水中电离，生成氢离子和氯离子：

$$HCl \rightleftharpoons H^{+} + Cl^{-}$$

溶液通电以后，H^{+}向阴极移动，获得电子而还原成氢气逸出。Cl^{-}向阳极移动，由于Al原子比Cl^{-}容易放电，故Al在阳极失去电子而生成Al^{3+}进入电解液。如果用两块铝版作为电解槽的电极，在交流电的作用下，电解反应便在两块铝版上交替地进行，电极反应为：

阴极　$2H^{+} + 2e^{-} \longrightarrow H_2\uparrow$

阳极　$Al - 3e^{-} \rightleftharpoons Al^{3+}$

电解砂目根据上述反应原理，在交流电的作用下使反应交替进行，从而使铝版表面产生砂目。砂目的深浅粗细，与印刷品的质量和印版的耐印力有着密切的关系。由于电解粗化形成砂目的细度和匀度优于机械球磨的砂目，所以其印版的分辨力、网点再现性相对较好。

6.3.2　电镀

6.3.2.1　电镀的原理

电镀就是用电解的方法在基体表面上沉积一薄层金属或合金的过程。沉积的这层金属或合金称为电镀层。电镀赋予表面与基体材料不同的性质。电镀最普遍的应用是防腐和装饰，但功能电镀也得到日益广泛的应用。功能电镀是指使镀件表面具有特殊的物理和化学性能，如电、磁、热性能、可焊性、耐磨性等表面特性。

电镀时，将被镀零件作为阴极（发生还原反应的电极，与电源负极相连），金属（M）板作为阳极（发生氧化反应的电极，与电源正极相连），将二者都浸入含有金属盐（M^{n+}）的溶液中，并在两极之间施以适当的电压，就会有电流流过电解槽。在阴极上发生金属离子M^{n+}还原成金属M的电沉积反应。溶液中的金属离子M^{n+}通过扩散和电迁移到达阴极表面，并获得n个电子，被还原成金属M。

$$M^{n+} + ne^{-} \longrightarrow M$$

与阴极上发生的过程正好相反，在阳极上发生了金属的溶解，金属原子M失去n个电子，生成了M^{n+}。M^{n+}通过扩散和电迁移从电极与溶液的界面运动到溶液中。

$$M \longrightarrow M^{n+} + ne^{-}$$

电镀工艺主要有镀镍、镀铜、镀锌、镀锡、镀铬、镀贵金属及镀合金，随着电镀添加剂的发展，电镀工艺日趋完善。

6.3.2.2　电镀在印刷中的应用

在印刷工业中，经常在印版表面镀一层铜、铁、铬等金属，以增强印版的耐腐蚀性，称为电镀印版。例如，凹版印刷版滚是在铜层上由电雕或腐蚀制成，由于铜的硬度一般在90～180HV左右，在印刷时刮墨刀很容易将版滚刮坏，造成不能印刷，因此，当凹版滚筒制版后，必须在铜版面上再镀一层铬（硬度在800～1000HV左右），以提高其耐印能力。

电镀铬溶液的主要成分是铬酐（CrO_3）和硫酸，铬酐溶于水后，随浓度不同能以多种形式存在，如四铬酸（$H_2Cr_4O_{13}$）、三铬酸（$H_2Cr_3O_{10}$）、重铬酸（$H_2Cr_2O_7$）、铬酸（H_2CrO_4）和铬酸氢根离子（$HCrO_4^{-}$）。

在较浓的情况下：

$$4CrO_3 + H_2O \longrightarrow H_2Cr_4O_{13}$$

$$3CrO_3 + H_2O \longrightarrow H_2Cr_3O_{10}$$

在一般情况下：

$$2CrO_3 + H_2O \longrightarrow H_2Cr_2O_7$$

$$CrO_3 + H_2O \longrightarrow H_2CrO_4$$

在电镀溶液中，溶液中的 Cr^{6+} 主要以铬酸和重铬酸两种形式存在。

阴极反应：通电后，电镀液内的三价铬与硫酸根生成复杂的硫酸铬阳离子，并向阴极移动，促使碱式铬酸的薄膜溶解，使 CrO_4^{2-} 离子在阴极上放电而沉积金属铬。

$$2H^+ + 2e^- \longrightarrow H_2\uparrow$$

$$Cr_2O_7^{2-} + 14H^+ + 6e^- \longrightarrow 2Cr^{3+} + 7H_2O$$

由于氢气的析出，阴极区内的 pH 值上升，促使 $Cr_2O_7^{2-}$ 转变为 CrO_4^{2-}，CrO_4^{2-} 离子浓度增加。当 CrO_4^{2-} 离子浓度增加到一定程度，六价铬还原为金属铬，在凹版滚筒表面沉积下来。

$$Cr_2O_7^{2-} + H_2O \rightleftharpoons 2CrO_4^{2-} + 2H^+$$

$$CrO_4^{2-} + 8H^+ + 6e^- \longrightarrow Cr + 4H_2O$$

阳极反应：在镀铬过程中，在阳极表面上有氧气析出。

$$2H_2O - 4e^- \longrightarrow O_2\uparrow + 4H^+$$

另外，在阳极还存在着三价铬氧化成六价铬的反应：

$$2Cr^{3+} + 7H_2O - 6e^- \longrightarrow Cr_2O_7^{2-} + 14H^+$$

凹版镀铬的方式有固定式和旋转式两种。固定式是指滚筒放入电镀液槽，以滚筒本身不动、电镀液不断流动形式进行的电镀。旋转式电镀是指滚筒放入电镀液槽，滚筒以一定的速度旋转，电镀液也以不断流动的形式进行电镀。由于凹版滚筒长达 1m 左右，一般多采用旋转式镀铬方式。

需要指出的是，由于电镀法制备凹印版材存在环境污染严重、对操作人员健康有害、成本高等缺点，不少研究人员开始研究采用其他的方法代替电镀法制备凹印版材，如利用等离子体磁控溅射、多弧离子镀和离子束辅助沉积技术在镍基表面制备硬质铬薄膜。

6.4 金属腐蚀及其防止

在日常生活中可以见到这样的现象：钢铁制品在潮湿空气中会生锈，铜制品在潮湿空气中会产生铜绿，铝制品表面容易变得不光滑、不光亮等，这是因为上述金属与周围的有关物质接触发生了化学反应，从而使得金属的表面甚至内部受到了破坏。这种金属或合金与周围的介质接触发生化学反应而被破坏的现象，叫做金属的腐蚀。

金属的腐蚀是普遍存在的，腐蚀造成的危害也是严重的。首先，它造成经济上的巨大损失。有关资料表明，世界上每年因金属腐蚀而损失的金属约占同期金属产量的10%，直接经济损失约占同期国民生产总值的1%～4%。其次，金属发生腐蚀后，不仅外形、色泽会发生变化，而且会直接影响其力学性能，降低有关仪器、仪表设备的精密度和灵敏度，缩短其使用寿命，还可能造成产品质量下降、停工减产，甚至引发重大事故。因此，对金属腐蚀的原因进行研究，找出其规律性，从而掌握有效地防止腐蚀的方法是非常重要的。

6.4.1 腐蚀的类型

由于金属接触的介质不同，发生腐蚀的情况也就不同，一般可分为化学腐蚀和电化学腐蚀两种。

6.4.1.1 化学腐蚀

金属直接与周围介质发生氧化还原反应而引起的金属腐蚀称为化学腐蚀。金属与干燥的气体（如 O_2、SO_2、H_2S、Cl_2 等）相接触时，在金属表面上生成相应的化合物（如氧化物、硫化物、氯化物等)。这种腐蚀的特点是只发生在金属表面。如果所生成的化合物形成一层致密的膜覆盖在金属的表面上，反而可以保护金属内部，使腐蚀速率降低。如铝在空气中形成一层致密的 $A1_2O_3$ 薄膜，保护铝免遭进一步氧化。

随着温度的升高，化学腐蚀的速率加快。如钢材在常温和干燥的空气中不易受到腐蚀，但在高温下，钢材容易被空气中的氧所氧化，生成一层由 FeO、Fe_2O_3、Fe_3O_4 组成的氧化皮。

此外，金属与非电解质溶液相接触时，也会发生化学腐蚀。如原油中含有多种形式的有机硫化物，它们对金属输油管道及容器也会产生化学腐蚀。

6.4.1.2 电化学腐蚀

当金属和电解质溶液接触时，由电化学作用而引起的腐蚀叫做电化学腐蚀。电化学腐蚀的原理实质上就是原电池原理。

通常见到的钢铁制品在潮湿的空气中的腐蚀就是电化学腐蚀。在潮湿的空气中，钢铁的表面吸附水汽，形成一层极薄的水膜。水膜中含有水电离出来的少量 H^+ 和 OH^-，同时水膜中还溶有大气中的 CO_2、SO_2 等气体，使水膜中 H^+ 的浓度增加。

$$CO_2+H_2O \rightleftharpoons H_2CO_3 \rightleftharpoons H^+ + HCO_3^-$$

$$SO_2+H_2O \rightleftharpoons H_2SO_3 \rightleftharpoons H^+ + HSO_3^-$$

这样，水膜实际上是弱酸性的电解质溶液。

钢铁中除了铁以外，还含有 C、Si、P、S、Mn 等杂质。这些杂质能导电，但与铁相比不容易失去电子。由于杂质颗粒极小，又分散在钢铁各处，因此在金属表面就形成无数微小的原电他，也称它微电池。铁是负极，不断失去电子成为 Fe^{2+} 进入水膜。杂质为正极，它能传递电子，使酸性水膜中 H^+ 从正极获得电子，生成 H_2 放出。

电极反应式如下。

负极（Fe）　　$Fe-2e^- \longrightarrow Fe^{2+}$

正极（杂质）　　$2H^+ +2e^- \longrightarrow H_2\uparrow$

随着电化学反应的不断进行，负极上 Fe^{2+} 的浓度不断增加，正极上 H_2 不断析出，使正极附近的 H^+ 浓度不断减小，因而水的电离平衡就不断向右移动，使得水膜中 OH^- 也越来越大。结果 Fe^{2+} 与 OH^- 作用生成 $Fe(OH)_2$，这样铁便很快遭到腐蚀。$Fe(OH)_2$ 再被大气中的氧气氧化成 $Fe(OH)_3$ 沉淀。

$$Fe^{2+}+2OH^- \longrightarrow Fe(OH)_2$$

$$4Fe(OH)_2+2H_2O+O_2 \longrightarrow 4Fe(OH)_3\downarrow$$

$Fe(OH)_3$ 及其脱水物 Fe_2O_3 是红褐色铁锈的主要成分。在腐蚀过程中有氢气析出，通常称这种腐蚀为析氢腐蚀。析氢腐蚀实际上是在酸性较强的情况下进行的。

在一般情况下，如果钢铁表面吸附的水膜酸性很弱或是中性溶液，则负极上仍是铁失去电子被氧化成为 Fe^{2+}，在正极主要是溶解在水膜中的 O_2 得到电子而被还原。

负极（Fe）　　$Fe-2e^- \longrightarrow Fe^{2+}$

正极（杂质）　　$2H_2O+O_2+4e^- \longrightarrow 4OH^-$

总的反应式为　　$2Fe+2H_2O+O_2 \longrightarrow 2Fe(OH)_2$

然后 $Fe(OH)_2$ 被氧化成 $Fe(OH)_3$，$Fe(OH)_3$ 部分脱水成为铁锈。所以空气里的氧气溶解在水膜中，也能促使钢铁腐蚀。这种腐蚀通常称为吸氧腐蚀。钢铁等金属的腐蚀主要都是吸氧腐蚀。

电化学腐蚀和化学腐蚀都是铁等金属原子失去电子而被氧化，但是电化学腐蚀是通过微电池反应发生的。这两种腐蚀往往同时发生，只是电化学腐蚀比化学腐蚀要普遍得多，腐蚀速率也快得多。

6.4.2 印刷中的腐蚀

胶印印版的版材，以锌版和铝版为主。这两种金属需要通过加入少量的其他金属来提高机械强度，例如，锌版中纯锌只占 90%左右，其余 10%为铅、镉、铁、锡、铜等金属，铝版中也含有少量的铁、镁、锰、铜等金属。由于有多种金属在锌版和铝版中存在，当锌版或铝版的表面有电解溶液或水膜时，就会形成原电池。

以锌版为例，锌的标准电极电势 $\varphi^{\ominus}$ 是 -0.7618V，铜的标准电极电势 $\varphi^{\ominus}$ 是 $+0.3419$V，两种金属的标准电极电势差很大。如果印版空白部分的磷酸锌亲水盐层被破坏，图文部分剩余的墨量不足以保护亲油薄膜，亲油薄膜也被磨损，印版的砂目便会露出并直接与润版液接触，这就形成了原电池。原电池的阳极（负极）是锌，阴极（正极）是铜，如图 6-5 所示。

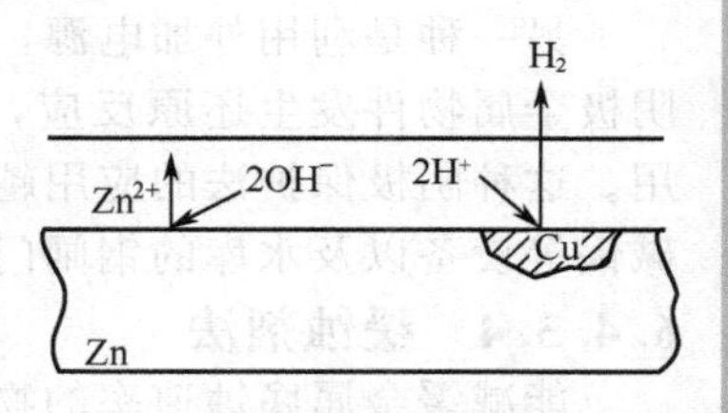

图 6-5 锌版含铜时的电化学腐蚀

在由锌、铜和润版液组成的原电池中，锌以锌离子形态进入水膜，多余的电子移向铜。氢离子和铜上的电子结合生成氢气逸出，水膜中的锌离子和氢氧根离子结合生成氢氧化锌。氢氧化锌很不稳定，脱水后生成氧化锌附在锌表面上。这就是印版的电化学腐蚀，全部反应可表示如下：

阳极（Zn） $Zn-2e^- \longrightarrow Zn^{2+}$

$Zn^{2+}+2OH^- \longrightarrow Zn(OH)_2$

阴极（Cu） $2H^+ +2e^- \longrightarrow H_2\uparrow$

总的反应式为 $2Zn+2H_2O \longrightarrow 2Zn(OH)_2+H_2\uparrow$

$Zn(OH)_2 \longrightarrow ZnO+H_2O$

锌版除发生上述电化学腐蚀外，在和含二氧化碳的潮湿空气接触时，还发生化学腐蚀，生成碱式碳酸锌，反应方程式为：

$$4Zn+CO_2+3H_2O+2O_2 \longrightarrow ZnCO_3 \cdot 3Zn(OH)_2$$

电化学腐蚀和化学腐蚀都会使印版遭到腐蚀，破坏印版表面的砂目，降低印版的耐印率。

6.4.3 金属腐蚀的防止方法

金属腐蚀的防止方法主要有以下四种。

6.4.3.1 制成耐腐蚀合金

将金属制成合金，可以改变金属的内部结构，提高金属的抗腐蚀能力。所谓合金就是两种或两种以上的金属（或金属与非金属）熔合在一起所生成的均匀液体，再经冷凝后得到的具有金属特性的固体物质。

如把 Cr、Ni、Ti 等加入到普通钢里制成不锈钢，可使原有金属不再容易失去电子，增强了抗腐蚀的能力。例如含 Cr18%的不锈钢能耐硝酸的腐蚀，在 Mg 中加入 Se 可增强 Mg 对海水的抗腐蚀能力。

6.4.3.2 隔离法

在金属表面覆盖致密保护层使它和介质隔离开来，能起到防腐的效果。例如在钢铁表面涂上矿物油脂（如凡士林）、涂料及覆盖搪瓷等非金属材料；也可以在表面镀上不易被腐蚀的金属、合金作为保护层，如镀锌铁皮（白铁皮）和镀锡铁皮（马口铁）上的锌和锡。

镀锡铁皮只有在镀层完整的情况下才能起到保护层的作用。如果保护层被破坏，内层的铁皮就会暴露出来，当与潮湿的空气相接触时，就会形成以 Fe 为负极、Sn 为正极的微型原电池，这样镀锡的铁皮在镀层损坏的地方比没有镀锡的铁更容易腐蚀。马口铁常用来制罐头食品，平时我们食用的番茄酱、午餐肉等都是马口铁包装。

6.4.3.3 电化学保护法

根据原电池正极不受腐蚀的原理，将较活泼的金属或合金连接在被保护的金属上，形成原电池。这时，较活泼的金属或合金作为负极被氧化而腐蚀，被保护的金属作为正极而得到保护。例如，在轮船的外壳和船舵上焊接一定数量的锌块，锌块被腐蚀，而船壳和船舵得到保护。一定时间后，锌块腐蚀完了，再更换新的。

另一种是利用外加电源，把要保护的物件作为阴极，用石墨、高硅碳、废钢等作阳极，阴极金属物件发生还原反应，因此得到保护，而石墨、高硅碳等阳极都难溶，可以长期使用。这种阴极保护法的应用越来越广泛，如油田输油管、化工生产上的冷却器、蒸发锅、熬碱锅等设备以及水库的钢闸门等常采用这种保护法。

6.4.3.4 缓蚀剂法

能减缓金属腐蚀速率的物质叫缓蚀剂。在腐蚀介质中加入缓蚀剂，能防止金属的腐蚀。在酸性介质中，通常使用有机缓蚀剂，如琼脂、糊精、动物胶、乌洛托品等。在中性介质中一般使用 $NaNO_2$、$K_2Cr_2O_7$、Na_3PO_4，在碱性介质中可使用 $NaNO_2$、$NaOH$、Na_2CO_3、$Ca(HCO_3)_2$ 等无机缓蚀剂。

除上述方法外，还可以通过正确选材、合理设计、改善环境条件和生产中科学管理来防止腐蚀的发生。

如在印刷业中常采用阳极氧化法，在铝版基上形成一层氧化膜，以防止铝版基受腐蚀，同时增加铝版基的硬度和耐磨性能。这层氧化膜由于是基体金属直接生成的，与基体结合得很牢固，即使用机械方法也难从金属上把它除掉。用这种铝版基制成印版可大大提高耐印力。现以铝版阳极氧化简单说明。将铝版经过表面除油等处理后作为阳极，用铅板作为阴极，用稀硫酸（或铬酸）溶液作电解质，通电后，适当控制电流和电压条件，阳极的铝版上就能生成一层氧化铝膜。但因氧化铝能溶解于酸溶液，所以电解时要控制硫酸含量、电压、电流密度等，使铝阳极氧化所生成氧化铝的速率比硫酸溶解它的速率快。反应如下：

阳极 $2Al+6OH^- -6e^- \longrightarrow Al_2O_3+3H_2O$

$4OH^- -4e^- \longrightarrow 2H_2O+O_2\uparrow$

阴极（Cu）： $2H^+ +2e^- \longrightarrow H_2\uparrow$

阳极氧化所得的铝氧化膜除了非常牢固外，还富有多孔性，它具有很好的吸附能力，有利于印版吸附润版液、油墨等。

复习思考题

1. 指出下列物质中各元素的氧化数。

   N_2 Fe_3O_4 PbO_2 H_2O_2 NaH KO_2 Na^+ MnO_4^- SO_4^{2-}

2. 举例说明下列各组化学名词的区别与联系。

   (1) 氧化还原反应、非氧化还原反应；

   (2) 氧化剂、还原剂；

   (3) 氧化数、化合价；

(4) 电极电势、标准电极电势；

(5) 电极电势、电动势；

(6) 原电池、电解池。

3. 下列说法是否正确？如不正确，请说明原因。

(1) 氧化数就是某元素的一个原子在化合态时的电荷数。

(2) 某物质的电极电势代数值越小，说明它的氧化性越弱，还原性越强。

(3) 在氧化还原反应中，如果两个电对的 $\varphi^{\ominus}$ 值相差越大，则反应进行的越快。

(4) 用导线将锌片和铜片相连，就可以组成原电池，因为锌的电极电势较低，容易失去电子。

(5) 插入水中的铁棒，易被腐蚀的部位是水面以下较深部位。

4. 根据标准电极电势数据，判断下列电对中哪种是最强的氧化剂？哪种是最强的还原剂？并按氧化剂的氧化能力大小顺序排列这些电对。

(1) Zn^{2+}/Zn；　(2) MnO_4^-/Mn^{2+}；　(3) Fe^{3+}/Fe^{2+}；　(4) Cu^{2+}/Cu；

(5) I_2/I^-；　(6) Br_2/Br^-。

5. 利用 $\varphi^{\ominus}$ 值，判断下列水溶液中的反应能否自发进行，写出配平的反应方程式。

(1) 溴 (Br_2) 加到亚铁盐 (Fe^{2+}) 溶液中；

(2) 铜板插入三氯化铁 ($FeCl_3$) 溶液中；

(3) 铜板插到 $1.0mol \cdot L^{-1}$ 的盐酸溶液中；

(4) 硫化氢 (H_2S) 通到酸性的重铬酸钾 ($K_2Cr_2O_7$) 溶液中；

(5) 铬酸钾 (K_2CrO_4) 溶液中加过氧化氢 (H_2O_2)。

6. 怎样利用电极电势来决定原电池的正极、负极？电池电动势如何计算？

7. 铁片、锌片分别插入稀硫酸中时两者都溶解，但如果同时插入稀硫酸中并用导线联接，则只有锌片溶解，而铁片上冒气泡，为什么？

8. 印刷工业中利用电解来粗化印版时，为何使用交流电源而不是直流电源？形成砂目的原因是什么？

9. 金属的腐蚀有哪几种？不同的腐蚀其特点和原因是什么？

10. 常用的防止金属腐蚀的方法有哪几种？在印刷中采用什么方法防止铝版的腐蚀？

习　题

1. 用氧化数法配平下列方程式。

(1) $Zn + HNO_3$(极稀)$\longrightarrow Zn(NO_3)_2 + NH_4NO_3 + H_2O$

(2) $K_2Cr_2O_7 + KI + H_2SO_4 \longrightarrow Cr_2(SO_4)_3 + K_2SO_4 + I_2 + H_2O$

(3) $Na_2C_2O_4 + KMnO_4 + H_2SO_4 \longrightarrow MnSO_4 + K_2SO_4 + Na_2SO_4 + CO_2 + H_2O$

(4) $H_2O_2 + Cr_2(SO_4)_3 + KOH \longrightarrow K_2CrO_4 + K_2SO_4 + H_2O$

(5) $Na_2S_2O_3 + I_2 \longrightarrow Na_2S_4O_6 + NaI$

2. 用离子-电子法配平下列方程式［其中 (1) ～ (5) 为酸性介质，(6) ～ (10) 为碱性介质］。

(1) $IO_3^- + I^- \longrightarrow I_2$

(2) $Mn^{2+} + BiO_3^- \longrightarrow MnO_4^- + Bi^{3+}$

(3) $PbO_2 + Cr^{3+} \longrightarrow Pb^{2+} + CrO_7^{2-}$

(4) $HClO + P_4 \longrightarrow Cl^- + H_3PO_4$

(5) $MnO_4^- + C_3H_8O \longrightarrow Mn^{2+} + C_3H_6O_2$

(6) $Cl_2 + OH^- \longrightarrow Cl^- + ClO^-$

(7) $Bi(OH)_3 + Cl_2 \longrightarrow BiO_3^- + Cl^-$

(8) $Si + OH^- \longrightarrow SiO_3^{2-} + H_2$

(9) $Br_2 + OH^- \longrightarrow BrO_3^- + Br^-$

(10) $CrO_4^{2-} + HSnO_2^- \longrightarrow CrO_2^- + HSnO_3^-$

3. 试将下列反应设计成原电池，并写出电池符号。

(1) $2Fe^{3+} + Sn^{2+} \rightleftharpoons 2Fe^{2+} + Sn^{4+}$

(2) $NO_3^- + 2Fe^{2+} + 3H^+ \rightleftharpoons HNO_2 + 2Fe^{3+} + H_2O$

(3) $Cl_2 + 2OH^- \rightleftharpoons ClO^- + Cl^- + H_2O$

(4) $AgCl + I^- \rightleftharpoons AgI + Cl^-$

(5) $Ni^{2+} + Fe \rightleftharpoons Fe^{2+} + Ni$

(6) $H_2 + Cl_2 \rightleftharpoons 2HCl$

4. 计算 298K 时下列各电池的标准电动势，并写出每个电池的自发电池反应。

(1) (−) $Pt \mid I^-, I_2 \parallel Fe^{3+}, Fe^{2+} \mid Pt$ (+)

(2) (−) $Zn \mid Zn^{2+} \parallel Fe^{3+}, Fe^{2+} \mid Pt$ (+)

(3) (−) $Pt \mid HNO_2, NO_3^-, H^+ \parallel Fe^{3+}, Fe^{2+} \mid Pt$ (+)

(4) (−) $Pt \mid Fe^{3+}, Fe^{2+} \parallel MnO_4^-, Mn^{2+}, H^+ \mid Pt$ (+)

5. 写出下列电池反应或电极反应的能斯特方程式，并计算电池的电动势或电极电势 (298K)。

(1) $ClO_3^-(1.0mol \cdot L^{-1}) + 6H^+(0.10mol \cdot L^{-1}) + 6e^- = Cl^-(1.0mol \cdot L^{-1}) + 3H_2O$

(2) $AgCl(s) + e^- = Ag + Cl^-(1.0mol \cdot L^{-1})$

(3) $O_2(100kPa) + 2e^- + 2H^+(0.5mol \cdot L^{-1}) = H_2O_2(1.0mol \cdot L^{-1})$

(4) $S(s) + 2e^- + 2Ag^+(0.1mol \cdot L^{-1}) = Ag_2S(s)$

6. 用镍片插入 $1mol \cdot L^{-1} NiSO_4$ 溶液中，铁片插入 $1mol \cdot L^{-1} FeSO_4$ 溶液中，用盐桥组成原电池。写出该原电池的符号、电极反应和电池反应，并求其标准电动势。

7. 试用标准电极电势说明 Fe 与稀硫酸发生置换反应时，生成的是 Fe^{2+} 而不是 Fe^{3+}。

8. 298K 时，Fe^{3+}、Fe^{2+} 的混合溶液中加入 NaOH 时，有 $Fe(OH)_3$ 和 $Fe(OH)_2$ 沉淀生成(假设没有其他的反应发生)。当沉淀反应达到平衡时，保持 $c(OH^-) = 1.0mol \cdot L^{-1}$，计算 $\varphi(Fe^{3+}/Fe^{2+})$。

9. 如果溶液中同时含有 Cl^-、Br^-、I^-，现欲氧化 I^-，问在 $KMnO_4$ 和 $Fe_2(SO_4)_3$ 两种氧化剂中，选择哪一种？为什么？

10. 写出以石墨作电极，电解 NaOH 水溶液的电极反应与总反应。

11. 以石墨为电极电解 $AgNO_3$ 水溶液时，如果阳极生成的 O_2 在标准状况下占体积 11.2L，问阴极生成的物质是什么？质量有多少？

12. 判断下列反应在标准态时进行的方向，如能正向进行，试估计进行的程度大小。已知 $\varphi^\ominus(Fe^{2+}/Fe) = -0.44V$。

(1) $Fe(s) + 2Fe^{3+}(aq) = 3Fe^{2+}(aq)$

(2) $Sn^{4+}(aq) + 2Fe^{2+}(aq) = Sn^{2+}(aq) + 3Fe^{3+}(aq)$

13. 在 pH 分别为 3 和 6 时，$KMnO_4$ 能否氧化 I^- 和 Br^- [假设 MnO_4^- 被还原成 Mn^{2+}，且 $c(MnO_4^-) = c(Mn^{2+}) = c(I^-) = c(Br^-) = 1mol \cdot L^{-1}$]。

14. 由标准钴电极和标准氯电极组成原电池，测得其电动势为 1.63V，此时钴为负极，现知氯的标准电极电势为 +1.36V，问：

(1) 此电池的反应方向？

(2) 钴的电极电势为多少？

(3) 当氯气的分压增大时，电池电动势将如何变化？

(4) 当 $c(Co^{2+})$ 降到 $0.01mol \cdot L^{-1}$ 时，通过计算说明电动势又将如何变化？

7

有机化学基础

【学习要求】

1. 熟悉有机化合物的概念、特点和分类。
2. 了解有机化学反应的基本类型。
3. 了解主要的几种有机物的分类、命名、结构与性质。
4. 了解有机化合物在印刷业中的应用。

自从人类开始认识有机化合物以来，人们已经不但能够合成自然界里已有的许多种有机化合物，而且能够合成自然界里原来没有的多种多样的有机化合物，如：合成树脂、合成橡胶、合成纤维和许多药物、染料等。印刷所需的五大要素（原稿、承印物、油墨、印版与印刷设备）中，承印物（塑料薄膜、橡皮布等）与印刷油墨等材料的形成与相关的印刷过程都离不开有机化合物和有机化学反应。因此，通过本章有机化学基础的学习，我们不仅可以体会到由几个有限的原子所组成的有机化学世界是多么的丰富多彩，还可以为从事今后的印刷工作奠定坚实的专业基础。

7.1 有机化学概述

7.1.1 有机化合物的概念与特征

7.1.1.1 定义

有机化合物，早期人们认为有机化合物只能从动植物等有机体中产生，而且都与生命活动有关系，因而这些化合物与从无生命的矿物中得到的物质不同，被认为是“有机”的，以区别于“无机”物质。自从1828年德国化学家维勒（F. Wohler）在实验室里用氰酸胺合成了尿素 $(NH_2)_2CO$ 这一有机化合物，人们认识到有机化合物的产生还可以从无机物而来。

由于有机化合物都含有碳和氢这两种元素，故有机化合物就是指碳氢化合物（即烃类化合物）和它们的衍生物。衍生物是指化合物中的某个原子（团）被其他原子（团）取代后衍生出来的那些化合物。但是，含碳原子的化合物并不全被认为是有机化合物，如二氧化碳、碳酸盐、氢氰酸等一般仍归入无机化合物一类。

7.1.1.2 特点

有机化合物之所以与同样也含碳的无机化合物不同，是由其结构和性质有着自身很明显的特性所决定的。有机化合物一般具有如下共同特征。

①数量多、结构复杂。碳原子通常以共价键方式与其他原子结合，化合价为四价，其特殊的结合方式使得有机化合物的相对分子质量分布变化很大，数量庞大，且存在多种构造异

构体和立体异构体。

②易燃。烃类化合物可以在空气中燃烧，最终产物是二氧化碳和水。除少数有机化合物（如多卤代烃）外，大多有机物都易燃。这种性质常用于区别有机物和无机物。

③热稳定性较差，熔点、沸点较低。有机物一般以共价键结合，其结构单元是分子，分子间的非共价键作用力较弱，因此，熔点、沸点通常较低。大多数有机物的熔点一般低于300℃，高于这个温度有机物会发生分解和炭化。

④难溶于水。水是一种极性很强、介电常数很大的液体，而许多有机物一般为非极性或弱极性的化合物，难以溶解于极性溶剂中。然而糖、乙醇、乙酸等含有强极性羟基或羧基等基团的化合物，在水中的溶解度较大。

⑤反应速率慢，常伴有副反应。有机反应涉及共价键的断裂与形成，活化能较高，反应速率较慢。通常可以采用加热、加催化剂或光照射等手段来加速有机反应。有机物分子结构比较复杂，能起反应的部位较多，因此常伴有副反应的发生。副产物的形成不单会降低目标产物的收率，还会使产物的提纯变得困难。因此，如何控制反应的选择性一直是有机化学学科重要的研究内容。值得一提的是，虽然有机反应一般较慢，但是某些反应一旦被引发，会引起后续反应的快速进行，甚至引起爆炸。

7.1.1.3　分类

（1）按碳骨架

①开链化合物。这类化合物中的碳链两端不相连，是打开的，碳链可长可短，碳碳之间的键可以是单键或双键、叁键等不饱和键。因为在油脂里有许多这种开链结构的化合物，所以它们亦被称为脂肪族化合物。如：

$CH_3CH_2CH_2CH_3$　　$CH_3(CH_2)_7CH{=}CH(CH_2)_7CO_2H$　　$(CH_3)_2CHCH_2\overset{O}{\overset{\|}{C}}CH_3$

正丁烷　　十八碳-9-烯酸　　4-甲基-2-戊酮

②碳环化合物。这类化合物中的碳链两端相接，形成环状，碳环化合物中含有苯环结构的称为芳香族化合物，不带苯环结构的称为脂环化合物。脂环化合物的性质和开链化合物相似，而芳香族化合物有其特殊的物理和化学性质。

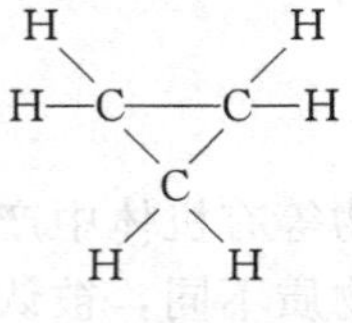

环丙烷 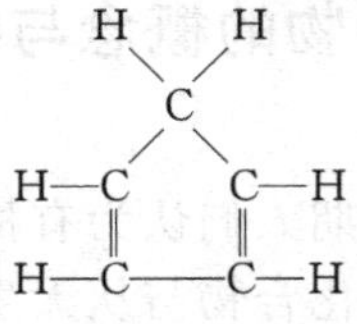　　环戊二烯

苯 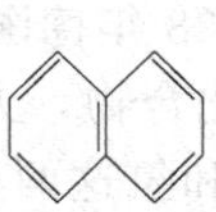　　萘

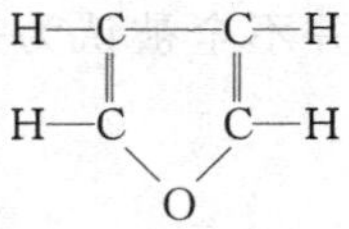

呋喃 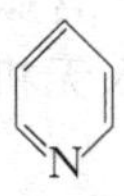　　吡啶

③杂环化合物。这类化合物中含有由碳原子和其他原子如氧、硫、氮等组成的环状结构，环上的非碳原子又称为杂原子，故这类化合物称为杂环化合物。杂环化合物的性质与芳香族化合物有相似之处，故有时亦称杂芳环化合物。

（2）按官能团　有机化合物的性质除了和碳骨架组成有关外，更与其组分中某些特殊的原子（团）有关。这些原子（团）的存在往往决定了这类有机化合物的性质，同时也是有机化合物分子进行反应和发生转变的主要原因所在。像这些能决定化合物特性的原子（团）被称为官能团。具有相同官能团的化合物在性质上有共同之处，因此可以根据不同的官能团对有机化合物加以分类（表7-1）。

有机化合物按官能团分类，便于认识含相同官能团的一类化合物的共性。可以起到举一反三的作用。本书就是按照官能团分类展现有机化学的基础内容。

表7-1　有机分子中的主要官能团

化合物类型	官能团		实例
烷烃	无		CH_4，环己烷
烯烃	>C=C<	（烯键）	$CH_2=CH_2$，$C_6H_5CH=CH_2$
炔烃	—C≡C—	（炔键）	$HC\equiv CH$，$HC\equiv CCH_2OH$
卤代烃	—X	（卤素）	CH_3Br，C_6H_5Cl，$CHCl_3$
醇、酚	—OH	（羟基）	CH_3OH，C_6H_5OH
硫醇、硫酚	—SH	（巯基）	CH_3SH，C_6H_5SH
醚	R—O—R′	（醚键）	CH_3OCH_3，$C_6H_5OCH_3$
醛	—CHO	（醛基）	CH_3CHO，C_6H_5CHO
酮	>C=O	（酮基）	CH_3COCH_3，$C_6H_5COCH_3$
羧酸	—COOH	（羧基）	CH_3COOH，CF_3COOH
胺	—NH_3	（氨基）	CH_3NH_2，$C_6H_5NH_2$

7.1.2　有机化合物的命名

有机化合物种类繁多，结构复杂，因此有机化合物的名称不但要反映分子中的元素组成和每种元素的原子数，而且更重要的是要反映分子的化学结构，以便于识别。因此命名法是有机化学的重要内容之一。通常用的命名法是普通命名法和系统命名法。普通命名法只适用于简单的化合物。系统命名法是我国根据国际纯粹与应用化学会（IUPAC）规定的命名原则并结合汉字的特点而制定出来的，主要命名原则介绍如下。

7.1.2.1　选择主链

①若为饱和烃，选最长的碳链为主链。

②若为不饱和烃，选带有不饱和键（双键或叁键）的最长的碳链为主链。

③若为链烃衍生物，选带有官能团（卤原子、硝基除外）的最长的碳链为主链。

④主链上碳原子数为十以内的，依次用甲、乙、丙、丁、戊、己、庚、辛、壬、癸表示。碳原子数在十个以上的用十一、十二……表示。

7.1.2.2　主链中碳原子的编号

将主链中的碳原子依次用阿拉伯数字（1、2、3…）编序，同时要注意使官能团（或取代基）的序号尽可能最小。

7.1.2.3 取代基和官能团的编号

根据与取代基和官能团相联结的主链中碳原子的序号表示取代基和官能团的位置。用阿拉伯数字1、2、3…表示其位置，加上取代基或官能团的数目和名称写在主链名称的前面。取代基的位序（用1、2、3…），加上取代基的数目（用一、二、三……），加上取代基名称。例如：

$$\overset{1}{CH_3}-\overset{2}{\underset{\underset{O}{\|}}{C}}-\overset{3}{\underset{\underset{CH_3}{|}}{CH}}-\overset{4}{CH_3}$$

3-甲基-2-丁酮

$$\overset{7}{CH_3}-\overset{6}{CH_2}-\overset{5}{\underset{\underset{CH_3}{|}}{CH}}-\overset{4}{CH}=\overset{3}{\underset{\underset{\underset{2}{CH_2}-\underset{1}{CH_3}}{|}}{C}}-CH_3$$

3，5-二甲基-3-庚烯

7.1.3 有机化学反应的基本类型

有机反应总是可以“从发生了什么”和“怎样发生的”这两个方面来理解。从反应过程来看，涉及旧键的破裂和新键的形成。根据旧键的破裂情况（新键的形成即逆过程）可以把有机反应机理归纳为以下类型。

7.1.3.1 异裂反应

键破裂时在一个碎片上留有两个电子的反应属于异裂反应。

$$C\overset{①}{\underset{②}{:}}X \longrightarrow \begin{cases} \xrightarrow{①} C^+ + X^- \ (\text{碳正离子}) \\ \xrightarrow{②} C^- + X^+ \ (\text{碳负离子}) \end{cases}$$

此时，成键的一对电子为某一原子（团）所占用，这样的反应一般在酸、碱等极性物质和极性溶剂存在下进行。异裂反应常常涉及离子中间体，故又称离子型反应。带正电荷的碳原子称为碳正离子，带负电荷的碳原子称为碳负离子。无论是碳正离子还是碳负离子都是非常不稳定的中间体，都只能在瞬间存在，但它对反应的发生却起着不可替代的作用。离子型反应分为亲电和亲核两大类。

（1）亲电反应　在亲电反应中，反应试剂需要电荷或接近电子云，与反应底物中能供给电子的部分发生反应。例如，烯和卤素的加成反应：

$$H_2C=CH_2 \xrightarrow{X_2} XH_2CCH_2X$$

反应是从卤素正离子进攻电荷密度大的双键碳开始。这类需要电荷的试剂称为亲电试剂，常用E^+表示，由亲电试剂进攻而引发的反应称为亲电反应。

（2）亲核反应　亲核反应是在能提供电子的试剂与反应底物中的需要电子的部分之间发生反应，如卤代烃的水解。

$$OH^- + RCH_2X \longrightarrow RCH_2OH + X^-$$

反应是由OH^-进攻与卤素相连的带正电荷的碳，卤素带着一对电子离去。该反应是由能供给电子的试剂进攻具有正电荷的碳原子而发生的，这类能供给电子的试剂称为亲核试剂，常用Nu表示，由亲核试剂进攻开始的反应称为亲核反应。

许多异裂反应只是亲核试剂把一对电子给反应底物，或亲电试剂从反应底物中取走一对电子，未涉及离子中间体。人们还发现有不少原来认为是通过异裂反应途径进行的反应，实际上并未发生一对电子的转移，而只是一个电子的转移，称之为单电子转移反应。

7.1.3.2 均裂反应

键断裂时成键的一对电子平均分给两个成键的原子（团），生成自由基中间体的反应属于自由基反应。

$$A:B \longrightarrow A\cdot + B\cdot$$

这种断裂方式又称均裂，生成的带有一个单电子的原子（团）称为自由基（或游离基），反应一般是在光和热的作用下进行，经过均裂生成游离基后发生的反应称为自由基反应。

7.2 主要的有机化合物

有机化合物中只含有碳和氢两种元素的一类化合物称之为烃或烃类化合物。烃类化合物虽然只由两种元素组成，但其数目十分庞大。从其结构来分，可分为脂肪烃和芳香烃两类。

7.2.1 脂肪烃

脂肪烃可再分为烷烃、烯烃、炔烃三大族，每族又有开链同系物和环状同系物两类。烷烃称为饱和烃，而烯烃、炔烃、双烯烃又称为不饱和烃，不饱和烃中的碳原子间有以双键或三键相结合的不饱和键存在。

7.2.1.1 烷烃

（1）烷烃的结构　烷烃是烃类中的一种，通常指非环状结构的开链烷烃，烷烃属于饱和烃，其分子中所有碳原子均为 sp^3 杂化，分子内的键均为 σ 键，成键轨道沿键轴“头对头”重叠，重叠程度较大，键较稳定，可沿键轴自由旋转而不影响成键。

甲烷是烷烃中最简单的分子，碳原子 sp^3 杂化，4 个 sp^3 杂化轨道分别与 4 个氢原子的 S 轨道重叠，形成 4 个 C—Hσ 键，4 个 C—Hσ 键间的键角 109°28′，空间呈正四面体排布，相互间距离最远，排斥力最小，能量最低，体系最稳定，C—H 键长 110pm。这种四面体的构造可以使各键彼此尽量远离，以减少成键电子间的相互排斥并使键的形成最为有效，体系也最为稳定。可以看出，这样的结构中，4 根键中两根处于一个平面上，另两根处于另一个平面上，这两个平面相互垂直，如图 7-1（a）所示，结构表示式中的直线表示键在纸平面上，粗楔形线表示指向纸平面上方，虚楔形线表示指向纸平面下方。

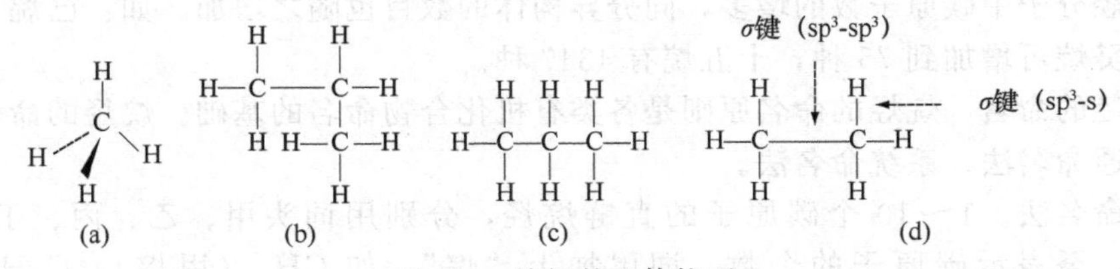

图 7-1　烷烃的立体构型

含两个碳原子的烷烃（乙烷）分子式为 C_2H_6，结构式为 CH_3CH_3，相当于甲烷中的一个氢原子被—CH_3 所取代。含三个碳原子的烷烃（丙烷）分子式为 C_3H_8，结构式为 $CH_3CH_2CH_3$，相当于甲烷中两个氢原子被—CH_3 取代。丙烷的平面结构式好像有两种形式，但由于碳原子有四面体的立体结构，因此这两种形式不过是同一个化合物的两种不同的平面投影，如图 7-1（b）和图 7-1（c）。

烷烃的通式为 C_nH_{2n+2}，其中 n 为碳原子数。具有相同分子通式和结构特征的一系列化合物称为同系列。如：CH_4、CH_3CH_3、$CH_3CH_2CH_3$；同系列中的各化合物互称为同系物；相邻两个同系物在组成上的不变差数 CH_2 称为同系列差。如：乙烷较甲烷多 CH_2，丙烷较乙烷多 CH_2；同系物的结构相似，化学性质也相似，物理性质则随着碳原子数的增加而呈现规律性的变化，同系列中的第一个化合物常具有特殊的性质。

烷烃中碳原子的类型有如下几种。

烷烃中的各个碳原子均为饱和碳原子，按照与它直接相连的其他碳原子的个数，可分为伯、仲、叔、季碳原子。伯碳原子又称一级碳原子，以1°表示，是只与1个其他碳原子直接相连的碳原子。仲碳原子又称二级碳原子，以2°表示，是与2个其他碳原子直接相连的碳原子。叔碳原子又称三级碳原子，以3°表示，是与3个其他碳原子直接相连的碳原子。季碳原子又称四级碳原子，以4°表示，是与4个其他碳原子直接相连的碳原子。

伯、仲、叔碳原子上的氢原子（季碳原子上无氢原子），分别称为伯氢原子（1°氢原子）、仲氢原子（2°氢原子）、叔氢原子（3°氢原子）。不同类型氢原子的相对反应活性不同。

$$\overset{1°}{CH_3}-\overset{1°CH_3}{\underset{1°CH_3}{\overset{|4°}{\underset{|}{C}}}}-\overset{2°}{CH_2}-\overset{3°}{\underset{\underset{1°CH_3}{|}}{CH}}-\overset{1°}{CH_3}$$

(2) 烷烃的碳链异构　分子式相同，碳原子连接方式不同而产生的同分异构现象，称为碳链异构或者骨架异构，其异构体称为碳链异构体，它是构造异构的一种。碳链异构体的物理化学性质有显著的差别。

甲烷、乙烷和丙烷分子中的碳原子，只有一种连接方式，所以无碳链异构体。丁烷（C_4H_{10}）有两种不同的异构体；戊烷（C_5H_{12}）有三种异构体。

$$CH_3-CH_2-CH_2-CH_3$$

正丁烷

熔点：−138℃；沸点：0℃

$$CH_3-\overset{CH_3}{\overset{|}{CH}}-CH_3$$

异丁烷

熔点：−159℃；沸点：−12℃

$$CH_3-CH_2-CH_2-CH_2-CH_3$$

正戊烷

熔点：−130℃；沸点：36℃

$$CH_3-\overset{CH_3}{\overset{|}{CH}}-CH_2-CH_3$$

异戊烷

熔点：−160℃；沸点：28℃

$$CH_3-\overset{CH_3}{\underset{\underset{CH_3}{|}}{\overset{|}{C}}}-CH_3$$

新戊烷

熔点：−17℃；沸点：9.5℃

随着烷烃分子中碳原子数的增多，同分异构体的数目也随之增加。如：己烷 C_6H_{14} 有5个异构体，癸烷可增加到75种，十五烷有4347种。

(3) 烷烃的命名　烷烃的命名原则是各类有机化合物命名的基础。烷烃的命名采用两种命名法：普通命名法、系统命名法。

①普通命名法。1～10个碳原子的直链烷烃，分别用词头甲、乙、丙、丁、戊、己、庚、辛、壬、癸表示碳原子的个数，词尾加上“烷”。如 CH_4（甲烷）、C_2H_6（乙烷）、C_3H_8（丙烷）、$C_{10}H_{22}$（癸烷）。10个碳原子以上的烷烃用中文数字命名。如 $C_{11}H_{24}$（十一烷）、$C_{12}H_{26}$（十二烷）、$C_{20}H_{42}$（二十烷）。烷烃异构体可用词头“正、异、新”来区分。“正”表示直链烷烃，常常可以省略。“异”表示末端为$CH_3-\overset{CH_3}{\overset{|}{CH}}-$，此外别无支链的烷烃。“新”表示末端为$-\overset{CH_3}{\underset{\underset{CH_3}{|}}{\overset{|}{C}}}-CH_3$，此外别无支链的烷烃。

$$\underset{\underset{CH_3}{|}}{CH_3CHCH_3}$$

异丁烷

$$\underset{\underset{CH_3}{|}}{CH_3CHCH_2CH_3}$$

异戊烷

$$CH_3-\overset{CH_3}{\underset{\underset{CH_3}{|}}{\overset{|}{C}}}-CH_3$$

新戊烷

普通命名法只适用于一些直链或含碳原子数较少的烷烃异构体的命名。对于结构比较复杂的烷烃，就必须采用系统命名法。

②系统命名法（IUPAC 命名法）。烷烃系统命名法是将带有侧链的烷烃看作是直链烷烃的烷基取代衍生物，烃分子中去掉一个氢原子所剩下的基团，称为烃基；脂肪烃基用 R—表示；烷基的通式为 C_nH_{2n+1}。烷基的中文命名是把相应的烷烃命名中的“烷”字改为“基”字。常见的烷基结构和名称如表 7-2。

表 7-2 主要的烷基

名称	烷基	名称	烷基
甲基	CH_3—	乙基	CH_3CH_2—
丙基	$CH_3CH_2CH_2$—	丁基	$CH_3CH_2CH_2CH_2$—
异丙基	$(CH_3)_2CH$—	异丁基	$(CH_3)_2CHCH_2$—
仲丁基	$CH_3CH_2CH(CH_3)$—	叔丁基	$(CH_3)_3C$—
异戊基	$(CH_3)_2CHCH_2CH_2$—	叔戊基	$CH_3CH_2C(CH_3)_2$—

烷烃的系统命名法一般按以下步骤进行。

a. 首先选择一条最长的碳链为主链，将其作为母体，根据主链上的碳原子数目称为某烷，如：

```
                    CH3
                     |
CH3—CH—CH—CH—CH—CH3
      |    |        |
     CH3  CH2      CH3
           |
          CH2—CH3
```

主链

b. 把支链作为取代基，从主链的一端开始给碳原子编号，编号次序应尽可能使取代基具有最低编号为准，将取代基的位次（用阿拉伯数字）和名称写在母体名称的前面（阿拉伯数字与汉字之间加一短划“-”）。有相同的取代基时，要合并在一起，其数目用汉字表示，加字首二、三、四，在表示取代基位置的阿拉伯数字之间应在右下角加逗号。取代基的位次一律标示在取代基或化合物名称之前。如：

```
 6     5     4     3     2    1
CH3—CH2—CH—CH2—CH—CH3
             |           |
            C2H5        CH3
```

2-甲基-4-乙基己烷

```
       CH3
 1    2|  3    4     5
CH3—C—CH—CH2—CH3
       |   |
      CH3 CH3
```

2，2，3-三甲基戊烷

c. 如果有数种不同的取代基连在母体上时，以小的取代基名称写在前面，大的取代基写在后面，即较优者后列出，取代基的大小由立体化学中的“次序规则”而定（英语命名法中则根据烷基名称的字母顺序排列大小的）。

```
 1      2      3    4     5      6      7
CH3—CH2—CH—CH—CH2—CH2—CH3
              |    |
             CH2  CH3
              |
             CH3
```

4-甲基-3-乙基庚烷

d. 主链以不同方向编号时，若能得到两种以上的不同编号系列，则顺次逐项比较各系列的不同位次，最先遇到的位次最小者，叫做“最低系列”，也是应选取的一种编号。如：

```
 6      5      4     3      2     1
CH3—CH2—CH—CH2—CH—CH3
              |           |
             C2H5        CH3
```

2-甲基-4-乙基己烷

```
          CH3
 1     2 |   3     4     5
CH3—C—CH—CH2—CH3
        |    |
       CH3  CH3
```

2，2，3-三甲基戊烷

e. 支链上的取代基较复杂时，可作为一个化合物来处理，即另外给取代基编号，由带撇的阿拉伯数字指出支链中的碳原子位置，或者由与主链相连的碳原子起开始编号。为避免混乱，支链的全名放在括号中。如：

```
                                    CH3
                                    |
                              CH3—C—CH2—CH3
 10     9      8      7      6     |5    4      3      2    1
CH3—CH2—CH2—CH2—CH2—CH—CH2—CH2—CH—CH3
                                                        |
                                                       CH3
```

2-甲基-5-1′，1′-二甲基丙基癸烷或 2-甲基-5-（1，1-二甲基丙基）癸烷

从化合物的名称也可无误地写出构造式。只要遵从规则，无论分子的表现形式如何，其IUPAC命名是一样的。但是对于一些结构复杂的化合物也有名称太长、命名过于繁琐的缺点，故有些化合物仍常用习惯用名或俗名，如 2,2,4-三甲基戊烷就常用异辛烷来称之。

（4）烷烃的物理性质　有机化合物的物理性质，一般是指物态、沸点、熔点、密度、溶解度、折光率、旋光度和光谱性质等。烷烃同系物的物理性质常随碳原子数的增加而呈现规律性的变化。

在室温和常压下，$C_1 \sim C_4$ 的正烷烃（甲烷至丁烷）是气体，$C_5 \sim C_{17}$ 的正烷烃（戊烷至十七烷）是液体，C_{18} 和更高级的正烷烃是固体。烷烃分子间的作用力只有范德华力，是非极性或弱极性的化合物。根据“极性相似者相溶”的经验规律，烷烃易溶于非极性或极性较小的苯、氯仿、四氯化碳、乙醚等有机溶剂，而难溶于水和其他强极性溶剂。液态烷烃作为溶剂时，可溶解弱极性化合物。

沸点：正烷烃的沸点随着碳原子的增多而有规律的升高。一般每增加 1 个碳原子，沸点升高 20～30℃。同分异构体，取代基越多，沸点越低。这是由于烷烃的碳原子数越多，分子间作用力越大；取代基越多，分子间有效接触的程度越低，使分子间的作用力变弱。

熔点：正烷烃的熔点随着碳原子数的增多而升高，含偶数碳原子正烷烃的熔点高于相邻的两个含奇数碳原子正烷烃的熔点。在烷烃异构体中，对称性较好的烷烃比直链烷烃的熔点高，这是由于对称性较好的烷烃分子，晶格排列较紧密，致使链间的作用力增大而熔点升高。

密度：正烷烃的密度随着碳原子数的增多而增大，但在 $0.8g \cdot cm^{-3}$ 左右时趋于稳定。所有烷烃的密度都小于 $1g \cdot cm^{-3}$，烷烃是所有有机化合物中密度最小的一类化合物。

（5）烷烃的化学性质　烷烃是饱和烃，分子中只有牢固的“C—C”σ 键和“C—H”σ 键，所以烷烃具有高度的化学稳定性。在室温下，烷烃与强酸（如硫酸、盐酸）、强碱（如

氢氧化钠）、强氧化剂（如重铬酸钾、高锰酸钾）、强还原剂（如锌加盐酸、金属钠加乙醇）都不发生反应。但在适宜的反应条件下，如光照、高温或在催化剂的作用下，烷烃也能发生共价键均裂的自由基反应。例如，烷烃的卤代反应：在紫外光照射或高温 250～400℃的条件下，甲烷和氯气混合可剧烈地发生氯代反应，得到一氯甲烷、二氯甲烷、三氯甲烷（氯仿）、四氯甲烷（四氯化碳）和氯化氢的混合物。

$$CH_4 + Cl_2 \xrightarrow{h\nu} CH_3Cl + HCl$$

$$CH_4 + Cl_2 \xrightarrow{h\nu} CH_3Cl + CH_2Cl_2 + CHCl_3 + CCl_4 + HCl$$

甲烷与氯气作用，产生一氯甲烷；随着反应的进行，过量的氯气继续与一氯甲烷作用，生成二氯甲烷；二氯甲烷进一步与氯气作用，生成三氯甲烷；三氯甲烷继续反应生成四氯甲烷，所以反应的产物是 4 种氯代甲烷的混合物。若用超过量的甲烷与氯气反应，反应就几乎限制在一氯代反应阶段，生成一氯甲烷。可用此方法制备一卤代烃。

卤素与甲烷的反应活性顺序为：$F_2 > Cl_2 > Br_2 > I_2$。氟代反应十分剧烈，难以控制，强烈的放热反应所产生的热量可破坏大多数的化学键，以致发生爆炸。碘最不活泼，碘代反应难以进行。因此，卤代反应一般是指氯代反应和溴代反应。

烷烃分子中只有 σ 键，化学性质很稳定，常用作溶剂及化妆品、眼药膏的基质，但在特殊条件（光照或高温）下，也可发生自由基的取代反应。含有不同种氢的烷烃的卤代，生成多种卤代烃异构体的混合物，各异构体的比例取决于烷烃分子中各种氢的数目以及反应条件，不同种氢的反应活性顺序为 3° 氢＞2° 氢＞1° 氢。自由基的构型为 sp^2 杂化的平面构型。

7.2.1.2 烯烃与炔烃

烯烃是指分子中含有碳碳双键的一类烃类化合物，而炔烃是指分子中含有碳-碳叁键的烃类化合物。由于碳碳双键和叁键皆属于不饱和键，所以烯烃与炔烃皆属于不饱和烃。单烯烃的通式是 C_nH_{2n}，炔烃的通式是 C_nH_{2n-2}。

乙烯（C_2H_4）是最简单的烯烃，乙炔（C_2H_2）是最简单的炔烃。它们都是重要的化工原料。目前乙烯的用量最大的是用来制造聚乙烯等高聚物。各类乙烯系统的产品在国际上占全部化工产品产值的一半左右。因此，乙烯的产量往往用来衡量一个国家石油化工的水平。

（1）烯烃与炔烃的物理性质　在常温下，C_2～C_4 的烯烃和炔烃为气态，C_5～C_8 的烯烃与炔烃为液态，它们的高级同系物是固体。烯烃与炔烃，仅有微弱的极性。难溶于水而易溶于非极性的有机溶剂。

（2）烯烃与炔烃的化学性质　烯烃与炔烃皆为不饱和烃，它们的化学性质较烷烃活泼，能起加成、氧化、聚合等反应，其中加成反应是不饱和烃的特征反应。

①加成反应。烯烃的加成反应，就是双键中的 π 键被打开，加成试剂的两个原子或基团分别结合到双键两端的碳原子上，形成两个新的 σ 键，从而变成饱和的化合物。而炔烃分子的碳-碳叁键（即炔键）中含有两个 π 键，其不饱和性比烯烃更大，通常可与二分子试剂发生加成，即相当于两次双键加成。加成反应可表示为：

$$(R_1)(R_2)C{=}C(R_3)(R_4) + YZ \longrightarrow R_2{-}C(R_1)(Y){-}C(R_3)(Z){-}R_4$$

反应物　　试剂　　产物

加成反应通常有以下常见的类型：加氢、加卤素、加卤化氢、加水等。例如：

$$H_2C{=}CH_2 + H_2 \xrightarrow{催化剂} CH_3CH_3$$

$$H_2C{=}CH_2 + Br_2 \longrightarrow CH_2Br{-}CH_2Br$$

$$H_2C{=}CH_2 + HI \longrightarrow CH_3CH_2I$$

$$H_2C{=}CH_2 + HOH \xrightarrow{H^+} CH_3CH_2OH$$

②氧化反应。烯烃和炔烃很容易被氧化。反应主要发生在π键上。随着氧化剂和氧化条件的不同，产物也各不相同。氧化时π键首先被氧化而断裂，常用的氧化剂如高锰酸钾溶液。采用冷的稀碱性高锰酸钾水溶液氧化烯烃时，产物如下：

$$R{-}CH{=}CH_2 \xrightarrow[冷,\ OH^-]{KMnO_4,\ H_2O} R{-}\underset{OH}{\underset{|}{C}H}{-}\underset{OH}{\underset{|}{C}H_2} + MnO_2\downarrow$$

在较剧烈的氧化条件下，如采用加热及浓的高锰酸钾溶液，则不仅π键会被打开，σ键也会发生断裂。例如：

$$R{-}CH{=}CH_2 \xrightarrow[\triangle]{KMnO_4} R{-}\underset{OH}{\underset{|}{C}}{=}O + CO_2 + H_2O$$

炔烃发生氧化时，通常在炔键处发生断裂。例如，炔烃被高锰酸钾氧化时，生成羧酸或CO_2（乙炔被氧化时生成CO_2）：

$$R{-}C{\equiv}C{-}R' \xrightarrow{KMnO_4} RCOOH + R'COOH$$

同时因高锰酸钾被还原而使其紫色褪色，因而可用高锰酸钾溶液的褪色反应来检验叁键的存在。

③聚合反应。在催化剂或引发剂的存在下，烯烃能发生自身的加成反应或与同类烯烃进行互相加成反应，彼此连接成相对分子质量很大的高分子化合物。这种类型的反应称为聚合反应，生成的产物叫做聚合物。因为烯烃的聚合是通过加成反应进行的，所以这种聚合方式称为加成聚合反应，简称加聚。

$$nH_2C{=}CH_2 \longrightarrow {+}CH_2{-}CH_2{+}_n \quad (n=500\sim2000)$$

$$nH_2C{=}CH_2 + n'\underset{CH_3}{\underset{|}{C}H}{=}CH_2 \longrightarrow \left(CH_2{-}\underset{CH_3}{\underset{|}{C}H}{-}CH_2{-}CH_2{-}\right)_n$$

工业上常用做聚合单体的烯烃还有丙烯、异丁烯、丁二烯、苯乙烯等，它们是合成橡胶、塑料、纤维等的重要原料。在合适的催化剂作用下，乙炔可发生聚合，生成某些低聚物。这类反应可看作是加成反应的特例。例如：

$$2HC{\equiv}CH \longrightarrow H_2C{=}CH{-}C{\equiv}CH$$

$$3HC{\equiv}CH \longrightarrow \text{(苯)}$$

7.2.2 卤代烃

烃分子中的氢原子被卤素原子取代后生成的化合物为卤代烃，其分子中的卤原子即为卤代烃的官能团。

一般而言，卤代烃的性质比烷烃要活泼得多，能发生多种化学反应而转化成各种其它类型的化合物，所以引入卤原子往往是改造分子反应性能的第一步，在有机合成中起着重要的桥梁作用。同时，卤代烃本身也可作溶剂、农药、致冷剂、灭火剂、麻醉剂和防腐剂等，因而是一类很重要的有机化合物。

7.2.2.1 卤代烃的分类和命名

（1）分类　卤代烃是由烃基和卤原子两部分组成的，因此可以按烃基的类型、卤原子的种类和数目对卤代烃进行分类。

①按卤代烃分子中所含卤原子的种类可以分成氟代烃、氯代烃、溴代烃和碘代烃。

②按卤代烃分子中卤原子数目可以分成一卤代烃、二卤代烃、三卤代烃等，二卤代烃以上统称为多卤代烃。

③按卤代烃分子中烃基的类型可以分为饱和卤代烃、不饱和卤代烃和芳香卤代烃，它们仍可再细分下去，见表7-3。

表7-3 卤代烃分分类

卤代烃	饱和卤代烃	按卤原子所连碳的类型来分类	伯卤代烃 $CH_3CH_2CH_2X$
			仲卤代烃 $CH_3CH_2CHXCH_3$
			叔卤代烃 $CH_3C(CH_3)XCH_3$
	不饱和卤代烃	按卤原子与不饱和键的距离分类	乙烯型 $CH_2{=}CHX$
			烯丙基型 $CH_2{=}CH-CH_2X$
			孤立型 $CH_2{=}CH-(CH_2)_n-X(n\geqslant1)$
	芳香卤代烃	根据卤原子苯环的位置关系分类	苯基型 C_6H_5X
			苄基型 $C_6H_5-CH_2X$
			孤立型 $C_6H_5-(CH_2)_n-X\ (n\geqslant1)$

(2) 命名 卤代烃的系统命名是把卤素作为取代基，选择最长碳链为主链，从距取代基最近一端将主链编号，在烃的名称前加上取代基的位置、数目和名称。不饱和卤代烃通常以不饱和烃作为主链，编号时则需要使不饱和键的位次最小。例如：

$CH_3-\underset{\large Cl}{\overset{\large CH_3}{CHCH}}CH_3$ 2-甲基-3-氯丁烷

CH_3CCl_3 1，1，1-三氯乙烷

$CH_2{=}CH-CH_2Br$ 3-溴-1-丙烯

对于结构比较简单的卤代烃，可以用普通命名法，即以与卤素相连的烃基的名称来命名。例如：

$CH_3CH_2CH_2CH_2Cl$ 正丁基氯

$CH_2{=}CHCl$ 乙烯基氯

$CH_2{=}CH-CH_2Cl$ 烯丙基氯

$C_6H_5-CH_2Br$ 苄基溴

卤代烷烃同分异构体的数目比相应的烷烃多，既有碳骨架不同引起的异构，也有卤素位置不同引起的异构。例如，丁烷有两个同分异构体，而一氯丁烷有四个同分异构体。

$CH_3CH_2CH_2CH_2Cl$ 1-氯丁烷

$CH_3CH_2\underset{\large Cl}{CH}CH_3$ 2-氯丁烷

$CH_3\overset{\large CH_3}{CH}CH_2Cl$ 2-甲基-1-氯丙烷

$CH_3\underset{\large Cl}{\overset{\large CH_3}{C}}CH_3$ 2-甲基-2-氯丙烷

7.2.2.2 卤代烃的物理和化学性质

(1) 物理性质 由于卤素和烃基不同，两者之间表现出物理性质上的差异。其一般规律为：

①室温下 CH_3Cl、CH_3Br、C_2H_5Cl、$CH_2{=}CHCl$ 等低级卤代烃为气体，其余均是液体。

②相同的烃基取代物中，以氯化物的沸点最低，碘化物沸点最高；在相同卤代物中，它们的沸点随烃基的分子量的增加而增高。

③卤代烃分子中，如果烃基相同，卤素不同，那么它们密度最小的是氯代物，最大的是

碘代物。如果卤素相同，那么它的密度随烃基的分子量的增加而减小。除某些氯代烷外，一般都比水重。

④卤代烃分子虽有一定极性，但不溶于水，这是因为它们不能和水形成氢键的缘故。它能溶于醇、醚、烃类等典型的有机溶剂中，某些卤代烃如氯仿、二氯乙烷等本身就是优良的溶剂。

(2) 化学性质　卤原子是卤代烃的官能团。反应都是与C—X的断裂有关，除碘外，卤原子的电负性都比碳大，因此电子云偏向卤原子使之带δ−，而C带δ+，当带有一个孤对电子的亲核试剂B进攻带δ+的C原子而形成C—B键时，X原子带着一对电子离去形成X^-，从而发生亲核取代反应，这是卤代烃最特征的反应。

$$RX+\begin{cases} NaOH \longrightarrow R—OH + NaX \quad \text{醇类} \\ NaOR' \longrightarrow R—O—R' + NaX \quad \text{醚类} \\ NaCN \longrightarrow RCN + NaX \quad \text{腈类} \\ NH_3 \longrightarrow R—NH_2 + HX \quad \text{胺类} \\ AgNO_3 \longrightarrow RONO_2 + AgX \quad \text{硝酸酯} \end{cases}$$

7.2.2.3　几种重要的卤代烃

(1) 三氯甲烷　三氯甲烷是一种无色而有香甜味的液体，沸点61.2℃，俗称氯仿。它是合成氟氯烃类化合物的原料，医药上用作麻醉剂和消毒剂，也是抗生素、香料、油脂、橡胶等的溶剂和萃取剂，含有13%氯仿的氯仿-四氯化碳混合物用作不冻的灭火液体。

(2) 四氯化碳　四氯化碳为无色液体，沸点76.8℃，主要用作溶剂、灭火剂、有机物氯化剂、香料浸出剂、纤维脱脂剂、谷物熏蒸消毒剂、药物萃取剂等，并用于制造氟里昂和织物干洗剂，医药上用作杀钩虫剂。

用CCl_4作灭火剂时，由于在500℃以上时可以与水作用产生光气，所以必须注意空气流通，以免中毒。

(3) 氯乙烯　氯乙烯为无色有乙醚香味的气体，沸点−13.9℃，是生产聚氯乙烯塑料的单体。

7.2.3　醇、酚、醚

醇、酚、醚均属于含氧有机化合物，且分子中的碳氧键均为单键，它们的通式分别为：

ROH	ArOH	ROR或ArOR
醇	酚	醚

7.2.3.1　醇

(1) 醇的结构　醇分子在结构上和水有许多相似之处，由氧原子（O）以sp^3杂化轨道中的2个杂化轨道分别与碳（C）及氢（H）原子形成σ键，另2个杂化轨道被孤对电子占领。由于氧的电负性较大，氧原子上的电子云密度较大，而碳和氢上的电子云密度较低，使醇分子的官能团—OH具有较强的极性。

(2) 醇的分类　若按照烃基的不同，醇可分为：饱和醇（如CH_3CH_2OH）；不饱和醇（如$CH_2═CH—CH_2OH$）；脂环醇（环戊基—OH）；芳香醇（如苯基—CH_2OH）。

若按羟基所连接的碳原子不同，醇可分为：

①伯醇，羟基所连接的碳为一级碳，如 RCH_2OH；

②仲醇，羟基所连接的碳为二级碳，如 R_2CHOH；

③叔醇，羟基所连接的碳为三级碳，如 R_3COH。

若按分子中所含羟基的数目不同，则将醇分为以下三类：

①一元醇，即分子中只有一个羟基；

②二元醇，即分子中只含有两个羟基；

③多元醇，即分子中含有三个以上羟基。

简单的一元醇可用普通命名法命名，即根据与羟基相连的烃基来命名，在醇字前面加上烃基的名称。例如：

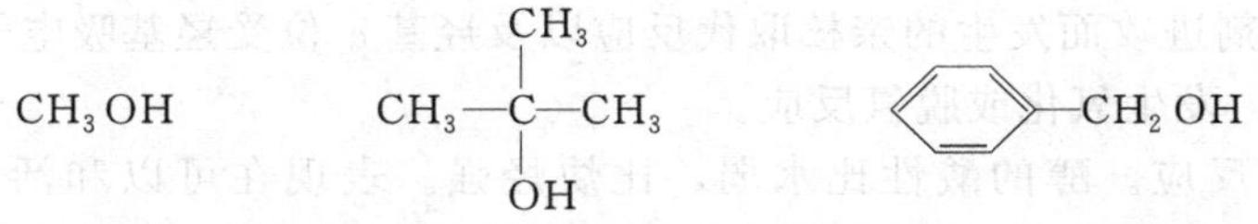

CH_3OH 甲醇

$(CH_3)_3C-OH$ 叔丁醇

$C_6H_5CH_2OH$ 苄醇

结构比较复杂的醇采用系统命名法，即选择含有羟基的最长链为主链，把支链看作取代基，从离羟基最近的一端开始编号，按照主链所含的碳原子数目称为“某醇”，羟基的位次用阿拉伯数字注明写在醇名称前面，并标出取代基的位次和名称，不饱和醇编号时以羟基位次小为准，例如：

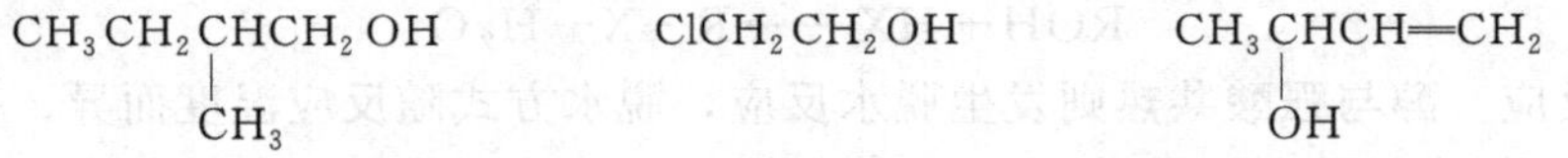

$CH_3CH_2CH(CH_3)CH_2OH$ 2-甲基-1-丁醇

$ClCH_2CH_2OH$ 2-氯乙醇

$CH_3CH(OH)CH=CH_2$ 3-丁烯-2-醇

多元醇命名时，要选择带羟基尽可能多的最长的碳链作为主链，羟基的数目写在“醇”字的前面。例如：

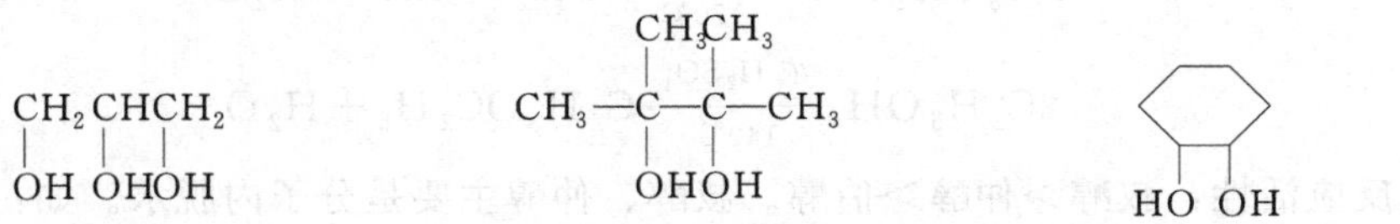

$CH_2(OH)CH(OH)CH_2OH$ 丙三醇

$CH_3-C(CH_3)(OH)-C(CH_3)(OH)-CH_3$ 2，3-二甲基-2，3-丁二醇

顺-1，2-环已二醇

(3) 物理性质　醇的沸点比相应的烷烃高得多。例如，甲醇的沸点比甲烷高 229℃，乙醇比乙烷高 107℃。但随着相对分子质量的加大，沸点差距愈来愈小，正十六醇的沸点只比十六烷高 57℃。含同数碳原子的一元烷醇中，直链醇的沸点比含支链的醇高；含同数碳原子的一元烷醇，伯醇的沸点最高，仲醇次之，叔醇最低。

同水一样，醇分子中的氢与氧之间的键是高度极化的，其中氢显一定程度的正电性，可以与另一个分子中的氧互相吸引生成氢键，因此，醇有形成氢键的能力。氢键的键能约为 $20\sim30kJ\cdot mol^{-1}$，因此醇的沸点比相应的烷烃高得多。

水：H—O(H)…H—O(H)…H—O(H)…H—O(H)

醇：H—O(R)…H—O(R)…H—O(R)…H—O(R)

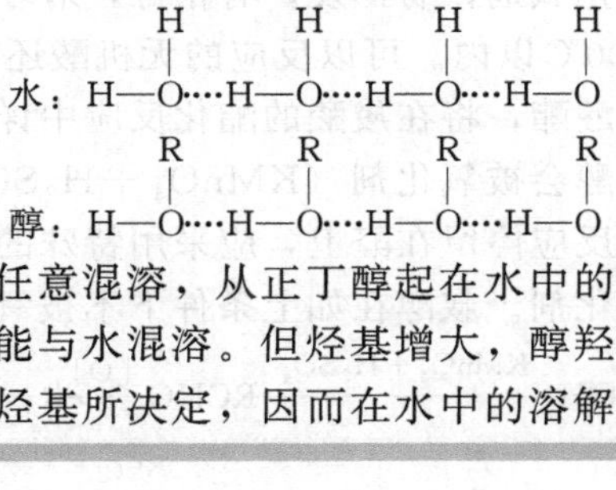

甲醇、乙醇、丙醇能与水任意混溶，从正丁醇起在水中的溶解度显著降低，到癸醇以上则不溶于水。这是因为低级醇能与水混溶。但烃基增大，醇羟基形成氢键的能力减弱，醇的溶解度渐渐由取得支配地位的烃基所决定，因而在水中的溶解度渐渐降低以至不溶。高级醇

与烷烃极其相似，不溶于水，而可溶于汽油中，符合相似相溶原理。

溶解度与物质分子间的吸引力有关。以烷烃和水为例，若使烷烃溶解于水，必须使烷烃分子在许多水分子中间占据一个位置，要做到这一点，就要使某些水分子彼此分开，把位置让出来给烷烃。但水分子和水分子之间能形成氢键，有很强的吸引力，而水分子和烷烃分子之间只有微弱的色散力，所以即使采用搅拌的方法把烷烃分散在水中，也会被“挤”出来，聚集成为另一个相。把水分散在烷烃中时，水分子也会互相吸引而从烷烃中分出，自成一相，因此烷烃在水中，或水在烷烃中都差不多不相互溶解。但烷烃、芳烃、卤代烃等有机物，由于同类分子和不同类分子之间的吸引力都差不多，所以能以任何比例互相混溶。

醇分子和醇分子之间能生成氢键，醇分子和水分子之间也能生成氢键。

(4) 化学性质　醇主要发生 O—H 键断裂和 C—O 链断裂，具体表现为羟基 H 的活泼性及羟基被亲核试剂进攻而发生的亲核取代反应以及羟基 α 位受羟基吸电子诱导效应的影响 C—H 键发生断裂，发生氧化或脱氢反应。

①与金属钠的反应。醇的酸性比水弱，比炔烃强。表现在可以和活泼金属（Na、K、Mg、Al 等）作用，分子中 O—H 键断裂，生成烷氧基金属（醇钠、醇钾、醇铝等），放出氢气，但反应的剧烈程度不如水。

$$R{-}OH + Na \longrightarrow R{-}ONa + \frac{1}{2}H_2$$

②与氢卤酸反应。醇与氢卤酸反应生成卤代烷和水，这是制备卤代烃的一种重要方法。

$$ROH + HX \longrightarrow R{-}X + H_2O$$

③脱水反应。醇与强酸共热则发生脱水反应，脱水方式随反应温度而异，一般在较高温度下主要发生分子内脱水（消除反应）产生烯烃；而在稍低温度下则发生分子间脱水生成醚。

$$CH_3CH_2OH \xrightarrow[170℃]{浓\ H_2SO_4} CH_2{=}CH_2 + H_2O$$

$$2C_2H_5OH \xrightarrow[140℃]{浓\ H_2SO_4} C_2H_5OC_2H_5 + H_2O$$

脱水反应活性：叔醇＞仲醇＞伯醇。叔醇、仲醇主要是分子内脱水。如：

$$CH_3CH_2\overset{\displaystyle CH_3}{\underset{\displaystyle OH}{\overset{|}{\underset{|}{C}}}}CH_3 \xrightarrow[\triangle]{H_2SO_4} CH_3CH{=}\overset{\displaystyle CH_3}{\overset{|}{C}}CH_3$$

利用分子间脱水反应，只适用于制备简单醚。

④与酸的作用。醇与无机酸反应，同样发生 O—H 键断裂，生成酯。例如：

$$CH_3OH + HOSO_2OH \longrightarrow CH_3OSO_2OH \quad 硫酸氢甲酯$$

$$CH_3OH + CH_3OSO_2OH \longrightarrow CH_3OSO_2OCH_3 \quad 硫酸二甲酯$$

硫酸二甲酯是常用的甲酯化试剂，易挥发，有剧毒，对呼吸器官和皮肤有强烈的刺激作用。上述反应温度应控制在 100℃以内。可以反应的无机酸还有硝酸、磷酸等。

醇与有机酸反应生成有机酸酯，将在羧酸的酯化反应中详细介绍。

⑤氧化或脱氢。伯醇、仲醇会被氧化剂（$KMnO_4 + H_2SO_4$）氧化或在高温下脱氢，分别生成醛和酮或酸和酮。要使反应停留在醛上，应采用特殊的氧化剂，如三氧化铬的吡啶配合物（$CrO_3 \cdot 2C_5H_5N$）作氧化剂。叔醇在如上条件下不被氧化。

$$RCH_2OH \xrightarrow{KMnO_4 + H_2SO_4} RCHO \xrightarrow{[O]} R{-}COOH$$

$$R-\underset{\substack{|\\R'}}{CH}-OH \xrightarrow[\text{或 } Cr_2O_3+\text{冰醋酸}]{KMnO_4+H_2SO_4} R-\overset{\overset{O}{\|}}{C}-R'$$

交通警察利用三氧化铬能氧化乙醇的原理，制成了酒精测定仪，用于检测酒后驾车的违章司机。

$$C_2H_5OH+\underset{\text{橘红色}}{K_2Cr_2O_7}+H_2SO_4 \longrightarrow CH_3COOH+\underset{\text{绿色}}{Cr_2(SO_4)_3}+K_2SO_4+H_2O$$

呼吸仪中的溶液变绿，则说明司机是酒后驾车，醇使橙黄色 Cr（Ⅵ）很快变成绿色的 Cr（Ⅲ）。

(5) 几种重要的醇　小分子量的醇可作为油墨溶剂，在柔性版印刷、凹版印刷和丝网印刷中使用，因为它干燥挥发后无味，可以在生活用品的包装印刷中使用。与印刷比较相关的醇主要如下。

①甲醇。甲醇最初是从木材干馏得到的，因此又名木精或木醇。纯净的甲醇为无色透明液体，具有类似酒精的气味，沸点 65℃，与水、乙醇、乙醚等互溶。甲醇毒性很大，易燃，蒸气与眼睛接触可引起失明，操作必须注意。

甲醇用途很广，用于生产甲胺、甲醛、甲酸、甲醇钠、甲酰胺、二甲基甲酰胺、硫酸二甲酯、甲基丙烯酸甲酯、长效磺胺、维生素 B_6 等。

②乙醇。乙醇是酒的主要成分，所以俗名酒精。乙醇是有机化学工业中的一种重要原料，是一种优良的溶剂，也大量用于合成酯类、乙醚、氯乙烷、乙胺等。

在印刷业中，目前市场所售的主流润版液中，有许多是酒精型酸性润版液，利用添加酒精（或其他醇类）的方法使润版液具有很好的黏滞和润湿特性，通过橡胶辊（金属辊）来精确计量上水量，对传统润版系统较难控制的上水量可做到有效控制，同时，还可以降低油墨的乳化率和网点增大率，使印刷品更加精细，墨色更加鲜艳。

③乙二醇。乙二醇是重要的二元醇，是带有甜味的黏稠状无色液体，沸点 198℃。能与水、乙醇或丙酮混溶。在印刷业用于制作液体感光树脂版，还用于制聚氨基甲酸乙酯胶辊。乙二醇还是合成纤维、“涤纶”等高分子化合物的重要原料。

④丙三醇。丙三醇俗名甘油，为无色、无臭、有甜味的黏稠液体，熔点 20℃，沸点 290℃，能与水以任意比例混溶，但在乙醇中的溶解度较小。甘油以酯的形式存在于动植物油脂中，可从油脂制肥皂的余液中提取。无水甘油具有吸湿性，能吸收空气中的水分，至含 20%水分后便不再吸水，因此，甘油常用作化妆品、皮革、烟草、食品及纺织等的吸湿剂。

甘油与不饱和脂肪酸生成的甘油三酸酯，是印刷油墨干性植物油连接料的主要成分，也是合成树脂连接料甘油松香改性酚醛树脂的原料。在铜版纸涂料中，甘油和乙二醇、丙二醇等软化剂，起到提高涂料层可塑性、耐折性的作用，也起到降低伸缩率的作用。

⑤苯甲醇。苯甲醇又称苄醇，以酯的形式存在于许多植物精油中。苯甲醇有素馨香味，相对密度 1.019，沸点 205℃，稍溶于水，能与乙醇、乙醚等混溶，长期与空气接触便氧化成苯甲醛。苯甲醇多用于香料工业，可作香料的溶剂和定香剂，是茉莉、月下香、伊兰等香精调配时不可缺少的原料，用于配制香皂、日用化妆品。也用于制备药物，由于苯甲醇有微弱的麻醉作用，常用作注射时的局部麻醉剂。

⑥异丙醇。异丙醇是作为润版液用在平版胶印中，它的作用是降低润版液的表面张力，所产生的后果是：能够使润版液在润湿系统中的滚筒上、印版上分裂成很薄的润湿层，它对于纯水的作用也是相同的。

7.2.3.2　酚

羟基直接与芳环相连的化合物叫酚，通式为 Ar-OH，酚类化合物按分子中羟基个数的不同，分一元酚、二元酚或多元酚；按羧基所连的碳骨架的不同可分为苯酚、萘酚、菲酚等。

苯酚　　α-萘酚

(1) 命名　酚的命名一般是在酚字前面加上芳环的名称作为母体，标明取代基的名称和位次，在含有多官能团的特殊情况下有时也把羟基看作取代基来命名。例如：

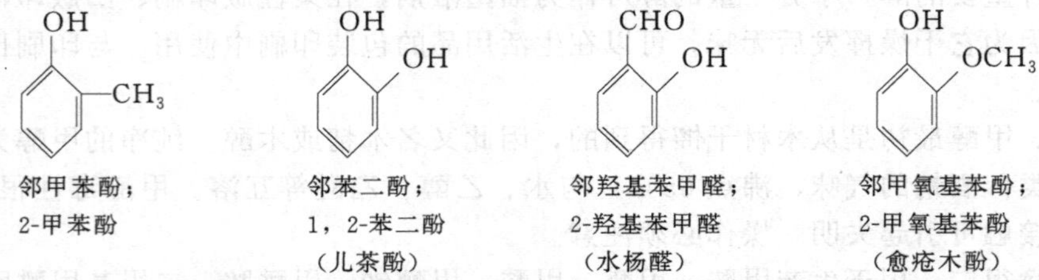

邻甲苯酚；2-甲苯酚　　邻苯二酚；1，2-苯二酚（儿茶酚）　　邻羟基苯甲醛；2-羟基苯甲醛（水杨醛）　　邻甲氧基苯酚；2-甲氧基苯酚（愈疮木酚）

(2) 物理性质　除少数烷基酚是液体外，多数酚都是固体，由于分子间形成氢键，所以沸点都很高。酚微溶于水，其溶解度随羟基的增多而增加。酚能溶于乙醇、乙醚、苯等有机溶剂。纯的酚是无色的，但往往由于氧化而带有红色至褐色。

(3) 化学性质　酚的官能团也是—OH，类似醇羟基，不同之处在于酚羟基连于 sp^2 杂化的芳环 C 上。酚可生成醚和酯，但较醇困难。酚羟基的氢比醇羟基的活泼，在碱溶液中可离解，生成芳氧基负离子，显示出酸性。

①酸性

$$C_6H_5\text{—}OH + NaOH \longrightarrow C_6H_5\text{—}ONa$$

$$C_6H_5\text{—}ONa + CO_2 + H_2O \longrightarrow C_6H_5\text{—}OH + NaHCO_3$$

其羟基氢离解的难易程度受芳环上取代基影响，当芳环上有吸电子取代基时，尤其当吸电子取代基与羟基处于邻对位时，所生成的芳氧基负离子更稳定，酸性也更强。

②酚醚的生成

$$C_6H_5\text{—}ONa + CH_3I \longrightarrow C_6H_5\text{—}OCH_3 + NaI$$

③与 $FeCl_3$ 显色反应。酚类（或具有烯醇结构的分子）遇 $FeCl_3$ 会有显色反应，不同分子结构，有不同颜色，可检验酚和烯醇的存在。表 7-4 为不同酚类化合物与 $FeCl_3$ 水溶液作用后的颜色。

表 7-4　酚类化合物与 $FeCl_3$ 水溶液作用后的颜色

酚	与 $FeCl_3$ 水溶液作用	酚	与 $FeCl_3$ 水溶液作用
苯酚	暗紫色	对甲苯酚	蓝色
邻苯二酚	深绿色	连苯三酚	淡棕红色
对苯二酚	深绿色结晶		

④氧化。酚比醇容易被氧化，空气中的氧就能使其氧化生成苯醌。

$$C_6H_5\text{—}OH \xrightarrow{[O]} O\!=\!C_6H_4\!=\!O \xleftarrow{[O]} HO\text{—}C_6H_4\text{—}OH$$

因此若要氧化芳环上的某基团，应先保护酚羟基。

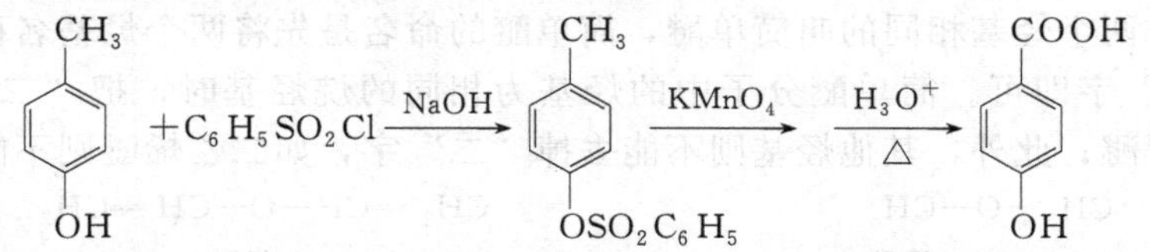

$$p\text{-}CH_3C_6H_4OH + C_6H_5SO_2Cl \xrightarrow{NaOH} p\text{-}CH_3C_6H_4OSO_2C_6H_5 \xrightarrow{KMnO_4} \xrightarrow[\triangle]{H_3O^+} p\text{-}HOOCC_6H_4OH$$

⑤芳环上的取代反应。酚的重要组成部分芳环，由于受—OH强共轭效应（致活）的影响，极易发生亲电取代反应。如卤化、硝化、磺化、烷基化和酰基化。

在酸或碱催化下，苯酚可和甲醛发生缩合反应，生成高分子——酚醛树脂。

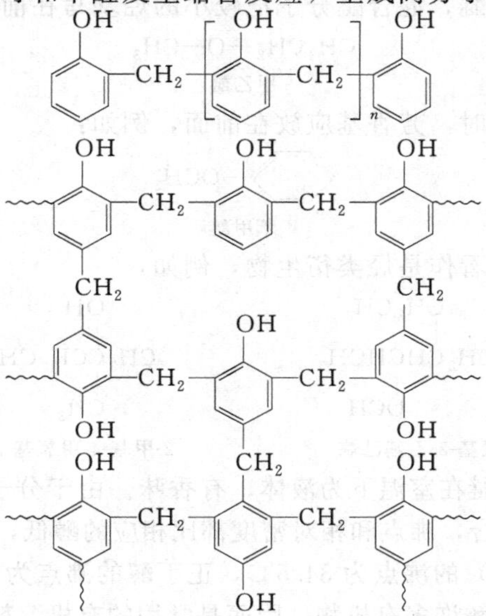

（4）重要的酚

①苯酚。苯酚俗称石炭酸，纯净的苯酚为无色针状结晶，熔点43℃，有特殊臭味，见光或在空气中易被氧化而显淡红色。苯酚在水中溶解度不大，易溶于乙醇及乙醚。

苯酚是重要的基本有机化工原料之一。它在工业上的用途很广，以其为原料生产的许多种化工产品涉及各个科技领域和工业部门，如材料、纺织、医药、表面活性剂等，随着工业的迅速发展，尤其是化工部门合成材料的品种和产量迅速扩大和增长，造成了世界范围内对苯酚需求量的持续增长。

②对苯二酚。苯二酚属多元酚，有三种同分异构体：对苯二酚、邻苯二酚、间苯二酚。其中对苯二酚在印刷中有重要应用。

对苯二酚又名海得尔，为无色晶体，能溶于水、乙醇和乙醚中。对苯二酚很容易氧化，被弱氧化剂（如氧化银、溴化银等）即可氧化生成黄色的对苯醌，溴化银还原为金属银，所以可以用作感光化学中的显影剂。对苯二酚显影剂的显影速度较慢，但一经出现影像后，则显影速度变得很快。

对苯二酚也常用作抗氧剂，以保护其它物质不被自动氧化。一般认为物质在自动氧化过程中，会首先产生一些过氧化物，抗氧剂的作用就是破坏这些过氧化物，以抑制氧化。例如在液体感光树脂版制作中，为了防止树脂和交联剂的热交联及贮存期聚合，需加入阻聚剂，常用的就是对苯二酚。

7.2.3.3 醚

醚的通式为R—O—R′，可以看作是水的两个氢原子被烃基取代后的产物，其结构与水分子相似。按照烃基的不同，醚可以分为单醚（R=R′）和混合醚（R≠R′），以及环醚（R

与R′构成环)。

(1) 命名　两个烃基相同的叫简单醚，简单醚的命名是先将两个烃基名称写出（省去基字），后加“醚”字即可。简单醚分子中的烃基为相同的烷烃基时，把“二”字去掉，如，二甲醚就只叫甲醚；此外，其他烃基则不能去掉“二”字，如二乙烯醚则不能写成乙烯醚。

CH_3-O-CH_3

（二）甲醚

$CH_2=CH-O-CH=CH_2$

二乙烯醚

$CH_3CH_2-O-CH_2CH_3$

（二）乙醚

$(CH_3)_2CHOCH(CH_3)_2$

二异丙基醚（或异丙醚）

两个烃基不同的叫混合醚，混合醚分子把较小的烃基写在前面，例如：

$CH_3CH_2-O-CH_3$

甲乙醚

烃基中有一个是芳香基时，芳香基应放在前面，例如：

$C_6H_5-OCH_3$

苯甲醚

对于复杂的醚，还可以看作是烃类衍生物，例如：

$CH_3CH_2CH_2CH(CH_2CH_3)CH(OCH_3)CH_3$

2-甲氧基-3-乙基己烷

$CH_3C(OH)(CH_3)CH_2CH_2-OCH_3$

2-甲基-4-甲氧基-2-丁醇

(2) 物理性质　大多数醚在室温下为液体，有香味。由于分子中没有与氧原子相连的氢，所以醚分子间不能以氢键缔合，沸点和相对密度都比相应的醇低，醚的沸点与分子量相当的烷烃相近，如乙醚（分子量 74）的沸点为 34.5℃，正丁醇的沸点为 117℃，而戊烷（分子为 72）的沸点为 36.1℃。乙醚能溶解许多有机物，因而是常用的有机溶剂，它极易着火，与空气混合到一定比例能爆炸。乙醚有麻醉作用，于 1850 年即被用作外科手术上的全身麻醉剂。

醚中的氧为 sp^3 杂化，分子结构与水相似，不是直线分子，因而醚具有一定的极性（如乙醚的偶极矩为 1.18D)。醚的极性比烷烃大，与水又可形成氢键，因此在水中有一定的溶解度，甲醚、乙二醇二甲醚等都可以与水混溶，乙醚在水中的溶解度约为 8g。另外，醚也是良好的有机溶剂，常用来提取有机物或用作反应的溶剂。

(3) 化学性质　醚的官能团可看成是 C—O—C 键，性质稳定。对碱性试剂、氧化试剂稳定，但在强酸作用下，会形成盐，继而发生醚键的断裂。醚在空气中长期存放，会被空气氧化生成过氧化物。

$$CH_3CH_2-O-C_2H_5 \xrightarrow{O_2} CH_3-\underset{\displaystyle OOH}{CH}-O-C_2H_5 \xrightarrow{H_2O} CH_3-\underset{\displaystyle OOH}{CH}-OH+C_2H_5OH$$

过氧化物不易挥发，受热或受到摩擦等情况下，非常容易爆炸，因此在使用乙醚时，应避免与氧化剂接触，同时还须检验是否含有过氧化物，一般取少量乙醚与碘化钾的酸性溶液一起摇动。如有过氧化物存在，碘化钾就被氧化成碘而显黄色，并且可进一步用淀粉试纸检验。除去过氧化物的方法是将乙醚用还原剂如硫酸亚铁、亚硫酸钠或碘化钠等处理。贮存乙醚时，要用棕色瓶，并可加入干净的铁丝等以防止过氧化物的生成。

(4) 重要的醚

①乙醚。乙醚常温下为易挥发的无色液体，沸点 34.5℃，很易着火，它的蒸气与空气混合到一定的比例时，遇火会引起猛烈爆炸，因此使用时要特别小心，尤其要避开明火。

乙醚微溶于水，能溶解多种有机物，而且本身化学性质比较稳定，因此是常用的溶剂之一。同时其蒸气会导致人体失去知觉，因而也用作麻醉剂。

②环氧乙烷。环氧乙烷是最简单的环醚，为无色有毒气体，沸点13.5℃，能溶于水、醇、乙醇等溶剂中。过量的环氧乙烷在碱作用下与高级醇反应，得到一元烷基聚乙二醇醚（工业上称作脂肪醇聚氧乙烯醚）例如：

$$CH_3(CH_2)_{10}CH_2OH + n\ H_2C\overset{O}{—}CH_2 \rightarrow CH_3(CH_2)_{10}CH_2 \text{+} OCH_2CH_2 \text{+}_n OH$$

月桂醇　　　　月桂醇聚氧乙烯醚

这是一类非离子型表面活性剂，如将其与硫酸反应制成硫酸单酯，再用碱（有机碱或无机碱）中和，即得到另一类表面活性剂——阴离子型表面活性剂。这些表面活性剂广泛用作乳化剂、金属表面清洗剂、高级洗涤剂及发泡剂、分散剂等。

③四氢呋喃（THF）（1，4-环氧丁烷）。四氢呋喃为无色油状液体，熔点－108.5℃，沸点66℃，能与水、醇、醚、酮、酯和烃类等多种溶剂混溶，也不像乙醚易挥发，因而是一种广泛使用的非质子溶剂，它也是合成尼龙的原料。

7.2.4 醛、酮

醛和酮是指分子中只含有羰基官能团的化合物，其中醛的羰基至少连接有一个氢原子，当羰基所连的两个基团都为烃基时，则称为酮。

7.2.4.1 分类

根据分子中羰基数目的多少，可以分为一元醛、酮，多元醛、酮等，本书主要讨论一元醛、酮。根据分子中烃基的种类，可以分为脂肪族醛、酮和芳香族醛、酮；根据烃基的饱和程度，又可分为饱和醛、酮和不饱和醛、酮，羰基嵌在环内的称为环内酮。

醛、酮的同分异构现象比较简单，主要由碳骨架异构及羰基的位置异构引起。醛、酮互为同分异构体。

7.2.4.2 命名

对于结构比较简单的醛、酮，一般采用普通命名法。醛的命名是在“醛”字前加上表示碳链长度的基团名称，如：

$$H\overset{O}{\overset{\|}{C}}H \qquad CH_3\overset{O}{\overset{\|}{C}}H \qquad CH_3CH_2CH_2\overset{O}{\overset{\|}{C}}H \qquad C_6H_5\overset{O}{\overset{\|}{C}}H$$

甲醛　　乙醛　　正丁醛　　苯甲醛

酮的命名则是在“酮”字前加上碳基所连的两个烃基的名称，例如：

$$CH_3\overset{O}{\overset{\|}{C}}CH_2CH_3 \qquad C_6H_5\overset{O}{\overset{\|}{C}}C_6H_5 \qquad C_6H_{11}\overset{O}{\overset{\|}{C}}C_6H_5 \qquad C_6H_5\overset{O}{\overset{\|}{C}}CH_3$$

甲乙酮（丁酮）　　二苯酮　　环己基苯基酮　　苯乙酮

如果醛、酮的烃基上有取代基，则取代基的位置用α、β、γ、δ等希腊字母标出，例如：

$$—\overset{\gamma}{C}H_2—\overset{\beta}{C}H_2—\overset{\alpha}{C}H_2—\overset{O}{\overset{\|}{C}}—$$

7.2.4.3 物理性质

除甲醛是气体外，简单的醛和酮在室温下是液体。由于C═O是极性键，所以醛、酮是极性分子，甚至比醇的极性还强，因而与具有相似的分子量和分子形状的烯烃相比具有较高的沸点，但因为它们分子间不能形成氢键，所以沸点比相应的醇要低得多。

低级的醛、酮可以溶于水，因为其羰基可与水形成氢键。随着烃基的增大，溶解度迅速降低。丙酮和丁酮是非常好的溶剂，因为它们不仅可溶于水，而且可溶解很多有机化合物，同时因为它们的沸点比较低，因而很容易从反应体系中除去。如丙酮就是亲核取代反应非常常用的一种溶剂。

7.2.4.4 化学性质

醛和酮都具有羰基，羰基是由碳与氧以双键结合，其中一个是σ键，一个是π键。氧原子的 sp^2 杂化轨道和碳原子的 sp^2 杂化轨道形成σ键，两原子的p轨道又从侧面形成π键。由于氧的电负性大，电子云强烈偏向于氧，从而氧上带部分负电荷，碳上带部分正电荷。由于羰基的碳原子带部分正电荷，易受亲核试剂的进攻而发生亲核加成，同时由于羰基的吸电子作用，与碳基相连的碳上的α-H具有活泼性，在碱的作用下，容易失去氢离子形成碳负离子，碳负离子再进攻羰基的碳原子发生亲核加成。

(1) 羰基上的加成反应

①加HCN。氢氰酸能与醛和大多数脂肪族酮发生加成反应，生成α-羟基腈化合物。

$$\mathrm{R(R')HC{=}O + HCN \rightleftharpoons R(R')HC(OH)CN}$$

②加格氏试剂。醛、酮与格氏试剂的反应是制取各种醇类的很好的方法：

$$\mathrm{RMgX} + \begin{cases} \mathrm{HCHO} \longrightarrow \cdots \xrightarrow{H^+} \mathrm{RCH_2OH} \\ \mathrm{R'CHO} \longrightarrow \cdots \xrightarrow{H^+} \mathrm{RR'CHOH} \\ \mathrm{R'COR''} \longrightarrow \cdots \xrightarrow{H^+} \mathrm{RR'R''COH} \end{cases}$$

甲醛与RMgX反应用于合成伯醇；其他醛与RMgX反应用于合成仲醇；酮与RMgX反应用于合成叔醇。

③加 $NaHSO_3$。大多数醛和脂肪族甲基酮能与亚硫酸氢钠发生加成反应，生成α-羟基磺酸盐，加成产物易溶于水，可用于分离鉴别醛和甲基酮。反应是可逆，位阻起主导作用，可用于基团保护。

$$\mathrm{R(R')HC{=}O + NaHSO_3 \longrightarrow R(R')HC(OH)SO_3Na}$$

④加氨及氨的衍生物。氨的衍生物与醛、酮作用是一种加成-消去反应。

$$\mathrm{>C{=}O} + \begin{bmatrix} \mathrm{H_2N{-}OH} & \text{羟胺} \\ \mathrm{H_2N{-}NH_2} & \text{肼} \\ \mathrm{H_2N{-}NH{-}C_6H_5} & \text{苯肼} \\ \mathrm{H_2N{-}NH{-}C_6H_3(NO_2)_2} & \text{2，4-二硝基苯肼} \\ \mathrm{H_2N{-}NH{-}CO{-}NH_2} & \text{氨基脲} \end{bmatrix} \longrightarrow \begin{bmatrix} \mathrm{>C{=}N{-}OH} & \text{肟} \\ \mathrm{>C{=}N{-}NH_2} & \text{腙} \\ \mathrm{>C{=}N{-}NH{-}C_6H_5} & \text{苯腙} \\ \mathrm{>C{=}N{-}NH{-}C_6H_3(NO_2)_2} & \text{2，4-二硝基苯腙} \\ \mathrm{>C{=}N{-}NH{-}CO{-}NH_2} & \text{缩氨脲} \end{bmatrix}$$

⑤加醇。在干燥的氯化氢或浓硫酸的作用下，一个分子醛和一个分子醇发生加成反应，生成半缩醛，半缩醛不稳定，与醇继续反应生成稳定的缩醛。

$$\mathrm{R(H)C{=}O + R'OH \underset{}{\overset{HCl}{\rightleftharpoons}} R(H)C(OH)(OR') \underset{}{\overset{HCl+R'OH}{\rightleftharpoons}} R(H)C(OR')(OR') + H_2O}$$

半缩醛　　　　缩醛

(2) 氧化　醛非常容易被氧化成含同数碳原子的羧酸，酮不易被氧化，在剧烈条件下，碳链断裂。弱氧化剂就可以使醛氧化。将 Tollens 试剂（硝酸银的氨水溶液）或 Fehiling 试剂（硫酸铜、酒石酸钾钠和氢氧化钠混合溶液）与醛共热，醛氧化成相应的酸，银离子被还原为铝，沉淀在试管壁上形成银镜，这叫做银镜反应。二价铜离子还原成一价铜离子，同时生成砖红色的氧化亚铜。

$$\mathrm{RCHO + Ag(NH_3)OH \longrightarrow RCOONH_4 + Ag\downarrow}$$

$$\mathrm{RCHO + Cu(OH)_2 + NaOH \longrightarrow RCOONa + Cu_2O\downarrow}$$

Fehling 试剂和 Tollens 试剂均是选择性氧化剂，它们都不氧化酮，且不氧化与醛羰基同时存在于分子中的羟基和 C═C。Fehling 试剂只氧化脂肪醛，不氧化芳香醛；Tollens 试剂氧化所有的醛。因此利用这个反应可以区别醛和酮。

7.2.4.5 重要的醛和酮

①甲醛。甲醛在常温下是气体，沸点－21℃，具有难闻的刺激气味，易溶于水。甲醛有凝固蛋白质的作用，因而有杀菌和防腐的能力。在印刷业合成 1，2，4 型 PS 版感光剂中，用甲醛与间甲酚缩聚成间甲酚-酚醛树脂。甲醛与对-重氮二苯胺、氯化锌复盐作用，可以合成多聚甲醛缩聚物阴图型感光树脂。4%甲醛溶液称为福尔马林，医药上和农业上广泛用作防腐剂和消毒剂。

②苯甲醛。苯甲醛是具有杏仁香味的液体，沸点 179℃，工业上叫做苦杏仁油，在空气中放置可被氧化。在印刷业苯甲醛常用于平版制版基漆的溶剂或稀释剂中，甲醛兼有增塑作用。

③丙酮。丙酮是最简单的酮类化合物，常温下为无色液体，沸点 56.2℃，相对密度 0.7899，具有令人愉快的气味，可与水、乙醇、乙醚等以任意比例混溶，是一种良好的有机溶剂。

④丁酮。丁酮是一种透明无色的液体，它能溶解很多物质，如油、树脂、脂肪、纤维素或者赛璐珞等，它在油墨、油漆和胶合剂中都可使用。PVC 薄膜印刷上应用的是丁酮、环己酮和 4-甲基-2-戊酮。

7.2.5 芳香烃

分子中含有芳香性环状结构的烃类称为芳香烃，亦称芳烃，因最初取自于具有芳香气味的物质而得名。

芳香烃具有高度的不饱和性，但其化学性质不同于脂肪族不饱和烃，有其特殊的“芳香性”，即芳环上的氢容易发生取代反应而不饱和的环难以进行加成反应和氧化反应，并具有特定的光谱吸收特征，这些性质取决于芳香环稳定的离域大 π 键共轭体系。芳香烃按分子中所含苯环的数目和结构分为单环芳烃、多环芳烃和稠环芳烃三类。

单环芳香烃如苯的结构表示为：

或

多环芳香烃如联二苯、二苯甲烷和稠环芳烃萘的结构表示为：

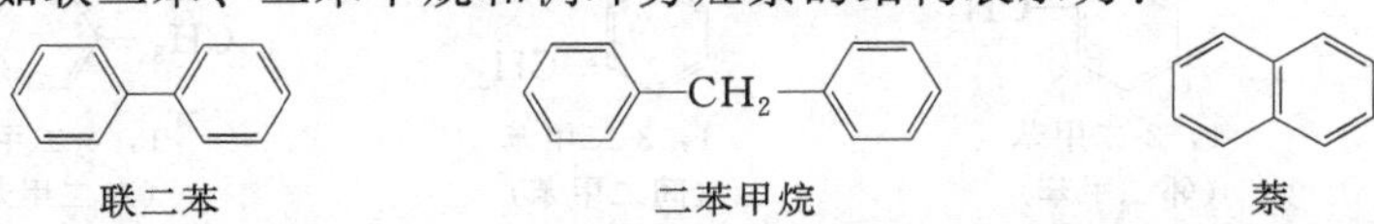

7.2.5.1 芳烃的结构

苯环是最常见的芳香环结构，其分子式为 C_6H_6。1865 年凯库勒首次提出苯环的结构式用六元环状且单双键间隔来表示，如图 7-2（a）。虽然凯库勒结构式不能准确地表达苯分子的真实结构，但因其历史的沿袭，目前仍在采用。

现代理论认为，苯分子中的 6 个碳原子都是 sp^2 杂化，形成三个 sp^2 杂化轨道，其中两个轨道分别与相邻的两个碳原子的 sp^2 杂化轨道相互重叠形成 6 个碳碳 σ 键，另一个 sp^2 杂化轨道分别与氢原子的 1s 轨道进行重叠，形成 6 个碳氢 σ 键。每个碳原子中未参与杂化的一个 2p 轨道则在垂直于 σ 键分子平面的方向进行侧面重叠，形成含有 6 个电子的大 π 键，如图 7-2（b）。

苯分子具有平面的正六边形结构，各个键角都是 120°，六角环上碳碳之间的键长都是 1.3970×10^{-10} m。它既不同于一般的 C—C 单键（键长为 1.5410×10^{-10} m），也不同于一般的 C═C 双键（键长为 1.3310×10^{-10} m）。苯环上碳碳间的共价键应介于单键和双键之间，是键级为 1.5 的独特的键。显然，凯库勒结构式中的单键和双键不符合苯环的真实情况。故后来有人提出苯环的结构应用图 7-2（c）中的结构式来表示，中心的圆圈表示每两个相邻碳原子之间的成键情况是一样的，没有单键和双键的差异。

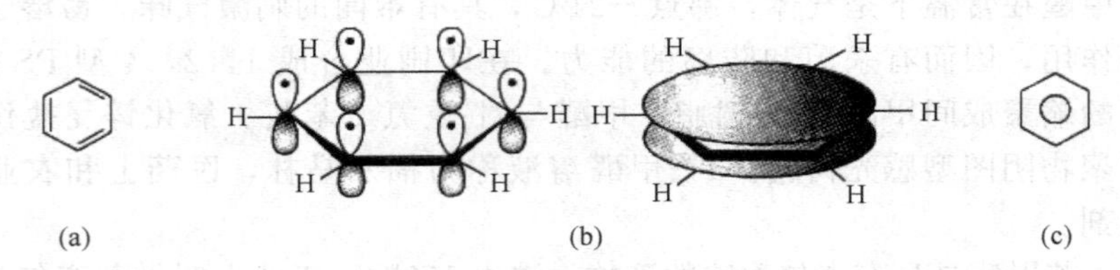

图 7-2 苯分子的结构

7.2.5.2 苯及其衍生物的命名

（1）选择母体

①选羟基、脂基、醛基、羰基、氨基、磺酰基、双键、叁键等官能团（卤原子、硝基除外）或带官能团的最长碳链为主链或者母体，把苯环视作取代基。

②当苯环上只有简单烃基（相对分子质量较小的烃基）、卤素原子、硝基等取代基时。把苯环当作母体。例如：

NO_2 硝基苯　　$CH{=}CH_2$ 苯乙烯

（2）母体（或主链）和苯环中的碳原子的编序

①母体（主链）或苯环中碳原子依次用阿拉伯数字（1、2、3…）编序，其基本原则是使官能团的位序尽可能最小。

②当苯环上有两个取代基的时候，也可以分别用“邻”、“对”、“间”表示两个基团的相对位置。例如

CH_3 甲苯　　CH_3 CH_3 1，2-二甲苯（邻二甲苯）　　CH_3 CH_3 1，3-二甲苯（间二甲苯）　　CH_3 CH_3 1，4-二甲苯（对二甲苯）

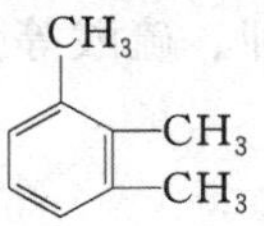

1，2，3-三甲苯（连三甲苯）　1，2，4-三甲苯（偏三甲苯）　1，3，5-三甲苯（均三甲苯）

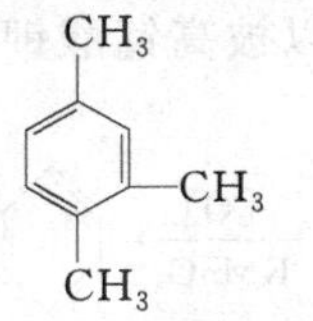

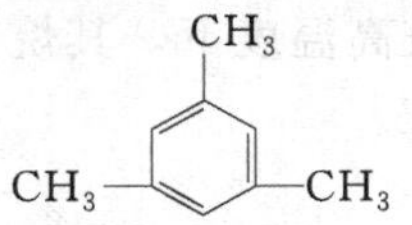

7.2.5.3 芳烃的物理性质

苯及其低级同系物都是具有芳香气味的无色液体；其密度和折射率比相应的链烃和环烃高；不溶于水，易溶于石油醚、四氯化碳、乙醚、丙酮等有机溶剂；相对密度在0.86～0.93之间，是许多有机化合物良好的溶剂。苯及其同系物燃烧时带有较浓的黑烟，并有一定毒性，能损伤人体造血器官和神经系统。

7.2.5.4 芳烃的化学性质

苯环及其侧链上的氢可以进行多种化学反应，如：亲电取代反应、加成反应、侧链卤代反应及氧化反应等。

（1）亲电取代反应　由于苯环上离域的π电子分布在分子平面上、下两侧，电子比较暴露，受原子核约束较小，与烯烃中π电子一样比较容易受亲电试剂的进攻，所不同的是烯烃易与亲电试剂发生加成反应，而芳烃则易与其发生取代反应，以便保留苯环的稳定结构。

典型的芳香族亲电取代反应有苯环的卤化、硝化、磺化、烷基化和酰基化等：

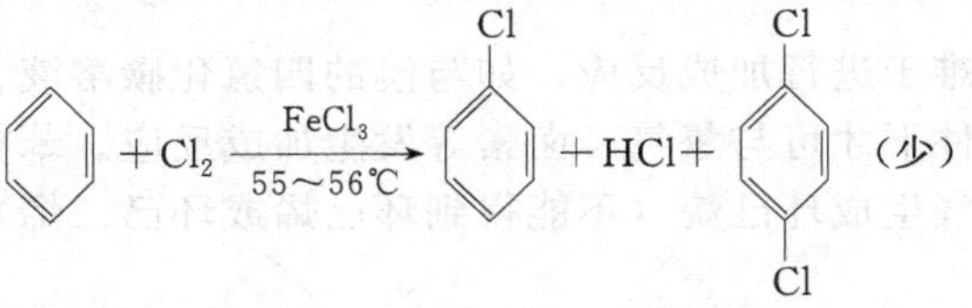

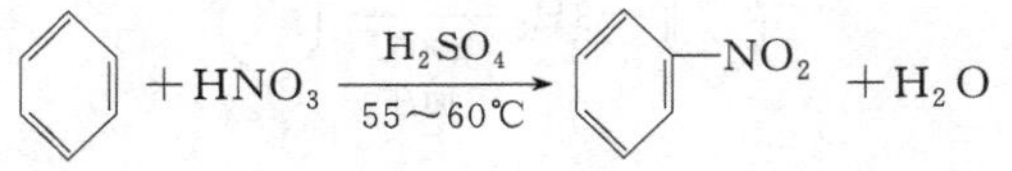

$$C_6H_6 + Cl_2 \xrightarrow[55\sim56℃]{FeCl_3} C_6H_5Cl + HCl + p\text{-}C_6H_4Cl_2\ (少)$$

$$C_6H_6 + HNO_3 \xrightarrow[55\sim60℃]{H_2SO_4} C_6H_5NO_2 + H_2O$$

98%

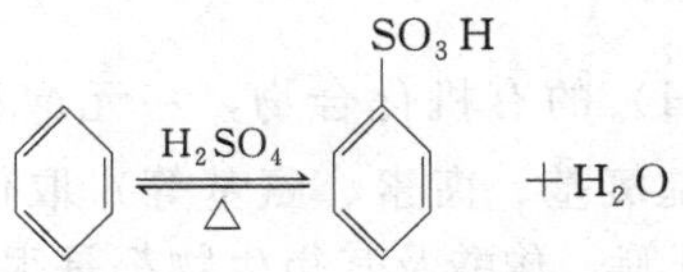

$$C_6H_6 \underset{\triangle}{\overset{H_2SO_4}{\rightleftharpoons}} C_6H_5SO_3H + H_2O$$

苯磺酸

$$C_6H_6 + RCl \overset{无水\ AlCl_3}{\rightleftharpoons} C_6H_5R + HCl$$

$$C_6H_6 + CH_3-\overset{O}{\overset{\|}{C}}-Cl \xrightarrow{AlCl_3} C_6H_5-\overset{O}{\overset{\|}{C}}-CH_3 + HCl$$

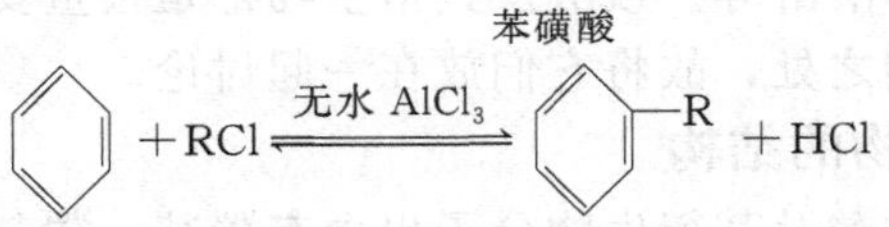

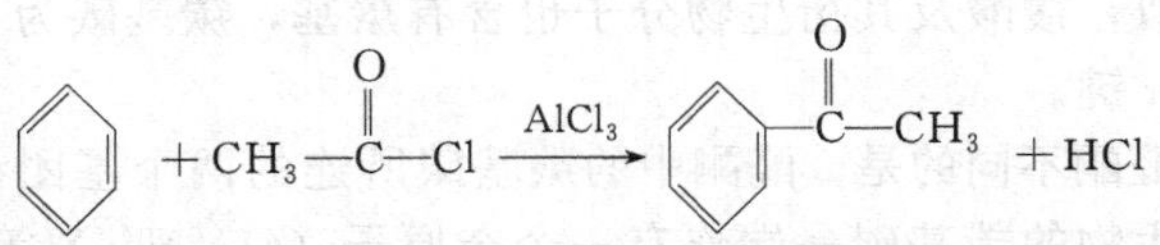

（2）氧化反应　苯具有特殊的氧化性，即使在高温下苯也不能被高锰酸钾、铬酸等强氧化剂氧化。但以五氧化二钒为催化剂，苯在高温下可被氧化成顺丁烯二酸酐：

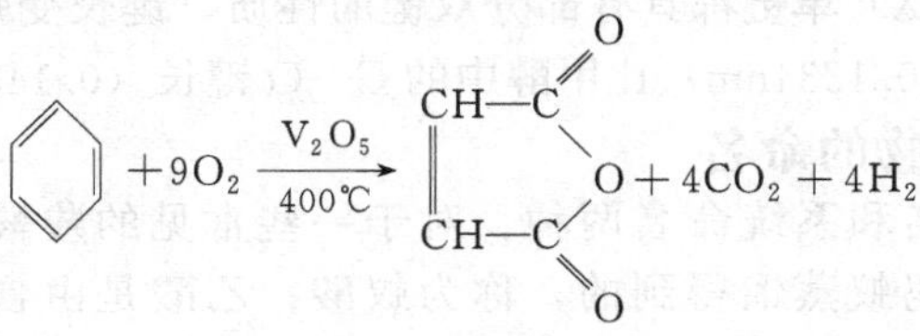

$$C_6H_6 + 9O_2 \xrightarrow[400℃]{V_2O_5} \begin{matrix} CH-C=O \\ \| \quad\ \ \ \ \ \ \ O \\ CH-C=O \end{matrix} + 4CO_2 + 4H_2O$$

顺丁烯二酸酐

烷基苯在较高温度下，其烷基侧链可以被高锰酸钾、重铬酸钾、硫酸等强氧化剂的水溶液氧化成苯甲酸。

$$C_6H_5-CH_3 \xrightarrow[KMnO_4]{[O]} C_6H_5-COOH$$

一般无论烷基链长短，只要与苯相连的碳上含有氢（α-H），氧化的结果都是苯甲酸。如果苯环上有两个不等长的侧链，通常是较长的侧链先被氧化。

$$C_6H_5-CH_2CH_2CH_3 \xrightarrow{[O]} C_6H_5-COOH$$

$$p\text{-}CH_3-C_6H_4-CH(CH_3)_2 \xrightarrow{HNO_3} p\text{-}CH_3-C_6H_4-COOH$$

$$o\text{-}C_6H_4(CH_3)_2 \xrightarrow[V_2O_5,350\sim400℃]{O_2} \text{邻苯二甲酸酐}$$

(3) 加成反应　苯难于进行加成反应，如与溴的四氯化碳溶液、溴化氢等都不能发生加成反应，只有在特殊条件下才可与氢气、卤素等发生加成反应。苯在催化及加热、加压条件下，可同时加三分子氢气生成环己烷（不能得到环己烯或环己二烯）。

$$C_6H_6 + 3H_2 \xrightarrow[200℃,\ 加压]{Ni} C_6H_{12}$$

7.2.6　羧酸及其衍生物

羧酸是含有羧基（—COOH）的有机化合物，一元饱和脂肪羧酸的通式为 $C_nH_{2n}O_2$。羧酸中的羟基被其它基团（如烷氧基、卤素、氨基等）取代形成的化合物，称为羧酸衍生物，例如酯、酰卤、酰胺和酸酐等。羧酸及其衍生物都是很重要的有机化合物，它们都含有酰基，在性质上有一些共同之处，故将它们放在一起讨论。

7.2.6.1　羧酸及其衍生物的结构

与醛酮的羰基相似，羧酸及其衍生物分子也含有羰基，羰基碳为 sp^2 杂化，碳氧双键中一个是 σ 键，一个是 π 键。

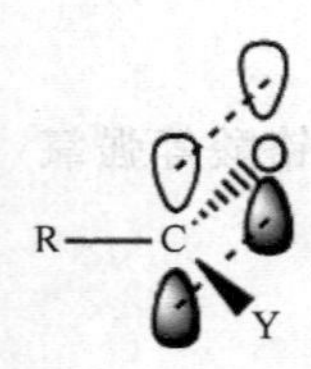

与醛酮不同的是，醛酮中的羰基碳所连的两个基团都为烃基或氢，而羧酸及其衍生物的羰基碳一端连有一个杂原子（O、N、X 等），由于这些杂原子上都有孤对电子，可以与羰基形成 p-π 共轭，因此这些分子中的 C—Y（C—O、C—N 和 C—X）单键都具有部分双键的性质，键长变短。例如，甲酸甲酯中的 C—O 键长（0.1334nm）比甲醇中的 C—O 键长（0.1430nm）短。

7.2.6.2　羧酸及其衍生物的命名

羧酸的命名方法有俗名和系统命名两种。对于一些常见的羧酸，可根据其来源叫出俗名。例如，甲酸最初是由蚂蚁蒸馏得到的，称为蚁酸；乙酸是由食用醋中得到的，称为醋酸。一些常见羧酸的俗名如下：

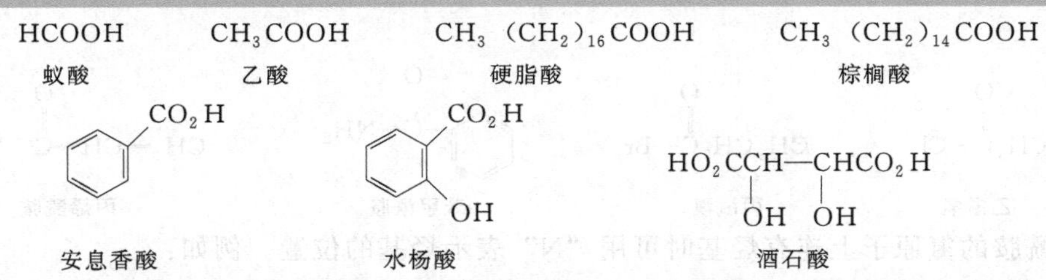

脂肪族一元羧酸的系统命名方法与醛的命名方法类似，即首先选择含有羧基的最长碳链作为主链，根据主链的碳原子数称为“某酸”。从含有羧基的一端编号，用阿拉伯数字或用希腊字母（α、β、γ、δ…）表示取代基的位置，将取代基的位次及名称写在主链名称之前。例如：

$CH_3—CH(CH_3)—CH_2—COOH$

3-甲基丁酸或β-甲基丁酸

$CH_3—CH(CH_3)—CH(CH_3)—COOH$

2，3-二甲基丁酸

脂肪族二元羧酸的系统命名是选择包含两个羧基的最长碳链作为主链，根据碳原子数称为“某二酸”，把取代基的位置和名称写在“某二酸”之前。例如：

HOOC—COOH

己二酸

$HOOC—CH_2CH_2—COOH$

丁二酸

$HOOC—CH(CH_3)—CH_2—CH(CH_3)—COOH$

2，4-二甲基戊二酸

$CH_3CH_2—CH(COOH)_2$

乙基丙二酸

不饱和脂肪羧酸的系统命名是选择含有重键和羧基的最长碳链作为主链，根据碳原子数称为“某烯酸”或“某炔酸”，把重键的位置写在“某”字之前。例如：

$CH_3—CH═C(CH_3)—COOH$

2-甲基-2-丁烯酸

$CH_2═CH—CH(CH_2CH_3)—CH_2—COOH$

3-乙基-4-戊烯酸

$CH_3—(CH_2)_4—CH═CH—CH_2—CH═CH—(CH_2)_7—COOH$

9，12-十八碳二烯酸

芳香羧酸和脂环羧酸的系统命名一般把环作为取代基，编号从羧基所连接的碳原子开始。例如：

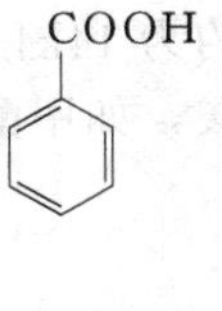

$C_6H_5—COOH$

苯甲酸

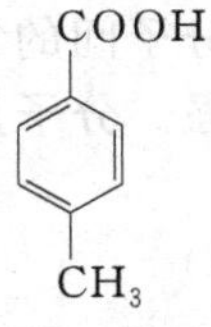

p-$CH_3—C_6H_4—COOH$

对-甲基苯甲酸

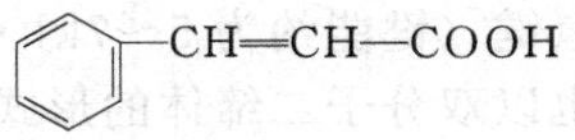

$C_6H_5—CH═CH—COOH$

3-苯基丙烯酸

$C_5H_9—CH_2CH_2COOH$

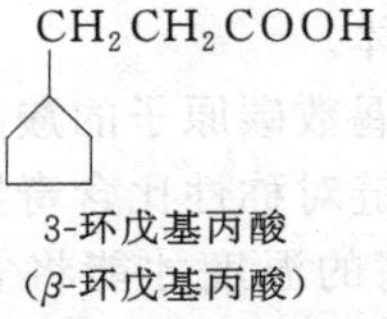

3-环戊基丙酸
（β-环戊基丙酸）

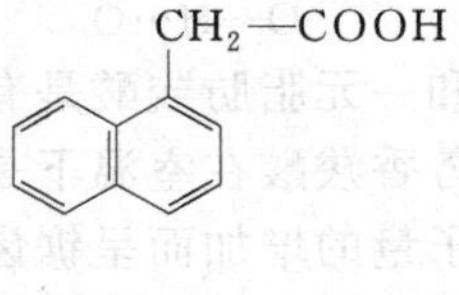

$C_{10}H_7—CH_2—COOH$

1-萘乙酸
（α-萘乙酸）

$C_6H_4(COOH)_2$

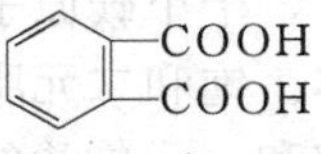

邻苯二甲酸

酰卤和酰胺的命名方法相同，都是根据所含的酰基而称为“某酰卤”或“某酰胺”。

例如：

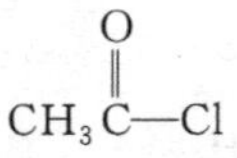

$$CH_3C(=O)-Cl$$
乙酰氯

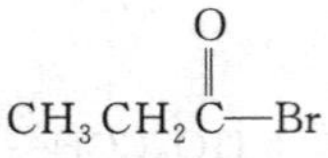

$$CH_3CH_2C(=O)-Br$$
丙酰溴

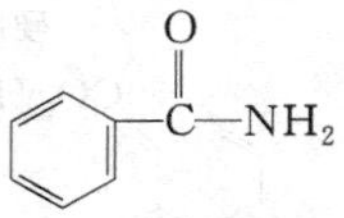

$$C_6H_5-C(=O)-NH_2$$
苯甲酰胺

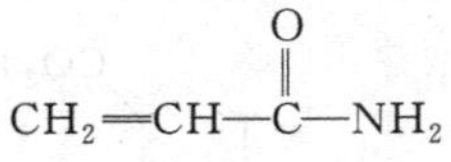

$$CH_2=CH-C(=O)-NH_2$$
丙烯酰胺

当酰胺的氮原子上连有烃基时可用“N”表示烃基的位置。例如：

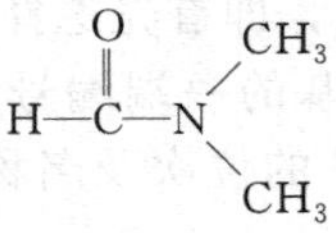

$$H-C(=O)-N(CH_3)_2$$
N，N-二甲基甲酰胺

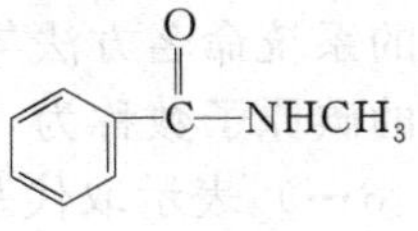

$$C_6H_5-C(=O)-NHCH_3$$
N-甲基苯甲酰胺

酸酐是根据相应的羧酸的名称来命名，叫做“某酸酐”或“某酐”。例如：

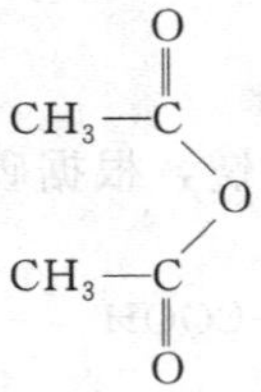

$$CH_3-C(=O)-O-C(=O)-CH_3$$
乙（酸）酐

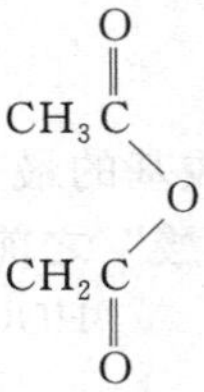

$$CH_3C(=O)-O-C(=O)CH_2CH_3$$
乙丙酐

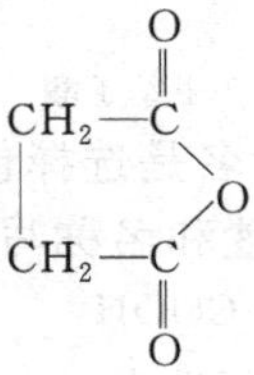

$$CH_2-C(=O)-O-C(=O)-CH_2 \text{（环状）}$$
丁二酐

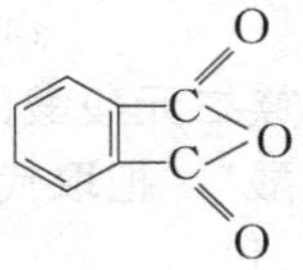

$$C_6H_4(CO)_2O$$
邻苯二甲酐

酯是根据形成它的羧酸和醇或酚的名称来命名，一元醇和酸形成的酯，酸的名称在前，醇的名称在后，叫做“某酸某酯”。例如：

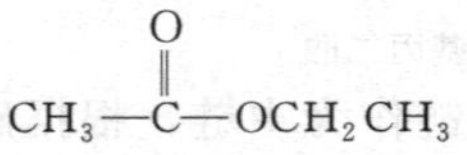

$$CH_3-C(=O)-OCH_2CH_3$$
乙酸乙酯

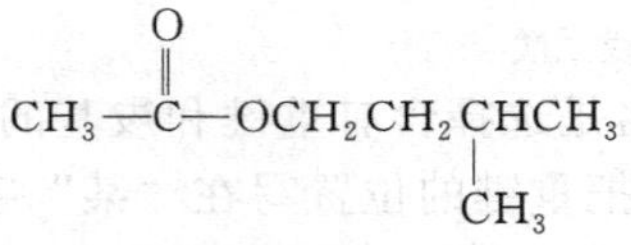

$$CH_3-C(=O)-OCH_2CH_2CH(CH_3)CH_3$$
醋酸异戊酯

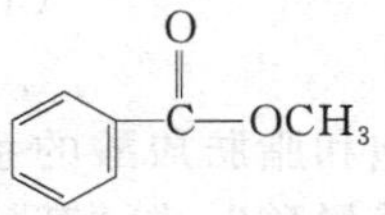

$$C_6H_5-C(=O)-OCH_3$$
苯甲酸甲酯

7.2.6.3 羧酸的物理性质

羧基是极性较强的亲水基团，其与水分子间的缔合比醇与水的缔合强，所以羧酸在水中的溶解度比相应的醇大。甲酸、乙酸、丙酸、丁酸与水混溶。随着羧酸分子量的增大，其疏水烃基的比例增大，在水中的溶解度迅速降低。高级脂肪羧酸不溶于水，而易溶于乙醇、乙醚等有机溶剂。芳香羧酸在水中的溶解度都很小。

羧酸的沸点随分子量的增大而逐渐升高，并且比分子量相近的烷烃、卤代烃、醇、醛、酮的沸点高。这是由于羧基是强极性基团，羧酸分子间的氢键（键能约为 $14kJ \cdot mol^{-1}$）比醇羟基间的氢键（键能约为 $5\sim7kJ \cdot mol^{-1}$）更强。分子量较小的羧酸，如甲酸、乙酸，即使在气态时也以双分子二缔体的形式存在：

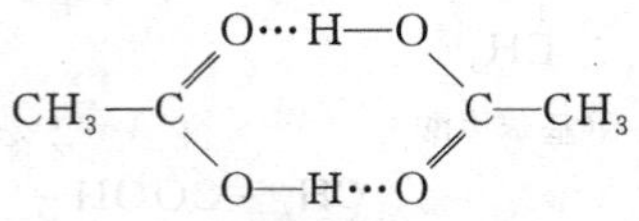

$$CH_3-C(=O\cdots H-O)(-O-H\cdots O=)C-CH_3$$

室温下，十个碳原子以下的饱和一元脂肪羧酸是有刺激气味的液体，十个碳原子以上的是蜡状固体。饱和二元脂肪羧酸和芳香羧酸在室温下是结晶状固体。

直链饱和一元羧酸的熔点随分子量的增加而呈锯齿状变化，偶数碳原子的羧酸比相邻两个奇数碳原子的羧酸熔点都高，这是由于含偶数碳原子的羧酸碳链对称性比含奇数碳原子羧酸的碳链好，在晶格中排列较紧密，分子间作用力大，需要较高的温度才能将它们彼此分开，故熔点较高。

甲酸、乙酸、丙酸有较强的刺鼻气味，水溶液有酸味。4～9 碳原子酸有难闻的酸臭味。高级脂肪酸和其他不易挥发的酸无明显气味。高级脂肪酸低级的酰氯和酸酐有刺激气味。挥发性的酯则具有令人愉快的香味，常用作香料。

7.2.6.4 羧酸的化学性质

(1) 酸性　羧酸具有明显的酸性，在水溶液中可电离出部分氢离子和羧酸根负离子。

$$RCOOH \longrightarrow RCOO^- + H^+$$

羧酸是弱酸，具有酸的通性，能使石蕊变红，能与活泼金属、碱性氧化物、碱和某些盐发生反应。如：

$$2CH_3COOH + Zn \longrightarrow (CH_3COO)_2Zn + H_2\uparrow$$

$$CH_3COOH + NaOH \longrightarrow CH_3COONa + H_2O$$

$$2CH_3COOH + Na_2CO_3 \longrightarrow 2CH_3COONa + CO_2\uparrow + H_2O$$

一般弱酸的酸性大小，可用弱酸的解离平衡常数 pK_a 值来表示，pK_a 越小，酸性越强。羧酸的 pK_a 一般都在 3～5 之间。一元羧酸的酸性比盐酸、硫酸等无机强酸的酸性弱，但比碳酸（$pK_a=6.5$）和酚类的酸性要强。所以羧酸不仅可与 NaOH、Na_2CO_3 反应，也可与 $NaHCO_3$ 反应放出 CO_2。而苯酚的酸性比碳酸还弱，不能与 $NaHCO_3$ 反应，据此可以区别羧酸和酚。

羧酸的酸性强弱和它的结构有关。在饱和一元羧酸中，比较甲酸（$pK_a=3.77$）和其他羧酸（$pK_a=4.7～5.0$）的酸性可知，甲酸的酸性较强。这是因为甲酸的羧基上无斥电子的烷基，O—H 键极性较大，氢易于离解的缘故。而其他饱和一元羧酸分子中羧基都连有斥电子的烷基，斥电子诱导效应使羧基中 O—H 键极性降低，使氢较难离解，因此酸性较弱。一般情况下，饱和脂肪酸的酸性随着烃基的碳原子数和斥电子能力的增加而减弱。

(2) 羧酸衍生物的生成　羧酸分子中的羟基被其他原子或基团取代后的产物，称为羧酸衍生物。羧酸分子中除去羟基后剩余的基团$R-\overset{O}{\overset{\|}{C}}-$称为酰基，因此，羧酸的衍生物又称为酰基化合物。常见的羧酸衍生物有酰卤、酸酐、酯和酰胺。

$$\underset{\text{酰卤}}{R-\overset{O}{\overset{\|}{C}}-X} \qquad \underset{\text{酸酐}}{R-\overset{O}{\overset{\|}{C}}-O-\overset{O}{\overset{\|}{C}}-R} \qquad \underset{\text{酯}}{R-\overset{O}{\overset{\|}{C}}-OR'} \qquad \underset{\text{酰胺}}{R-\overset{O}{\overset{\|}{C}}-NH_2}$$

羧酸在少量酸（如浓硫酸）的催化作用下与醇反应生成酯和水，该反应被称为酯化反应。酯化反应的通式为：

$$\underset{\text{羧酸}}{R-\overset{O}{\overset{\|}{C}}-OH} + \underset{\text{醇}}{R'-OH} \underset{\triangle}{\overset{\text{浓 }H_2SO_4}{\rightleftharpoons}} \underset{\text{酯}}{R-\overset{O}{\overset{\|}{C}}-O-R'} + H_2O$$

上述反应是可逆反应，生成的酯在同样条件下可水解成羧酸和醇，称为酯的水解反应。为使平衡向生成酯的方向移动，提高酯的产率，可适当增大反应物的浓度，或将反应生成的产物酯或水不断蒸出反应体系。

(3) 脱羧反应　羧酸脱去羧基放出 CO_2 的反应称为脱羧反应。脂肪族羧酸的羧基相对稳定，通常不易发生脱羧反应。但当羧酸的 α 碳上连有强吸电子基团时，则容易发生脱羧反应。例如：

$$\underset{\text{丙二酸}}{HOOC-CH_2-COOH} \xrightarrow{\triangle} CH_3COOH + CO_2\uparrow$$

(4) 还原反应　羧酸分子中羧基上的羰基由于受到羟基的影响，使它失去了典型羰基的性质，不像醛和酮中羰基那样容易被还原。羧酸不易被一般还原剂或催化氢化法还原，但是氢化铝锂（$LiAlH_4$）等金属氢化物能顺利地将羧酸还原成伯醇。还原时，常以无水乙醚或四氢呋喃作溶剂，最后用酸水解得到产物。例如：

$$CH_3-COOH \xrightarrow[H_3O^+]{LiAlH_4/C_2H_5-O-C_2H_5} CH_3CH_2OH$$

（5）α-H 的卤代反应　羧酸分子中 α 碳原子上的氢原子，由于羧基吸电子效应的影响而具有一定的活性。由于羧基吸引电子的能力比羰基小，所以羧酸中 α-H 的活性比醛和酮小，卤代反应需要在少量红磷或三卤化磷的催化作用下才能进行。

$$CH_3-COOH+Cl_2 \xrightarrow{P} ClCH_2-COOH+HCl$$

7.2.6.5　羧酸衍生物的化学性质

酰卤、酸酐、酯、酰胺都具有羰基，腈具有氰基官能团，这些官能团都是极性不饱和基团，化学性质相似，均可进行水解、醇解、氨解反应，也都可被还原，它们还能与金属试剂加成得到酮或醇。

（1）水解　酰卤、酸酐、酯、酰胺、腈在不同条件下与水反应，最终产物都是羧酸。

$$R-\overset{O}{\overset{\|}{C}}-X+H-OH \longrightarrow R-\overset{O}{\overset{\|}{C}}-OH+HX$$

$$R-\overset{O}{\overset{\|}{C}}-O-\overset{O}{\overset{\|}{C}}-R'+H-OH \xrightarrow{\triangle} R-\overset{O}{\overset{\|}{C}}-OH+R'-\overset{O}{\overset{\|}{C}}-OH$$

$$R-\overset{O}{\overset{\|}{C}}-OR'+H-OH \underset{\triangle}{\overset{H^+}{\rightleftharpoons}} R-\overset{O}{\overset{\|}{C}}-OH+R'OH$$

$$R-\overset{O}{\overset{\|}{C}}-NH_2+H-OH \xrightarrow[\text{回流}]{H^+} R-\overset{O}{\overset{\|}{C}}-OH+NH_3$$

酰氯在室温下就能与水立即反应。酸酐加热才能与水迅速反应。酯的水解需要用酸或碱催化并加热。酯的酸催化水解是酯化反应的逆反应，水解不完全。酯的碱催化水解反应也叫皂化反应，其产物是羧酸盐和醇。

$$R-\overset{O}{\overset{\|}{C}}-OR'+H_2O \xrightarrow{NaOH} R-\overset{O}{\overset{\|}{C}}-ONa+R'OH$$

酰胺的水解较难，需要在酸或碱催化下长时间加热回流才能完成。例如：

$$R-\overset{O}{\overset{\|}{C}}-NH_2+H_2O \begin{cases} \xrightarrow{HCl} R-\overset{O}{\overset{\|}{C}}-OH+NH_4Cl \\ \xrightarrow{NaOH} R-\overset{O}{\overset{\|}{C}}-ONa+NH_3\uparrow \end{cases}$$

（2）醇解　酰卤、酸酐、酯与醇在不同条件下反应生成酯的反应叫醇解反应。

$$R-\overset{O}{\overset{\|}{C}}-X+H-OR'' \longrightarrow R-\overset{O}{\overset{\|}{C}}-OR''+HX$$

$$R-\overset{O}{\overset{\|}{C}}-O-\overset{O}{\overset{\|}{C}}-R'+H-OR'' \longrightarrow R-\overset{O}{\overset{\|}{C}}-OR''+R'-\overset{O}{\overset{\|}{C}}-OH$$

$$R-\overset{O}{\overset{\|}{C}}-O-R'+R''OH \longrightarrow RCOOR''+R'OH$$

在酸或醇钠的催化下，酯的醇解可得到另一种酯和另一种醇，称为酯交换反应。一般是由大分子醇置换小分子醇，以便在反应条件下除去被置换的醇而完成反应。该反应也是可逆的，在生产中，可以用结构简单且廉价的酯制备结构复杂的酯。

$$H_2N-C_6H_4-\overset{O}{\overset{\|}{C}}-OCH_2CH_3 + HO-CH_2CH_2-N(C_2H_5)_2 \rightleftharpoons$$

$$H_2N-C_6H_4-\overset{O}{\overset{\|}{C}}-O-CH_2CH_2-N(C_2H_5)_2 + CH_3CH_2OH$$

普鲁卡因（局部麻醉药）

（3）氨解　酰卤、酸酐、酯均可与氨或胺反应生成酰胺。酰卤和酸酐与氨（胺）反应时或不用过量的氨（胺）或加入其他碱以接受反应产生的酸。这是制备酰胺的常用方法。

$$R-\overset{O}{\overset{\|}{C}}-OR' + NH_3 \longrightarrow R-\overset{O}{\overset{\|}{C}}-NH_2 + R'OH$$

7.2.6.6　重要的羧酸及衍生物

（1）甲酸　甲酸俗名蚁酸，因最初从蚂蚁体内发现而得名，它也存在于许多昆虫的分泌物及某些植物（如荨麻、松叶）中。甲酸为无色有刺激性臭味的液体，沸点 100.5℃，可与水混溶，具有较强的腐蚀性。蚂蚁或蜂类蜇伤引起皮肤红肿和疼痛，就是由甲酸刺激引起的。$12.5g \cdot L^{-1}$ 的甲酸水溶液称为蚁精，可用于治疗风湿症。甲酸还可作为消毒或防腐剂。

甲酸分子的结构比较特殊，它的羧基直接与氢原子相连，分子中既有羧基的结构，又有醛基的结构，是一个双官能团化合物。因此，甲酸除了具有羧酸的性质外，还具有醛的还原性。它是一个很好的酸性还原剂，能与 Tollens 试剂发生银镜反应，能与新配的氢氧化铜试剂反应产生砖红色沉淀，还能使高锰酸钾溶褪色。利用这些反应可以区别甲酸与其他的羧酸。

（2）乙酸　乙酸俗名醋酸，是食醋的主要成分，食醋中乙酸的浓度约为 $60 \sim 80g \cdot L^{-1}$。纯净的乙酸无色，具有强烈刺激性气味，熔点 16.6℃，沸点 118℃。室温低于 16.6℃时，乙酸易凝结成冰状固体，通常称为冰醋酸。乙酸可与水混溶。乙酸是有机合成工业中不可缺少的原料。乙酸的稀溶液（$5 \sim 20g \cdot L^{-1}$）在医药上可作为消毒防腐剂，如用于烫伤或灼伤感染的创面洗涤。乙酸还有消肿治癣、预防感冒等作用。

（3）乙二酸（HOOC—COOH）　乙二酸俗名草酸，是最简单的二元羧酸。常以盐的形式存在于许多草本植物的细胞壁中。草酸为无色结晶，含两分子结晶水（$H_2C_2O_4 \cdot 2H_2O$），加热到 100℃，则失去结晶水成为无水草酸。草酸有毒，熔点 189℃，易溶于水和乙醇，但不溶于乙醚。草酸加热至 150℃以上，则分解脱羧生成二氧化碳和甲酸。

$$HOOC-COOH \xrightarrow[\triangle]{150℃} HCOOH + CO_2\uparrow$$

草酸是饱和脂肪二元羧酸中酸性最强的一个。它除了具有一般羧酸的性质外，还具有还原性，可被高锰酸钾氧化为二氧化碳和水。

$$5(HOOC-COOH) + 2KMnO_4 + 3H_2SO_4 \longrightarrow 2MnSO_4 + K_2SO_4 + 10CO_2\uparrow + 8H_2O$$

这一反应可定量进行，在分析化学上常用草酸作为基准物，标定高锰酸钾溶液。草酸还可将高价的铁盐还原成易溶于水的低价铁盐，所以可用来洗涤铁锈或蓝墨水沾染的污渍。草酸与钙离子反应生成溶解度很小的草酸钙，可用于钙离子的定性和定量测定。

（4）己二酸　己二酸为白色结晶粉末，微溶于水，溶于醇、醚，能升华。与二元胺能缩聚成聚酰胺，是制造尼龙的一种主要原料。

(5) 甲基丙烯酸　甲基丙烯酸沸点161℃，熔点16℃，溶于水、醇、醚等。甲基丙烯酸是制造涂料、黏结剂的原料。在液体感光树脂版中甲基丙烯酸是重要的交联剂之一。

(6) 苯甲酸　苯甲酸俗名安息香酸，是最简单的芳香酸，因存在于安息香树胶中而得名。苯甲酸是无味白色晶体，熔点121.7℃，难溶于冷水，易溶于热水、乙醇、乙醚和氯仿中。苯甲酸受热易升华，并可随水蒸气蒸发，可用于苯甲酸的精制。苯甲酸可用于制药、染料和香料等工业，其钠盐具有抑菌、防腐作用，对人体毒性很小，常用作食品、饮料和药物的防腐剂。医药上，苯甲酸还可用于治疗真菌感染。

(7) 油酸　油酸结构式为 $CH_3(CH_2)_7CH=CH(CH_2)_7COOH$，一般是黄色至红色，暴露于空气中颜色变深。熔点13.2℃，沸点268℃，不溶于水，溶于许多有机溶剂。用于平版制版用显影墨、基漆、平印提版药水等。起增进亲油性、抗酸性的作用。

(8) 肉桂酸　肉桂酸有顺式和反式两种异构体，反式肉桂酸是一种不饱和的羧酸。无色针状晶体，沸点300℃，不溶于冷水，溶于热水、乙醇、乙醚、丙酮。受热时脱羧基而成苯乙烯，氧化时生成苯甲酸。工业上常以肉桂酸为原料合成聚乙烯醇肉桂酸酯等高分子感光性树脂，应用于印刷业PS版的制作。

7.2.6.7　重要的羧酸衍生物

(1) *N*，*N*-二甲基甲酰胺（DMF）　DMF是一种化学性质稳定、毒性较小、沸点较高的优良非质子溶剂。在一般溶剂中难溶的高聚物（如聚丙烯腈）在DMF中也能溶解，因此在纺织行业中，常用DMF作为聚丙烯腈的抽丝溶剂。

(2) 甲基丙烯酸甲酯　甲基丙烯酸甲酯经聚合生成的聚甲基丙烯酸甲酯（俗称有机玻璃），广泛用作光学仪器、汽车、飞机的风挡，还可用作防护罩，可确保安全地观察、控制生产过程。聚甲基丙烯酸甲酯的制备原理为：

$$nCH_2=\underset{\displaystyle CH_3}{C}-\overset{\displaystyle O}{\overset{\|}{C}}OCH_3 \longrightarrow \left[CH_2-\underset{\displaystyle O=COCH_3}{\overset{\displaystyle CH_3}{C}}\right]_n$$

(3) 己内酰胺　己内酰胺为白色粉末或结晶固体，易溶于水和某些有机溶剂。己内酰胺在高温和引发剂（例如水）的存在下能发生聚合反应生成聚己内酰胺。聚己内酰胺是聚酰胺的一种，称为聚酰胺-6或尼龙-6。己内酰胺是某些固体感光树脂版的原料之一。

(4) 丙烯酰胺　丙烯酰胺是无色或白色固体，常呈鳞片状固体，有毒，熔点84.5℃，沸点125℃，可溶于水、乙醇、乙醚等。吸湿性强，遇紫外光、热、过氧化物易聚合生成不溶于水的聚合体。丙烯酰胺用作感光树脂版的交联剂和制备丙烯酰胺的衍生物交联剂。

7.3　芳香族重氮化合物和偶氮化合物

重氮和偶氮化合物分子中都含有—N═N—官能团，如果它与两个烃基相连，称为偶氮化合物，如果此官能团的一边为非碳基团（—CN除外），则称为重氮化合物。常见的重要偶氮和重氮化合物有：

$$C_6H_5-N=N-C_6H_5$$

偶氮苯

$$C_6H_5-N=N-C_6H_4-OH$$

对羟基偶氮苯

$$CH_3-N=N-CH_3$$

偶氮甲烷

$$C_6H_5-N=N-CN$$

氰化重氮苯

$$CH_2=N\equiv N$$

重氮甲烷

$$N\equiv N=CH\overset{\displaystyle O}{\overset{\|}{C}}OC_2H_5$$

重氮乙酸乙酯

7.3.1 重氮盐

7.3.1.1 重氮化反应

芳香族伯胺在低温和强酸溶液中与亚硝酸钠作用，生成重氮盐的反应，叫重氮化反应。例如：

$$\text{邻甲基苯胺 }(CH_3\text{-}C_6H_4\text{-}NH_2) \xrightarrow[0\sim5℃]{HCl+NaNO_2} CH_3\text{-}C_6H_4\text{-}\overset{\oplus}{N_2}\overset{\ominus}{Cl} \xrightarrow[15\sim20℃]{CuCl} CH_3\text{-}C_6H_4\text{-}Cl$$

重氮化反应的温度一般为0～50℃，所用的酸通常是盐酸或硫酸。重氮盐在氰化亚铜的存在下，得到芳腈。

$$CH_3\text{-}C_6H_4\text{-}\overset{\oplus}{N_2}\overset{\ominus}{Cl} \xrightarrow[\triangle]{KCN+CuCN} CH_3\text{-}C_6H_4\text{-}CN$$

7.3.1.2 重氮盐的性质

重氮盐可以看成是氢氧化重氮物（ArN_2OH）的盐，具有盐的性质。易溶于水，不溶于有机溶剂。干燥的重氮盐一般极不稳定，受热或震动时，容易发生爆炸，甚至在室温，也会缓慢分解，因此重氮盐制备后应尽快使用。重氮盐能与许多金属盐形成络盐，例如$(ArN_2)^{2+}ZnCl_4{}^{2-}$络盐在溶液中是稳定的，这样也就提供了稳定重氮盐的方法。

7.3.1.3 重氮盐的用途

在印刷业主要应用重氮盐的光分解性质，用做感光剂。如阳图晒图纸的制作，就是应用在常温和催化剂作用下，重氮盐能与苯酚或萘酚起化学反应，生成不溶性的偶氮色素。选用不同的重氮盐和不同中间体酚类，可得到多种不同颜色的物质。所以重氮晒图纸能晒出紫色、褐色、蓝色、红色、棕色等图。由于重氮盐具有光分解效率高和光分解后几乎失去亲水性的特点，因此它与聚合物所组成的感光液是一种良好的感光材料，被应用于PS版的制作。

7.3.2 偶氮化合物

印刷材料中的油墨是由有色体（颜料、染料）、连结料、填充料、附加料等物质组成的均匀混合物，其中染料和有机颜料很大一部分是偶氮化合物。偶氮化合物的制备方法是由芳香伯胺的重氮化反应生成重氮盐，再与酚或芳胺偶合而得。

在适当条件下，重氮盐与酚或芳胺作用，失去一分子HX，同时用偶氮基—N═N—将两个分子偶联起来的反应，叫偶合反应或偶联反应。例如：

$$C_6H_5\text{-}\overset{+}{N_2}Cl^- + C_6H_5\text{-}OH \xrightarrow[0℃]{NaOH,\ H_2O} C_6H_5\text{-}N{=}N\text{-}C_6H_4\text{-}OH + HCl$$

对羟基偶氮苯

芳香族偶氮化合物很稳定，都有颜色，因此广泛地用做颜料，有些偶氮化合物的颜色随着溶液的pH值的改变而发生灵敏的变化，这样的化合物在分析化学上用做指示剂。如甲基橙就是由对氨基苯磺酸经重氮化后，与*N*，*N*-二甲基苯胺偶合而成的。

$$HO_3S\text{-}C_6H_4\text{-}NH_2 \xrightarrow[0\sim5℃]{NaNO_2\ H_2SO_4} {}^-O_3S\text{-}C_6H_4\text{-}\overset{+}{N_2}SO_4H^-$$

$$\xrightarrow{C_6H_5\text{-}N(CH_2)_2} HO_3S\text{-}C_6H_4\text{-}N{=}N\text{-}C_6H_4\text{-}N(CH_3)_2$$

甲基橙

甲基橙由于颜色不稳定且不牢固，所以不适于作为染料。但由于它在酸碱溶液中结构发生变化，显示不同的颜色，因此被用作酸碱指示剂。

$$^{-}O_3S-C_6H_4-N{=}N-C_6H_4-N(CH_3)_2 \underset{OH^-}{\overset{H^+}{\rightleftharpoons}}$$

pH＞4.4（黄色）

$$^{-}O_3S-C_6H_4-N(H)-N{=}C_6H_4{=}\overset{+}{N}(CH_3)_2$$

pH＜3.1（红色）

7.4 碳水化合物

碳水化合物是对糖类物质的总称，是一类具有羟基和羰基混合官能团的化合物。属于这一类化合物的是羟基醛和羟基酮，它们除了具有醛或酮的一般性质外，还显示出由于这两个官能团的相互影响而产生的新的特征。各种糖、淀粉和纤维素也属于碳水化合物。

碳水化合物名称是由于最初发现这一类的化合物都是由C、H、O三种元素所组成的。其中H和O的比例恰好是2∶1，相当于H_2O分子中H和O的比例。碳水化合物的分子式可以用通式$C_n(H_2O)_m$来表示，这里n和m可能相同，也可能不相同。

事实上，碳水化合物的名称并不能反映它们的结构特点，首先，在碳水化合物的分子中，H与O并不以水的形式存在，再者，已经发现许多的碳水化合物，在它们的分子中，H与O的比例并不等于2∶1，而许多符合于$C_n(H_2O)_m$通式的物质并不属于碳水化合物。因此，碳水化合物这一名称虽然仍在沿用，但已失去了原有的意义。从化学结构上看，碳水化合物一般是α-碳原子上带有羟基的多羟基醛或多羟基酮，以及能水解生成这样化合物的物质。这就是碳水化合物的基本含义。

碳水化合物虽然种类繁多，但是可以根据其能否水解为具有多羧基的醛或多羟基的酮单位把糖分为以下三类：单糖、低聚糖和多糖。

7.4.1 单糖

单糖是最简单的不能水解的多羟基醛或多羟基酮。例如：己醛糖（葡萄糖）的分子式为$C_6H_{12}O_6$，结构式为：

$$H-\underset{OH}{\overset{H}{C}}-\underset{OH}{\overset{H}{C}}-\underset{OH}{\overset{H}{C}}-\underset{OH}{\overset{H}{C}}-\underset{OH}{\overset{H}{C}}-\overset{H}{C}{=}O$$

己酮糖（果糖）的分子式也为$C_6H_{12}O_6$，结构式为：

$$H-\underset{OH}{\overset{H}{C}}-\underset{OH}{\overset{H}{C}}-\underset{OH}{\overset{H}{C}}-\underset{OH}{\overset{H}{C}}-\underset{O}{\overset{\|}{C}}-\underset{OH}{\overset{H}{C}}-H$$

7.4.2 低聚糖

低聚糖是可水解生成2～10个单糖分子的碳水化合物，也称为寡糖。如：蔗糖和麦芽糖，水解生成两个单糖分子，称为二糖。最重要的二糖是蔗糖、乳糖、麦芽糖和纤维二糖。以己糖所构成的二糖最为重要，水解后生成两分子己糖的二糖分子式为$C_{12}H_{22}O_{11}$，蔗糖也是重要的二糖，蔗糖可水解生成一个葡萄糖和一个果糖分子。

$$C_{12}H_{22}O_{11}+H_2O \xrightarrow{\text{催化剂}} C_6H_{12}O_6\ (\text{葡萄糖})+C_6H_{12}O_6\ (\text{果糖})$$

7.4.3　多糖

多糖也称聚糖，是高分子化合物，它们是由很多单糖分子结合而成的。多糖在性质上和单糖或二糖不同，一般不溶于水，有的即使能溶解，但生成的只是胶体溶液。多糖无甜味，一般不能形成晶体，在酸或特殊细菌作用下，可被水解成为单糖。

自然界中最主要的多糖是由已糖构成的。淀粉、纤维素等都属于多糖，它们都是有 $(C_6H_{10}O_5)_n$ 的通式。

7.4.3.1　淀粉

淀粉能被酸、淀粉酶类水解，从水解开始到碘液检查无色（不发生变化），水解的产物依次为各级糊精，然后经麦芽糖而最后得到葡萄糖。

$$\underset{\text{淀粉}}{(C_6H_{10}O_5)_n} \xrightarrow{H_2O} \underset{\text{糊精}}{(C_6H_{10}O_5)_x} \xrightarrow{H_2O} \underset{\text{麦芽糖}}{C_{11}H_{22}O_{11}} \xrightarrow{H_2O} \underset{\text{葡萄糖}}{C_6H_{12}O_6}$$

淀粉作为人、畜及其他动物的糖来源。淀粉是绿色汽油乙醇生产的最重要的原料，工业上，利用淀粉作为微生物发酵的生产原料生产许多化合物。此外，改性淀粉在环境保护方面有重要的用途和非常重要的意义。

7.4.3.2　纤维素

纤维素是生物圈里最丰富的有机物质。占植物界碳素的 50%以上。纤维素是植物的结构多糖，是植物细胞壁的主要成分。棉花、竹、木材等主要是由纤维素构成。棉花中的纤维素几乎占到 93%～95%。

纯粹的纤维素为无色、无嗅具有纤维状结构的白色物质，植物纤维是印刷用纸最主要的成分。纤维素分子中的羟基具有亲水性，水分较大时，纤维素中羟基与水形成“水桥”，如图 7-3。正是由于纤维的亲水性功能，使得纸张易于吸水。纤维素吸水会膨胀，这是由于在水中，水分子能进入胶束内的纤维素分子之间，并通过氢键将纤维素分子连接起来而不分散，形成一种结合力，使纸张具有一定强度，如图 7-4 所示。

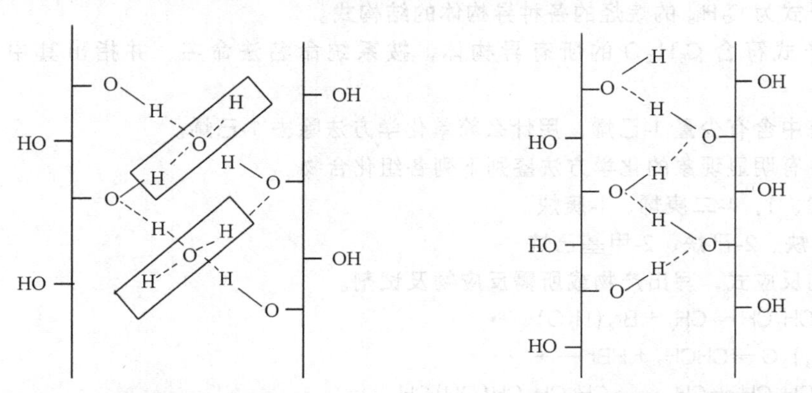

图 7-3　纤维素与水结合形成的水桥　　　图 7-4　纤维素脱水后形成的氢键

纤维素除直接用于纺织，造纸工业外，并广泛用于人造纤维等工业。纤维素与硝酸作用后能生成硝酸纤维酯，根据酸的浓度及反应条件的不同，酯化程度也不同，可生成全酯或不全酯，因此产物的性质也各异。若纤维素分子中所有的羟基都被酯化，所得硝酸纤维素酯的含氮量为 14.1%。含氮量为 11%左右的称为胶棉，含氮量在 13%左右的称为火棉。

胶棉是低级硝酸纤维素酯，容易着火，不具爆炸性，将胶棉溶于乙醇和乙醚混合物中得到的溶液称为珂罗酊，工业上用来封闭瓶口，并用于制作喷漆及照相软片等，医药上用来封闭伤口。在胶棉的乙醇液珂罗酊中加入樟脑共同进行热处理后，即得一种塑料，叫赛璐珞，可用来制造许多日用品，是最早的塑料之一。

火棉容易着火，具有爆炸性，不溶于水，也不溶于普通有机溶剂，用醇和醚处理后，就得到胶体物质，加入安定剂后就可制成无烟火药。

以少量硫酸催化，用醋酐和醋酸的混合物作用于纤维素，可以得到醋酸纤维素，又称为纤维素醋酸酯。

$$[C_6H_7O_2(OH)_3]_n + 3n\,(CH_3-\overset{\overset{O}{\|}}{C})_2O \xrightarrow{H_2SO_4} [C_6H_7O_2(O\underset{\underset{O}{\|}}{C}-CH_3)_3]_n + 3nCH_3COOH$$

三醋酸纤维素酯

三醋酸纤维素酯又硬又脆，用途少，常将其部分水解，它能溶于丙酮或乙醇中，可制备人造丝和制造胶片。在水处理工程装置中，二醋酸纤维素由与某些试剂组合压成一种薄膜，作为反渗透膜。

羧甲基纤维素在食品工业中用作增稠剂，在生物分离中作为一类层析介质。纤维素在碱、二硫化碳的作用下能得到黏稠的纤维素磺酸盐溶液。再经过一系列处理得到黏胶纤维，根据加工方式不同，可以得到人造丝、人造毛、人造棉等。

复习思考题

1. 什么是有机物化合物，它有哪些特点?
2. 卷心菜叶表面的蜡质中含有29个碳的直链烷烃，写出其分子式。
3. 将下列化合物按沸点由高到低排列（不需要查表）。

   (1) 3，3-二甲基戊烷　(2) 庚烷　(3) 2-甲基庚烷　(4) 戊烷　(5) 2-甲基己烷
4. 将下列游离基按稳定性由大到小排列。

   (1) $CH_3CH_2CH_2\dot{C}HCH_3$　(2) $CH_3CH_2CH_2CH_2\dot{C}H_2$　(3) $CH_3CH_2\dot{C}(CH_3)_2$
5. 写出分子式为 C_7H_{16} 的烷烃的各种异构体的结构式。
6. 写出分子式符合 $C_5H_{12}O$ 的所有异构体，按系统命名法命名，并指出其中的伯、仲、叔醇。
7. 如果己烷中含有少量1-己烯，用什么简单化学方法除去1-己烯。
8. 用简单并有明显现象的化学方法鉴别下列各组化合物。

   (1) 庚烷、1，4-二庚烯、1-庚炔

   (2) 1-己炔、2-己炔、2-甲基己烷
9. 完成下列反应式，写出产物或所需反应物及试剂。

   (1) $CH_3CH_2CH{=}CH_2 + Br_2(H_2O) \longrightarrow$

   (2) $(CH_3)_2C{=}CHCH_3 + HBr \longrightarrow$

   (3) $CH_3CH_2CH{=}CH_2 \longrightarrow CH_3CH_2CH(OH)CH_3$

   (4) $CH_3CH_2OH \longrightarrow CH_3CH(OH)COOH$

   (5) 3-己炔⟶3-己酮

   (6) 苯⟶间溴代苯乙酮
10. 用简单并有明显现象的化学方法鉴别下列各组化合物。

    (1) 己烷与1-己烯

(2) $C_6H_5CH_2OH$ 与 C_6H_5OH

(3) $CH_3CH_2CH_2Br$ 与 $CH_3CH_2CH_2OH$

(4) $CH_3CH_2OCH_2CH_3$、$CH_3CH_2CH_2CH_2OH$、$CH_3CH_2CH_2CH_2CH_2CH_3$

(5) 丙醛、丙酮、1-丙醇、2-丙醇

(6) 己醛、2-己酮、环己酮

11. 分子式为 $C_5H_{12}O$ 的化合物 A，能与金属钠作用放出氢气，A 与浓 H_2SO_4 溶液共热得到 B。用冷的高锰酸钾水溶液处理 B 得到产物 C。C 与高碘酸作用得到 CH_3COCH_3 及 CH_3CHO。B 与稀 H_2SO_4 反应又得到 A。推测 A 的结构，并用反应式表明推断过程。

12. 用简单并有明显现象的化学方法鉴别下列各组化合物。

13. 分子式为 C_5H_{10} 化合物 A，与 1 分子氢作用得到 C_5H_{12} 的化合物。A 在酸性溶液中与高锰酸钾反应得到一个含有 4 个碳原子的羧酸。A 经臭氧化并还原水解，得到两种不同的醛。推测 A 的可能结构，用反应式加简要说明表示推断过程。

14. 分子式为 C_6H_{10} 的化合物 A，经催化氢化得到 2-甲基戊烷。A 与硝酸银的氨溶液反应生成灰白色沉淀。A 在汞盐催化下与水作用得到 $(CH_3)_2CHCH_2COCH_3$。推测 A 的结构式，并用反应式加以说明表示推断过程。

15. 分子式为 C_6H_{10} 的化合物 A 及 B，均能使溴的四氯化碳溶液褪色，并且经催化氢化得到相同的产物己烷。A 可与氯化亚铜的氨溶液反应产生红棕色沉淀，而 B 不发生这种反应。B 经臭氧化后再还原水解，得到 CH_3CHO 及 OHC—CHO（乙二醛）。推测 A 及 B 的可能结构，并用反应式加简要说明表示推断过程。

习　题

1. 用系统命名法命名下列化合物。

(1) $CH_3(CH_2)_3CH(CH_3)_2$

(2) $CH_3CH_2C(CH_2CH_3)_2CH_2CH_3$

(3) $CH_3C(CH_2CH_3){=}CHCH(CH_3)CH_2CH_3$

(4) $C(CH_3)_4$

(5) $(CH_3)_2CHCH_2CH_2CH(C_2H_5)_2$

2. 下列名称违反系统命名原则，写出结构式后重新命名。

(1) 2，3-二甲基-2-2 乙基丁烷

(2) 2-异丙基-4-甲基己烷

(3) 3，4-二甲基-4-戊烯

(4) 2-甲基-3-丙基-2-戊烯

3. 写出符合以下条件的 6 个碳原子的烷烃。

(1) 含有两个三级碳原子的烷烃

(2) 含有一个四级碳原子及一个二级碳原子的烷烃

4. 分子式为 C_8H_{18} 的烷烃与氯气在紫外光照射下反应，产物中的一氯代烷只有一种，写出这个烷烃的结构。

5. 用系统命名法命名下列化合物或写出结构式。

(1) $(CH_3CH_2)_2C{=}CH_2$

(2) 2-甲基-3-溴丁烷

(3) 2-苯基庚烷

(4) $(CH_3)_3CCH_2C{\equiv}CH$

(5) 2-氯-1，4-戊二烯

(6) $CH_3CH(CH_2CH_3)C{\equiv}CCH_3$

(7) $CH_2{=}CHCH_2Cl$

(8) $(CH_3)_2CHCOOH$

(9) $CH_3CH(Br)CH_2COOH$

(10) $CH_3CH_2COOCH_2CH_3$

(11) $CH_2{=}CHCHO$

(12) 甲酸异丙酯

(13) 2-甲基-1-溴-2-丙醇

(14) 草酸

(15) $(CH_3)_2CHCOCH(CH_3)_2$

(16) $(CH_3)_2CHCOCH_3$

(17) $CH_2{=}CHCHO$

(18) 3,3-二甲基丁醛

6. 用简单化学方法鉴别下列各组化合物。

(1) 1-己炔、1,3-环己二烯、苯　　(2) 苯、二甲苯

7. 写出分子式符合 C_9H_{12} 所有芳香烃的各种异构体并命名。

8. 分子式为 C_9H_{12} 的芳香烃 A，被高锰酸钾氧化后得到二元羧酸。将 A 进行硝化，得到两种一硝基产物。推断 A 的结构式，并用反应式加简要说明表示推断过程。

9. 说明下列各对异构体沸点不同的原因。

(1) $CH_3CH_2CH_2OCH_2CH_2CH_3$ (b. p. 90. 5℃) 与 $(CH_3)_2CHOCH(CH_3)_2$ (b. p. 68℃)

(2) $(CH_3)_3CCH_2OH$ (b. p. 113℃) 与 $(CH_3)_3C{-}O{-}CH_3$ (b. p. 55℃)

10. 将下列化合物按酸性增强的顺序排列：

(1) $CH_3CH_2CH(Br)COOH$　　(2) CBr_3COOH　　(3) $CH_3CH_2CH_2COOH$

(4) H_2CO_3　　(5) $CH_3CH_2CH_2CH_2OH$　　(6) C_6H_5OH

(7) $CH_3CH(Br)CH_2COOH$　　(8) H_2O

8 高分子化学基础

【学习要求】

1. 熟悉高分子化合物的概念、特征、分类和命名。
2. 了解高分子化合物的合成反应。
3. 熟悉印刷中常用的高分子材料，及其性能与用途。

人们的生活中，衣食住行都离不开高分子化合物。远在几千年以前，人类就使用棉、麻、丝、毛等天然高分子作织物材料，使用竹木作建筑材料，直至20世纪20～30年代，还只有少数几种合成材料，如合成塑料、合成橡胶、合成纤维。而现在高分子材料的体积产量已经远超过钢铁和金属，在材料结构中的地位愈来愈重要，已与金属材料、无机材料并列。塑料、橡胶、纤维是常见的三大类高分子材料。

高分子材料在柔印印版、印刷承印材料、印刷油墨等印刷生产领域有着极其广泛的应用。如塑料薄膜包装凭借有高阻隔性、阻氧性、阻湿性、透气性和高的抗拉伸强度、耐撕裂、耐冲击强度、优良的化学稳定性、耐高温性，是其他包装材料无法取代的。而橡胶也是印刷橡皮布的重要构成材料，对印刷油墨的传递质量、印刷压力与印刷速度的控制起着重要作用。植物油是印刷油墨连接料的重要组成成分，直接决定油墨的流动性、着色力和干燥性能。本章主要介绍高分子材料的基础知识，以及印刷行业常见高分子材料的性能与应用。

8.1 高分子的基本概念

8.1.1 高分子的定义

高分子化合物和水、盐、酒精之类物质相比，就其分子量来说差别十分巨大，水、盐、酒精之类物质的相对分子质量只是几十、几百，而高分子化合物的相对分子质量可达上万、几万甚至几百万。一般将相对分子质量在10000以上的称作高分子化合物，又简称为高分子或大分子。目前习惯将除蛋白质以外的合成高分子化合物称为聚合物或高聚物，其分子中重复连接的原子或原子团称为结构单元，形成聚合物的低分于物质称为单体。

高分子化合物分子量大的原因是由于它们的分子是由特定结构的单位多次重复组成。每个特定单位都叫做链节，链节的重复次数 n 叫做聚合度。同一种高分子化合物的分子所含的链节数并不相同，所以高分子化合物在实质上是由许多链节结构相同而聚合度不同的化合物所组成的混合物。因此，巨大的分子量是高聚物具有独特性质的根源。例如，天然的高聚物（天然橡胶、木材、棉、麻、蚕丝、毛皮等）和人工合成的高聚物（酚醛树脂、尼龙、聚乙烯等）都是由成千上万的原子以共价键相结合起来的大分子所组成的，其分子量一般可自几万至几十万、几百万甚至上千万，而普通低分子物质的分子量只有几十或几百。而且大分子链的长度一般约为10.4～10.5nm，一般C—C单键的长度仅为0.15nm。高分子是由许许多多相同的或不同的基本链节作为化学结构单元通过键连接起来的。因此，大分子的化学组成主要看链节的化学组成。例如：

$$n\,CH_2{=}CH_2 \xrightarrow{2\,000\sim3\,000atm} {-\!\!\!(}CH_2{-}CH_2{)\!\!\!-}_n$$

乙烯（气体）低分子单体 → 聚乙烯（固体）（高聚物，n表示基本链节数）

$$n\,CH_2{=}CH(Cl) \xrightarrow{\text{加聚反应}} {-\!\!\!(}CH_2{-}CH(Cl){)\!\!\!-}_n$$

氯乙烯（冷冻下，液体） → 聚氯乙烯（固体）

$$n\,CH_2{=}CH(C_6H_5) \xrightarrow{\text{加聚反应}} {-\!\!\!(}CH_2{-}CH(C_6H_5){)\!\!\!-}_n$$

苯乙烯（液体） → 聚苯乙烯（固体）

从这几例合成反应中可以看出，由单体（低分子原料）合成高聚物的过程，是单体的许多气体或液体分子，经过化学反应，使低分子间彼此以化学键结合起来而转变成为大分子的过程。随着分子量的增大，聚合物分子的游动性较之单体分子有显著降低，分子量较小的聚合物是黏性液体状态，达到高分子量的聚合物则呈固体状态。

由于组成分子的原子数增加，低分子变成了高分子，量变引起了质变，因而通常还发生物理状态的改变，可以观察到体系的体积缩小、相对密度增加，并且赋予高聚物一系列独特的物理-力学性能，使它们能作为材料使用。塑料、橡胶、化学纤维均称为高分子材料。

8.1.2 高分子的命名

高聚物的系统命名比较复杂，使用有困难。习惯上，对于天然高聚物常用其俗名，例如淀粉、纤维素、蛋白质、木质素等，它们并不能反映出该物质的结构。而对于合成高聚物，通常按合成方法、所用原料或高聚物的用途来命名。

8.1.2.1 按高聚物单体命名

如果是用加聚反应制得的高聚物，大多数就在原料或单体名称前加一个“聚”字，如聚氯乙烯、聚四氟乙烯、聚乙烯醇等，聚乙烯醇则是假想单体乙烯醇的高聚物。如果是用缩聚反应制得的高聚物，大多数就在原料名称后面按高聚物的用途加“树脂”这类用词，如酚醛树脂、聚碳酸酯等。如果原料或单体的名称过于复杂，则有时亦可按其结构的某一特征来命名，如环氧树脂。

用作橡胶的高聚物命名时，常将原料名称代表字后面加“橡胶”二字，如丁二烯、苯乙烯共聚形成的合成橡胶称丁苯橡胶。

8.1.2.2 按高聚物化学结构命名

按高聚物的化学组成和结构命名，指出链中特性基团，常用于官能团单体形成的高聚物命名。例如，己二酸和己二胺合成的高聚物称为聚己二酰己二胺，其特征基团为—CONH—，故这类高聚物简称为聚酰胺。又如，对苯二甲酸和乙二醇合成的高聚物称为聚对苯二甲酸乙二醇酯，其特征基团为—COO—，故这类高聚物简称为聚酯。

$$n\,NH_2{-}(CH_2)_6{-}NH_2 + n\,HOOC{-}(CH_2)_4{-}COOH \longrightarrow$$

$$H\!\left[\!-NH-(CH_2)_6-NHCO-(CH_2)_4-CO-\!\right]_n OH + n\,H_2O$$

聚己二酰己二胺（尼龙-66）

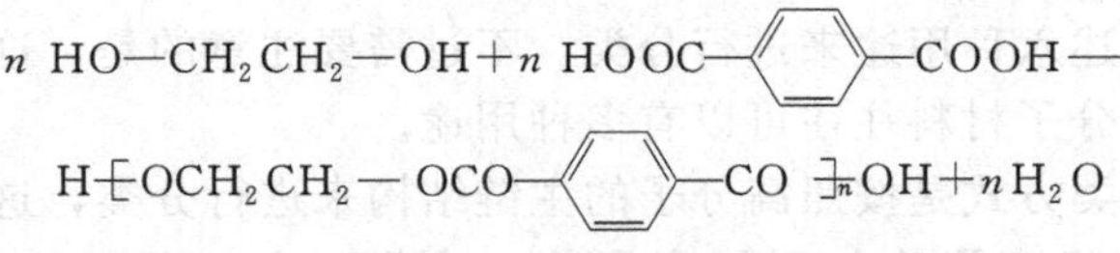

$$n\,HO-CH_2CH_2-OH + n\,HOOC-C_6H_4-COOH \longrightarrow$$

$$H\!\left[\!-OCH_2CH_2-OCO-C_6H_4-CO-\!\right]_n OH + n\,H_2O$$

聚对苯二甲酸乙二醇酯

8.1.2.3　习惯名称和商品名称

在商业上，也常给合成高分子化合物以商品名称。例如，称聚酰胺为尼龙，聚酯为涤纶。尼龙-66 就是聚酰胺-66，尼龙-610 就是聚酰胺-610 等。凡在尼龙后面有两个或两个以上数字的，表示这种聚酰胺是由二元胺和二元酸两种单体缩聚而成的，前面的数字是二元胺的碳原子数，后面的数字是二元酸的碳原子数。例如，尼龙-610 是由己二胺和癸二酸缩聚而成的。

凡在尼龙后面只有一个数字的，表示这种聚酰胺是由含有某碳原子数的内胺聚合而成。例如，尼龙-6 就是由己内酰胺聚合而成的。

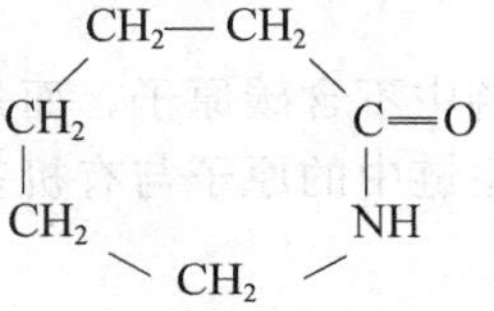

(己内酰胺环状结构：CH_2-CH_2、CH_2、$C=O$、CH_2、NH、CH_2 组成七元环)

己内酰胺

$$\left[\!-\underset{\displaystyle H}{\underset{|}{N}}-(CH_2)_5-\underset{\displaystyle O}{\underset{\|}{C}}-\!\right]_n$$

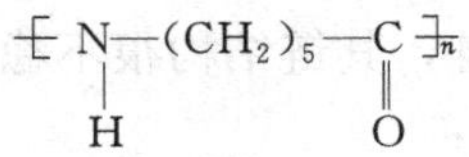

尼龙-6

常见高聚物的命名见表 8-1。

表 8-1　常见高聚物的命名

高聚物名称	习惯或商品名称	缩写代号	高聚物名称	习惯或商品名称	缩写代号
聚乙烯	高密度聚乙烯或低压聚乙烯	HDPE	丙烯腈-丁二烯-苯乙烯共聚物	ABS 树脂	ABS
	低密度聚乙烯或高压聚乙烯	LDPE			
聚丙烯	丙纶	PP	聚乙烯醇缩甲醛	维尼纶	PVFM
聚氯乙烯	氯纶	PVC	聚甲基丙烯酸甲酯	有机玻璃	PMMA
聚丙烯腈	腈纶	PAN	酚醛树脂	电木	PF
聚四氟乙烯	塑料王	PTF	聚氯丁二烯	氯丁橡胶	PCP
聚己二酰己二胺	尼龙-66	PA-66	环氧树脂	万能胶	EP
聚对苯二甲酸乙二醇酯	涤纶	PET	硝化纤维	赛璐珞	NC

8.1.3　高聚物的分类

高聚物的种类繁多，根据高分子的来源，可以分为天然高分子、改性高分子和合成高分子。高分子材料的用途也是多方面的，主要用于制备塑料、橡胶和纤维。随着材料应用领域的不断扩大，高分子材料在涂料、胶黏剂和功能高分子方面也已有了很大的发展。因此，也可以把高分子材料按上述六种用途来进行分类。不过需要注意的是，这种分类方法不是十分严格的，因为同一种高分子材料往往可以有多种用途。

相对比较严格的分类方式是按照高分子的主链结构来进行分类，这类方法可将高聚物分为有机高聚物、元素有机高聚物与无机高聚物三大类，它们可以反映各类高聚物的基本特性。

8.1.3.1 有机高聚物

有机高聚物的大分子主链结构由C原子或O、N、S、P等在有机化合物中常见的元素的原子组成。这一类高聚物的优点是可塑性好、易加工、化学性质好，且原料丰富。但它们的耐热性差、易燃烧、易老化、强度不高。例如聚烯烃、聚乙烯基类、聚酰胺、聚醚等。

有机高聚物可分为天然高聚物和合成高聚物。印刷工业中常用的天然高聚物有淀粉、纤维素、蛋白质、天然橡胶等，常用的合成高聚物有塑料、合成橡胶、合成纤维、黏合剂、油漆、涂料、树脂等。

8.1.3.2 元素有机高聚物

元素有机高聚物的大分子结构特点为：①主链中不含碳原子，而是由硅、铝、钛等原子和氧构成，一般是杂链，其链结构很不稳定；②主链中的原子与有机基团相连接，如聚甲基硅氧烷（硅橡胶）。如：

$$\left[-\mathrm{Si}(\mathrm{CH_3})_2-\mathrm{O}- \right]_n$$

元素有机高聚物兼具有有机和无机高聚物的特性，如耐热性、易加工性、弹性、憎水性和高绝缘性。但化学性质不稳定，又不易加工。

8.1.3.3 无机高聚物

无机高聚物的大分子是由除C以外的其他元素的原子组成，例如某些硅酸盐（如石英、玻璃）、黑磷（P）、弹性硫（S）等。结构一般是规则交联的面型或体型，如含有—N—P═与—N═P—B—结构者有的已研制成为塑料、橡胶或纤维。

8.2 高聚物的结构与性质

8.2.1 高聚物的结构

高分子材料自从问世以来，其发展速度远远超出其他传统材料。如按体积来算，全世界塑料的产量在20世纪90年代初就已超过钢铁。说明高分子材料在世界经济发展中的作用已变得越来越重要。

高分子材料的生产获得如此迅速发展的一个重要原因就是这种材料本身具有十分优良的性能。而这些优异性能是其内部结构的具体反映。认识高分子材料的结构，掌握高分子结构与性能的关系，可以帮助我们正确选择、合理使用高分子材料，也可以为新材料的制备提供可靠的依据。

高分子材料由许许多多高分子链聚集而成，因而其结构也可从两方面加以考察，即单个分子的链结构和许多高分子链聚在一起的凝聚态结构。

8.2.1.1 单体的组成和结构

高分子是由单体聚合而成的，单体的组成不同，得到的聚合物性质也不同。例如，聚乙烯是较软的塑料，透明度较差；聚苯乙烯是一种很脆、很硬的塑料，透明度很高；而尼龙则是一种韧性很好、很耐磨的塑料。三者的组成不同，性能也完全不同。聚乙烯软是因为每个碳原子上连接的两个氢原子都很小，碳链可以自由地转动；而当氢原子换成体积硕大的苯环以后，苯环会妨碍碳链的自由旋转，形成的聚合物就很脆；而尼龙的分子中含有极性很强的胺基和羰基，可以形成分子内和分子间的氢键，使整个聚合物在很大的冲击力作用下，也不会破损，韧性很好。因此，尼龙树脂是重要的工程塑料。

除了单体组成以外，单体的排列方式也会影响聚合物的性能。例如，氯乙烯在聚合时，两个单体可能存在头-头和头-尾两种不同的连接方式。尽管在聚合物中头尾相连的结构总是占主导地位，但是少量头头相连结构的存在，会使聚合物的性能变差。

$$CH_2{=}CHR \longrightarrow \underset{\text{头-尾键接}}{-CH_2\underset{|\atop R}{CH}-CH_2\underset{|\atop R}{CH}-} \text{或} \underset{\text{头-头键接}}{-CH_2\underset{|\atop R}{CH}-\underset{|\atop R}{CH}CH_2-}$$

另外，单体分子的排列方式不同，还会产生几何异构和立体异构。

8.2.1.2 高分子链的大小和形状

通常用高分子的分子量来表示高分子链的大小。高分子的分子量通常在 1 万以上，也就是说高分子比普通化合物的分子量大出几百乃至成千上万倍。高分子化合物之所以具有许多独特的性质，最重要的原因是其分子量大。

除了少数天然高分子如蛋白质、DNA 等外，高分子化合物的分子量是不均一的，实际上是一系列同系物的混合物，这种性质称为“多分散性”。正因为高聚物分子量的多分散性，所以其分子量和聚合度只是一个平均值，具有统计意义。统计平均方法的不同，其分子量的表示也不同，如用分子的数量统计，则有数均分子量；用分子的重量统计，则有重均分子量，以此类推。在高聚物的同系混合物中，有些分子比较小，有些分子比较大，而最大和最小的分子总是占少数，占优势的是中间大小的分子。高聚物分子量的这种分布称为“分子量分布”。平均分子量和分子量分布是控制聚合物性能的重要指标。

图 8-1 为高分子的分子量分布曲线，上面标记了各种平均分子量在分子量分布曲线上的位置。

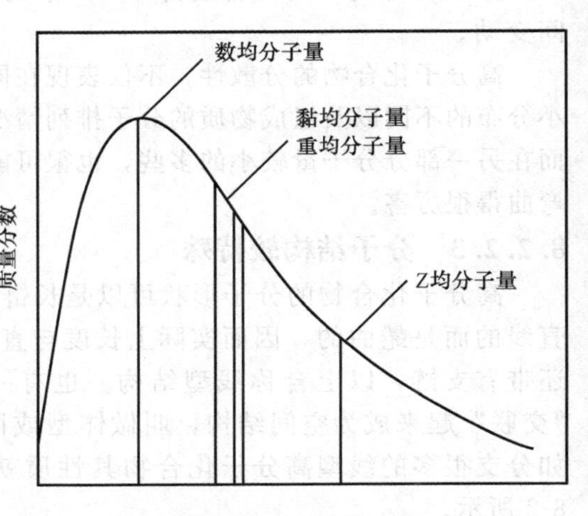

图 8-1 高分子分子量的统计曲线

在绝大多数情况下，生成的聚合物具有线性结构，如果在单体中存在三官能团或多官能团的化合物，或者由于反应过程太激烈，那么，最后反应得到的产物就可能形成带有支链或网状的结构。

8.2.2 高聚物的一般特性

8.2.2.1 巨大的分子量

前面已知，高分子是由许多相同的链节反复连接组成的。例如，聚氯乙烯 $\left[CH_2-\underset{|\atop Cl}{CH}\right]_n$，

组成其大分子的基本结构单元是$—CH_2—\underset{\displaystyle Cl}{\underset{|}{CH}}—$，$n$表示链节数目，通常称$n$为聚合度（DP）。如果$n=2500$，即说明$—CH_2—\underset{\displaystyle Cl}{\underset{|}{CH}}—$重复2500次连接而成大分子，这样，高聚物的分子量（M）与聚合度（DP）之间存在着简单关系：

$$M=DP\times S \text{ 或 } DP=M/S$$

式中　S——"链节分子量"。

例如，对已知聚合度为2500的聚氯乙烯，便可由上式计算出它的分子量为：$M=2500\times 62.5=156250$。

可见，巨大的分子是高聚物最突出的特征，一般高聚物的分子量都在5000以上，通常为几万、几十万甚至达到数百万、上千万，一般低分子化合物的分子量在1000以下，1000到2000的都很少见。表8-2列出一些有机低分子和高分子化合物的分子量。

表8-2　有机低分子和高分子化合物的分子量

低分子化合物	分子量	高分子化合物	分子量
乙醇	46	直链淀粉	1万～8万
苯	78	天然橡胶	20万～50万
葡萄糖	198	聚乙烯	1.5万～100万
甘油三硬脂酸酯	890	聚2-甲基丙烯酸甲酯	5万～14万

正是由于高聚物的巨大分子量，使高聚物具有不挥发、不能蒸馏的特性。

8.2.2.2　多分散性

由于高分子化合物是链节的聚合，而同一种高聚物的分子所含链节数（即聚合度）通常是不同的，因而分子量的大小也不同。也就是说，它们总是具有相同化学组成，而分子链长度不等的同系聚合物的混合物。故高聚物的分子量具有多分散性（即分子量的不均一性）。所以对于高分子化合物来说，就必须引入平均聚合度和平均分子量的概念。例如，聚苯乙烯的平均聚合度为800，平均分子量为8万，其分子量可以在几百到26万之间变动。

高分子化合物的分散性，不仅表现在同一种物质的分子量大小不同，还表现在分子量大小分布的不同以及组成物质的分子排列情况的不同。很可能在某一部分分子量较大的多些，而在另一部分分子量较小的多些，也很可能在链的一端分子排列得比较整齐，而在另一端则弯曲得很厉害。

8.2.2.3　分子结构较特殊

高分子化合物的分子形状可以是长链的，长度与直径之比可达1∶1000以上，但不是直线的而是蜷曲的，因而实际上长度与直径之比常为1比几十或几百，许多高分子化合物还带有支链，以上合称线型结构。也有一些分子在链与链之间通过共价键（以及氢键）"交联"起来成为空间结构，叫做体型或网状结构。但体型与线型之间无很明显的界限，如分支很多的线型高分子化合物其性质就接近于体型的。各种高分子化合物的结构见图8-2所示。

高聚物的大分子量和结构的复杂性，导致高聚物分子间的引力大，尤其是高分子链包含

(a) 一条线形分子链

(b) 几条线形分子链

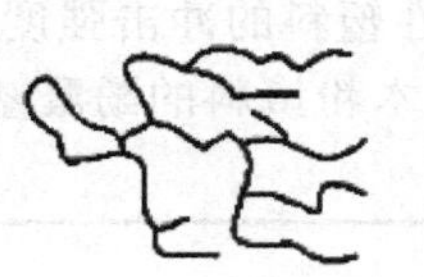

(c) 支链型分子链

(d) 体型或网状结构

图 8-2　高分子化合物结构示意

有极性基团或者分子链间存在氢键时，则分子间的引力更大。如尼龙-66：

```
            O                                              H
            ‖                                              |
   CH2      C       CH2        CH2        CH2              N       CH2
  /   \   /   \   /    \     /    \     /    \           /   \   /    \
       CH2      N        CH2        CH2        CH2      C        CH2
                |                                       ‖
                H                                       O
                ⋮                                       ⋮
                O                                       H
                ‖                                       |
   CH2          C       CH2        CH2        CH2       N       CH2
  /   \       /   \   /    \     /    \     /    \    /   \   /    \
       CH2          N        CH2        CH2        CH2      C        CH2
                    |                                       ‖
                    H                                       O
```

某些线性高聚物分子链间的引力更大，可超过主链价键的离解能，由此，高聚物具有一定的机械强度。

线型高聚物的分子链很长，由于原子间的 σ 键可以自由旋转，分子链能够自由旋转，这样使每个链节的相对位置可以不断变化，这种性能称为高分子链的柔顺性。具有柔顺性的高聚物往往蜷曲成无规则如乱麻的线团。在拉伸时分子链被拉直，当外力消除后又蜷曲收缩，所以一些高分子化合物具有弹性。柔顺性越大，弹性越好。同时，高聚物分子中原子彼此以共价键结合，不电离，有良好的绝缘性。

8.2.3　高聚物的应用性能

在包装印刷行业，如要正确选用聚合物材料，设计聚合物制品及评价制品的质量，就需要了解聚合物的各种性能。就高分子包装材料来说，主要是聚合物力学性能、热性能、渗透性能等。下面就其各项性能分别进行论述。

8.2.3.1　力学性能

聚合物作为一类材料，在各种使用场合，其力学性能受到人们的重视。例如，用作纤维材料，要能经得起拉力；作为塑料制品要经得起撞击；作为薄膜要能抗撕裂；作为黏结剂、油墨、涂料等要富有弹性和耐磨损。此外，它们还要经得起各种环境介质的作用等。因此，在抗张强度、硬度、耐冲击性等方面，对聚合物材料就产生了各种性能指标的要求。

(1) 聚合物的应力-应变特性　聚合物材料的破坏过程常伴有不可逆形变（即流动），通常是以应力-应变曲线来反映这一过程。典型的曲线示意于图 8-3。由此图可以获得反映破坏过程的力学量：断裂强度、断裂伸长、屈服应力、屈服伸长和断裂能等。这些量表征了材料的力学性质，它们主要和大形变特性有关。

(2) 冲击强度　冲击强度是以极快的速度对试样施加载荷（冲击力）使之破坏的应力，它是以单位断裂面积所消耗的能量大小来表示，单位为 $J \cdot cm^{-2}$。冲击强度可在冲击试验机上测得。由于试样在试验机上放置的情况不同，有悬臂梁与简支梁两种试验方法。

对于塑料来说，热塑性塑料的冲击强度，一般在 0.2～1.5 J·cm^{-2}，聚碳酸酯比较高，可达 6.0～7.0 J·cm^{-2}，木粉填料的酚醛塑料仅为 0.4～0.6 J·cm^{-2}。

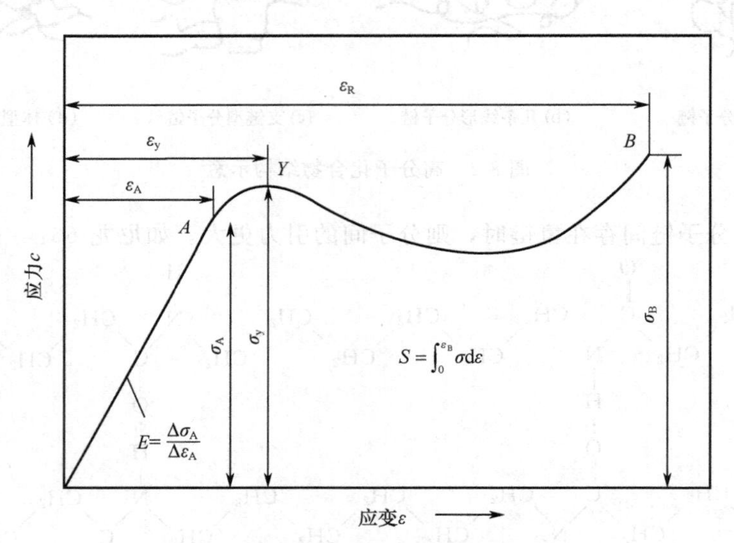

图 8-3 拉伸应力-应变曲线示意图

A—弹性极限；Y—屈服点；B—断裂点；S—应力-应变曲线下部的面积

8.2.3.2 热性能

聚合物的热性能主要有耐热性、导热性和热膨胀性等。

(1) 耐热性 聚合物的耐热性是用来确定它的最高允许使用温度范围。其耐热性能的指标主要有玻璃化温度 T_g、熔点 T_m 和热分解温度 T_d。聚合物的热稳定性和玻璃化温度都取决于大分子链内和链间的原子和分子的结构形态和它们之间的作用力。因此提高聚合物的耐热性能的方法主要有四种：提高大分子间作用力（次价力），提高链段的刚性，减少柔性，增加分子结构排列的规整性和适度交联。

(2) 导热性 聚合物的导热性能是用热导率来表示。一个立方形的物体，它的两个平行面的温度如果相差 1℃，在单位时间内所传递的热量，称为热导率。单位是 kJ/（m·h·℃）。

(3) 膨胀系数 聚合物受热后要膨胀，膨胀多少是以膨胀系数来表示。线膨胀系数是使试样温度升高 1℃所增加的长度与它原来长度之比。塑料的线膨胀系数比较大，是典型金属铁的 2～17 倍。

8.2.3.3 透气性能

塑料、橡胶制品、薄膜等广泛用于印刷包装业，在其使用过程中都有一个透气性的问题。对透气性的要求视用途而定，有的要求透气性小，有的要求透气性大，有的还要求只能透过某种气体。故研究聚合物的透气性，在包装材料的应用中占有一定的地位。

(1) 分子的极性对气体渗透性的影响 聚合物的极性是由于分子中带有极性基团，不同的极性分子也由于它们的分子偶极矩不等，所表现出极性的强弱也不相同。一般把分子偶极矩 μ 的大小作为衡量分子极性强弱的标准。

$\mu=0$，非极性分子，如聚乙烯、聚丁二烯、聚四氟乙烯等。

$\mu\leqslant0.5$，弱极性分子，如聚苯乙烯、聚异丁烯、天然橡胶等。

$0.5<\mu<0.7$，极性分子，如聚氯乙烯、尼龙、有机玻璃等。

$\mu > 0.7$，强极性分子，如聚酯、聚乙烯醇、酚醛树脂等。

气体对塑料的透气性能取决于该聚合物对某些气体的渗透系数的大小，而渗透系数的大小又取决于气体对该聚合物的扩散系数和溶解度系数的大小。例如，聚乙烯和聚酯都是结晶型聚合物，结晶度大致相间，然而它们之间的分子极性不同。聚乙烯为非极性分子，而聚酯为强极性分子。由于聚酯分子中存在极性基团，分子间引力增加，因而气体对聚酯薄膜的扩散系数远小于聚乙烯。

（2）分子的结晶度对气体渗透性能的影响　不同的聚合物材料具有不同的结晶度，而不同结晶度的聚合物材料对气体的透过性能是不相同的。如聚氯乙烯和聚酯两者均为极性分子，聚氯乙烯是属于无定形状态，而聚酯为结晶度较高的聚合物。当气体渗透过这两种聚合物时，由于气体透过结晶型物质比透过无定型物质需要更多的扩散激活能，因而气体透过聚酯的扩散系数远小于聚氯乙烯。

（3）分子的密度对气体渗透性的影响　对某些聚合物来说，虽然是同一品种，但由于密度不同其透气性也不相同。一般密度高的其透气性能低于密度低的。例如相对密度为 0.926 和 0.951 的聚乙烯其对氧的渗透系数分别是 2.1×10^{-10} 和 0.83×10^{-10}。这也是由于气体透过密度高的物质比透过密度低的物质需要更多激活能的缘故。

（4）分子的排列对气体渗透性的影响　对压延法、挤出法及流延法工艺生产的塑料薄膜的分子排列是属于无取向的。而高倍率的双轴或单轴拉伸工艺生产的塑料薄膜是属于有取向的分子排列。吹塑法及低倍率拉伸工艺所生产的薄膜其分子排列则在两者之间。由于分子的排列不同，气体的透过性能也各有区别，一般来讲，分子有取向的塑料薄膜，它的渗透系数小于分子无取向的塑料薄膜。

8.3　合成高聚物的典型反应

高聚物的聚合反应可分为两种类型，一种是不饱和乙烯类单体及环状化合物，通过自身的加成聚合反应生成高聚物，称为加聚反应；另一种是含有两个或两个以上官能团的单体或化合物，通过缩合聚合反应生成高聚物，称为缩聚反应。这类把一些低分子化合物（称为单体）结合起来形成高分子化合物（高聚物）的过程叫做聚合反应。

8.3.1　加聚反应

8.3.1.1　加聚反应的概念

加聚反应的单体一般部是含有双键的有机化合物，即烯烃和二烯烃。在一定条件下，把双键打开，通过“化学键”互相结合起来成为大分子，这种反应叫加聚反应。乙烯类单体受热和光的照射时，双键中的 π 键就会被打开，发生加聚反应，其反应通式为：

$$n\,\mathrm{CH_2{=}\underset{\displaystyle X}{\underset{|}{CH}}} \longrightarrow \mathrm{+\!\!\!\!(\;CH_2{-}\underset{\displaystyle X}{\underset{|}{CH}}\;)_{\!n}}$$

如果式中的 X 分别被 H、$-CH_3$、$-Cl$、$-CN$ 替换，可分别得到聚乙烯、聚丙烯、聚氯乙烯、聚丙烯腈等各种不同的乙烯类高聚物。

上述高聚物都是由一种单体聚合而成，分子长链中的链节结构都相同，叫做均聚物，如果由 A、B 两种不同的单体制成的高聚物，叫做共聚物，两种单体链节的排列方式有以下四种情况：

……ABABABABAB……　　　　交替（规则）共聚物

……ABBBABAABAAAB……　　　　一般（不规则）共聚物

……AAAAAABBBBBBAAAAAA……　　镶嵌共聚物

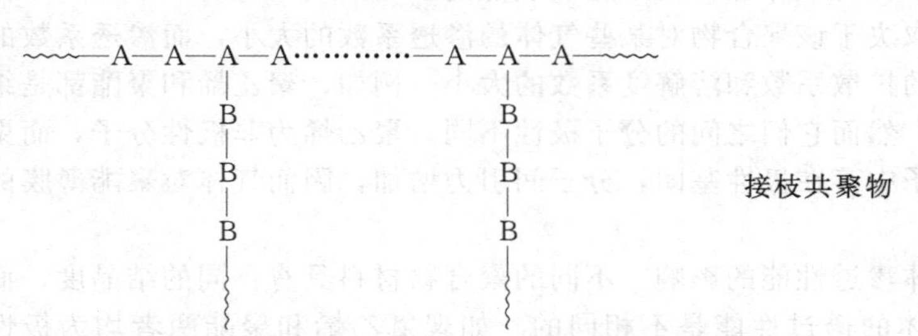

共聚反应由于聚合物的化学组成改变了，所以共聚物就能把两种或多种自聚物的特性，综合到一种聚合物中来，因此，有人把共聚物称为非金属的“合金”，利用这些合成的方法可以制得具有多种性能的产品。

8.3.1.2　加聚反应的特点

（1）反应一旦开始进行得较快，直到形成最后产物为止，中间不能停留在某阶段上，一般不能得到中间产物。

（2）产物中链节的化学结构和单体的化学结构相同。

（3）反应中没有小分子副产物生成，参加加聚反应的单体可以是一种，也可以是两种或更多种。前者称为均加聚反应，得到的是均聚物；后者称为共加聚反应，得到的是共聚物。

8.3.2　缩聚反应

缩聚反应是由两种具有可反应的官能团（如—OH、—COOH、$—NH_2$ 等）之间相互作用，结合成较大的分子，　同时放出小分子物质（如 H_2O、HCl、NaCl 等）的反应。所生成的高聚物的成分与单体不同。例如，由己二酸和己二胺合成聚酰胺-66，因为己二酸分子两端都有羧基（—COOH），己二胺分子两端都有氨基（$—NH_2$），当羧基与氨基起脱水反应时，就形成酰胺（$—\underset{\overset{\|}{O}}{C}—\underset{\overset{|}{H}}{N}—$）。

$$HOOC—(CH_2)_4—\underset{\overset{\|}{O}}{C}—\boxed{OH+H}—\underset{\overset{|}{H}}{N}—(CH_2)_6—NH_2 \xrightarrow{-H_2O}$$

$$HOOC—(CH_2)_4—\underset{\overset{\|}{O}}{C}—\underset{\overset{|}{H}}{N}—(CH_2)_6—NH_2$$

上式所生成的中间产物两端的官能团还可与己二胺和己二酸继续反应，逐步形成线型高聚物。整个反应式可表达如下：

$$\boxed{nHO}—\underset{\overset{\|}{O}}{C}—(CH_2)_4—\underset{\overset{\|}{O}}{C}—\boxed{OH+nH}—\underset{\overset{|}{H}}{N}—(CH_2)_6—\underset{\overset{|}{H}}{N}—\boxed{H} \xrightarrow{-H_2O}$$

　　　　己二酸　　　　　　　己二胺

$$\left[—\underset{\overset{\|}{O}}{C}—(CH_2)_4—\underset{\overset{\|}{O}}{C}—\underset{\overset{|}{H}}{N}—(CH_2)_6—\underset{\overset{|}{H}}{N}—\right]_n$$

尼龙-66

一般说来，含有两个官能团的单体缩聚时可形成线型高聚物，含有三个官能团的单体缩聚时可形成体型高聚物。例如，用于涂料工业上的醇酸树脂就是由三元醇（甘油）和二元酸酐（邻苯二甲酸酐）通过缩聚反应生成的体型高聚物（聚酯）。甘油有三个羟基，因此可以在三个方面上发生脱水反应而进行缩聚。

8.4 印刷常用的高分子材料

8.4.1 塑料

塑料是以合成树脂为基本原料，适当加入（或不加）填料、增塑剂、稳定剂、润滑剂、色料等添加剂在一定条件下制成的合成材料。塑料常用的分类方法是按其热性能分为热塑性塑料和热固性塑料两类。热塑性塑料是加热后变软、冷却后即变硬，这个过程可以反复多次。该类塑料的特点是成型工艺简便，有较高的力学性能，其缺点是耐热性和刚性比较差。常见的这类塑料有聚氯乙烯、聚乙烯、聚丙烯、尼龙、聚甲醛等。热固性塑料只能塑制一次，它们具有耐热性高和受压不易变形等特点，这类塑料有酚醛、脲醛、环氧树脂等。

由于塑料制品具有质轻、耐磨、成型方便，具有一定机械强度等优点，因此在印刷工业得到日益广泛的应用。如制作印版、底托等。本节主要介绍几种在印刷中常见的塑料性能以及用途。

8.4.1.1 聚乙烯（PE）

（1）性能及用途　聚乙烯是典型的热塑性塑料，为无臭、无味、无毒的可燃性白色粉末。成型用的聚乙烯树脂均为经挤出造粒的蜡状颗粒料，外观呈乳白色。

聚乙烯的力学性能在很大程度上取决于聚合物的分子量、支化度和结晶度。高密度聚乙烯的拉伸强度为20～25MPa，而低密度聚乙烯的拉伸强度只有10～12MPa。聚乙烯的伸长率主要取决于密度，密度大，结晶度高，其蔓延性就差。

聚乙烯的电绝缘性能优异，因此它是绝缘材料，其介电常数及介电损耗几乎与温度、频率无关；高频性能很好，适于制造各种高频电缆和海底电缆的绝缘层。

（2）品种

① 低密度聚乙烯（LDPE）。由于低密度聚乙烯的化学结构与石蜡烃类似，不含极性基团，所以具有良好的化学稳定性，对酸、碱和盐类水溶液具有耐腐蚀作用。它的电性能极好，具有导电率低、介电常数低、介电损耗低以及介电强度高等特性。但低密度聚乙烯的耐热性能较差，也不耐氧和光老化。因此，为了提高其耐老化性能，通常要在树脂中加入抗氧剂和紫外线吸收剂等。低密度聚乙烯具有良好的柔软性、延伸性和透明性，但机械强度低于高密度聚乙烯和线型低密度聚乙烯。

低密度聚乙烯主要用于制造薄膜。薄膜制品约占低密度聚乙烯制品总产量的一半以上，用于农用薄膜及各种食品、纺织品和工业品的包装。低密度聚乙烯电绝缘性能优良，常用作电线电缆的包覆材料。注射成型制品有各种玩具、盖盒、容器等。与高密度聚乙烯掺混后经注射成型和中空成型可制管道及容器等。

② 高密度聚乙烯（HDPE）。高密度聚乙烯的用途与低密度聚乙烯不同。低密度聚乙烯约50％～70％用于制造薄膜；而高密度聚乙烯则主要用于制造中空硬制品，约占总消费量的40％～65％ 。具体用途有：吹塑法制造各种瓶、罐及各种工业用槽、桶等容器；注射成型制造各种盆、桶、篮、篓、筐等日用成器、日用杂品和家具等；挤出成型制造各种管材、捆扎带以及纤维、单丝等。此外，还可用于制造电线电缆的包覆材料和合成纸；加入大量无机钙盐以后，还可以制造钙塑包装箱和家具、门窗等。最近，高密度聚乙烯用于制造高强度超薄薄膜，做食品、农副产品和纺织品的包装材料发展很快。

③ 中密度聚乙烯（MDPE）。最适宜于高速吹塑成型制造瓶类，高速自动包裹用薄膜以及各种注射成型制品和旋转成型制品，如桶、罐等。还可用于电线电缆包覆层。

④ 线型低度密度聚乙烯（LLDPE）。线型低密度聚乙烯可代替低密度聚乙烯制造薄膜、管材、注射成型制品、中空吹塑容器、旋转成型制品及电线电缆包覆材料等。制得的产品的力学性能比低密度聚乙烯好。所以，制造相同强度的制品时，线型低密度聚乙烯制品能做得更轻薄一些。

8.4.1.2 聚丙烯（PP）

（1）性能　聚丙烯重量轻，密度为 0.90～0.91g・cm^{-3}，是通用塑料中最轻的一种。聚丙烯是一种非极性材料，具有优良的化学稳定性，并且结晶度越高，化学稳定性越好。除强化性酸（如发烟硫酸、硝酸）对他有腐蚀作用外，室温下还没有一种溶剂能使聚丙烯溶解，只是低分子量的脂肪烃、芳香烃和氯代烃对它有软化或溶胀作用。它的吸水性很小，吸水率还不到 0.01%。

聚丙烯的力学强度、刚性和耐应力开裂都超过高密度聚乙烯，而且有突出的延伸性和抗弯曲疲劳性能，用它制成的活动铰链经过 7000 万次弯曲试验，竟无损坏痕迹。

聚丙烯的电绝缘性能优良，特别是高频绝缘性很好，击穿电压强度也高，加上吸水率低，可适用于 120℃以内使用的无线电、电视的耐热绝缘材料。

（2）用途　聚丙烯综合性能优良，可以用注射成型、挤出成型、中空成型制成各种制品。在这些用途中用于注射成型制品居首位，包括日用器具、娱乐和体育用品、玩具等；汽车部件，如蓄电池壳体、空调零件、散热器叶片等；硬包装，如医疗洗涤器、盖罩、化妆品盒；机械零件，如洗衣机洗槽、搅拌器、空气管。挤出成型制品包括电线、电缆、薄膜、片材、管材等。薄膜主要用于包装服装、针织品、食品、香烟等。中空成型制品包括容器、瓶类。聚丙烯纤维分长丝（单丝、复丝、膨体纱）、短纤丝。纤维可代替棉、麻、丝、毛等天然纤维。主要用于生产机织和针织，如地毯、沙发布、捆扎材料、绳索和编织袋等。

8.4.1.3 聚氯乙烯（PVC）

（1）性能　聚氯乙烯是无毒、无臭的白色粉末，密度为 1.40 g・cm^{-3}，加入增塑剂和填料的聚氯乙烯塑料的密度为 1.15～2.00 g・cm^{-3}。

聚氯乙烯的力学性能取决于聚合物的分子量、增塑剂和填料的含量。聚合物的分子量越大，力学性能、耐寒性、热稳定性越高，但成型加工比较困难；分子量低则相反。增塑剂的加入，它不但能提高聚氯乙烯的流动性，降低塑化温度，而且使其变软。通常，在 100 份聚氯乙烯树脂中增塑剂量大于 25 份即变成软质塑料，伸长率增加，而拉伸强度、刚度、硬度等力学性能均降低；增塑剂加入量小于 25 份时为硬质或半硬质塑料，具有较高的力学强度。由于聚氯乙烯含氯量达 65%，因而具有阻燃性和自熄性。

聚氯乙烯的热稳定性差，无论受热或日光都能引起变色，从黄色、橙色、棕色直到黑色，并伴随着力学性能和化学性能的降低。

（2）用途　聚氯乙烯的应用比较广泛，用量最大的是在建筑材料方面，如各种 PVC 管道。在包装材料方面，它可制造包装薄膜、热收缩薄膜、复合薄膜和透明片材，还可制作集装箱和周转箱以及包装涂层。

8.4.1.4 聚苯乙烯（PS）

（1）性能　聚苯乙烯是质硬、脆、透明、无定型的热塑性塑料。没有气味，燃烧时冒黑烟。密度为 1.04～1.09 g・cm^{-3}，易于染色和加工，吸湿性低，尺寸稳定性、电绝缘和热绝缘性能极好。

聚苯乙烯的透光率为 87%～92%，其透光性仅次于有机玻璃。折光指数为 1.59～1.60。

受光照射或长期存放，会出现面混浊和发黄现象。聚苯乙烯毒性极低，属于卫生安全的塑料品种。

(2) 用途　聚苯乙烯由于具有高透明度、廉价、刚性、绝缘、印刷性好、易成型等优点，使它在轻工制品、装潢和包装等方面有一定的使用价值。

8.4.1.5　聚对苯二甲酸乙二醇酯（PET）

(1) 性能　聚对苯二甲酸乙二醇酯系结晶型聚合物，密度为1.30～1.38 g·cm^{-3}，熔点为255～260℃，在热塑性塑料中具有最大的强韧性，其薄膜拉伸强度可与铝箔相匹敌，为聚乙烯的9倍，聚碳酸酯和尼龙的3倍。

聚对苯二甲酸乙二醇酯在较高温度下，也能耐氟氢酸、磷酸、乙酸、乙二酸，但盐酸、硫酸、硝酸能使它受到不同程度的破坏，如拉伸强度下降。强碱尤其是高温下的碱，能使它的表面发生水解，其中以氨水的作用更剧烈。

(2) 用途　聚对苯二甲酸乙二醇酯除了大量用于抽丝做纤维外，多用于制造薄膜，大量用于电影片基、X光片基、录音音像带基。由于电性能好，在电气、电子工业中可做B级(130℃)绝缘材料。此外，还大量用于吹塑瓶子，如用于调味品、食用油、饮料、化妆用品瓶子。注射制品坚韧耐磨，吸湿性小，尺寸稳定，弹性模量高，并具有优良的电性能和耐化学性，主要用于机械、电气电子精密结构件，如线圈骨架、配电开关、继电器原件等。

8.4.1.6　聚酰胺（PA）

(1) 性能　聚酰胺是乳白色或微黄色不透明粒状或粉状物，密度为1.02～1.15g/cm^3，吸水率为0.3%～9.0%，随着链节中碳原数的增加，密度和吸水率趋于降低。

聚酰胺具有优良的耐磨性，各种聚酰胺的摩擦系数差别不大，通常在0.1～0.3之间。如果在聚酰胺中添加二硫化钼、石墨等填料或聚四氟乙烯粉末，可进一步提高其耐磨性。

(2) 用途　聚酰胺在工业上主要用于制造各种机械、汽车、化工、电子和电器装置的零部件，特别用于高强度或耐磨制件，如各种齿轮、滑轮、轴承、泵体中叶轮、风箱叶片、高压密封圈、阀座、垫片、各种壳体、工具手柄、支撑架、汽车灯罩等。在电子仪器设备、继电器等电器设备中制作零件、电梯导轨、建筑装饰用扶手等。在包装上可制成薄膜，与铝箔制成复合材料，用于罐头、食品和饮料的包装。

8.4.1.7　聚偏二氯乙烯（PVDC）

(1) 性能　聚偏二氯乙烯是半透明至透明材料，带有不同程度的黄色。经紫光照射后发出淡紫色荧光。密度为1.70～1.75g·cm^{-3}，吸水性<0.1%。与其他塑料相比，聚偏二氯乙烯对很多气体和溶液具有很低的透过率，故广泛用作包装材料。

纯聚偏二氯乙烯由于难以制得适当的测试样品，因而很少获知其力学性能。主要是测定共聚物的强度。聚偏二氯乙烯的力学性能与结晶的种类、数量和定向程度有关。拉伸强度随结晶度升高，而韧性和伸长率则随之而下降。

聚偏二氯乙烯在热、紫外线、离子辐射、碱性试剂、催化金属或盐类作用下容易分解，分解反应的共同特点是有氯或氢释放出来。

(2) 用途　聚偏二氯乙烯除作纤维用外，主要用作包装薄膜。此外还可作为防湿的涂料和黏合剂。

8.4.1.8　聚乙烯醇（PVA）

(1) 性能　聚乙烯醇的密度为1.26～1.29 g·cm^{-3}，折射率为1.52，紫外线照射后发蓝白色荧光。吸水性大，浸入水中能溶解。对纤维的含水率可达30%～50%，在65%RH、25℃环境下的润湿率也可达4.5%。能透过水蒸气，但难透过醇蒸气，更不能透过有机溶剂蒸气、惰性气体和氢气。聚乙烯醇薄膜的阻气性甚至优于聚偏二氯乙烯薄膜。

聚乙烯醇的弹性模数为4400～5400MPa，拉伸强度为35MPa，伸长率取决于含湿量，平均可达450%；纤维的湿强度是干强度的55%～60%；薄膜的硬度随分子量的增加而增加。聚乙烯醇虽为结晶性高聚物，但熔点不敏锐，融熔温度范围为220～240℃。玻璃化温度为85℃。聚乙烯醇受热软化，稳定使用温度为120～140℃。在250℃，有氧存在分解时，产生自燃。

(2) 用途　由于聚乙烯醇具有良好的透明性、韧性、印刷性，极好的阻气性和良好的耐化学性，作为水溶性的包装材料是十分适宜的。

8.4.2 橡胶

橡胶可分为天然橡胶与合成橡胶二种。天然橡胶是从橡胶树、橡胶草等植物中提取胶质后加工制成；合成橡胶则由各种单体经聚合反应而得。橡胶制品广泛应用于工业或生活用品各方面。

天然橡胶是橡胶树浆汁液，经过凝固处理压制成生胶。其主要成分是异戊二烯，其余为蛋白质、脂肪酸等成分。橡胶的分子很大，约有3000～5000个异戊二烯分子，它的平均分子量达23万左右。异戊二烯的结构如下：

$$CH_2{=}CH{-}\underset{\displaystyle CH_3}{\underset{|}{C}}{=}CH_2$$

天然橡胶是由异戊二烯聚合而成的高聚物。

$$n\,CH_2{=}CH{-}\underset{\displaystyle CH_3}{\underset{|}{C}}{=}CH_2 \longrightarrow \left[CH_2{-}CH{=}\underset{\displaystyle CH_3}{\underset{|}{C}}{-}CH_2\right]_n$$

合成橡胶的品种很多，主要有顺丁橡胶、丁苯橡胶和丁腈橡胶等。

8.4.2.1 顺丁橡胶

顺丁橡胶是合成橡胶中一种通用橡胶，它的全称叫顺式-1，4-聚丁二烯橡胶，其结构式如下：

$$\left[\begin{array}{cccccccc} H & & & H & H & & & H \\ | & & & | & | & & & | \\ C & & & C{-} & C & & & C \\ | & \diagdown & & \diagup | & | \diagdown & & \diagup & | \\ H & & C{=}C & H & H & C{=}C & & H \\ & & | \quad | & & & | \quad | & & \\ & & H \quad H & & & H \quad H & & \end{array}\right]_n$$

8.4.2.2 丁苯橡胶

丁苯橡胶是目前合成橡胶中生产规模最大、产量最高、品种最多的一种通用橡胶。它由丁二烯和苯乙烯经过共聚而制得。

$$nCH_3{=}CH{-}CH{=}CH_2 + nCH{=}CH_2 \longrightarrow \left[\underset{\displaystyle O}{\underset{\|}{C}}H_2CH{=}CHCH_2CH_3CH\right]_n$$

（式中苯乙烯的CH及产物末端CH上各连一个苯环）

8.4.2.3 丁腈橡胶

丁腈橡胶是丁二烯和丙烯腈在水乳液中共聚而制得的。它是特种橡胶中出现较早、产量最大的一种。丁腈橡胶的结构式为：

$$\left(CH_2{-}CH{=}CH{-}CH_2\right)_m\left(CH_2{-}\underset{\displaystyle CN}{\underset{|}{C}}H\right)_n$$

图 8-4　印刷常用的橡皮布

四大印刷方式中，平版胶印属于间接印刷，其中一个很重要的油墨转移部分是橡皮布滚筒。印刷橡皮布是由多层专用纤织品和合成橡胶化合物制成，在制造作业时，纤织品和橡胶用热能和化学能量在精确控制的工序中结合在一起，此外不同的化合物和结构赋予橡皮布在印刷机上不同的性能。

印刷橡皮布的纤织品层是每层都不相同，纤织品层是合成和天然纤维所组成，强度和耐性每层都不相同。如图 8-4 所示。

8.4.3　植物油

植物油过去是油墨连结料的主要原料，现在仍然是它的重要原料之一。植物油的主要成分是甘油三高级脂肪酸甘油酯（简称甘油三酸酯），其化学式可简单表示为：

$$
\begin{array}{l}
\qquad\qquad\quad \mathrm{O} \\
\qquad\qquad\quad \| \\
\mathrm{CH_2{-}O{-}C{-}R_1} \\
|\qquad\qquad\ \ \mathrm{O} \\
|\qquad\qquad\ \ \| \\
\mathrm{CH{-}O{-}C{-}R_2} \\
|\qquad\qquad\ \ \mathrm{O} \\
|\qquad\qquad\ \ \| \\
\mathrm{CH_2{-}O{-}C{-}R_3}
\end{array}
$$

式中 R_1、R_2、R_3 代表脂肪酸基中的烃基部分，是多碳链结构，碳数一般在 6～24 的范围，可相同也可不同；碳链间的结合可完全为单键，也可含有一个、二个或三个双键，前者叫作饱和脂肪酸基，后者叫作不饱和脂肪酸基。植物油是含有多种复杂的饱和与不饱和甘油三酸酯的混合物。

油墨工业常用的几种重要的植物油有桐油、亚麻仁油、豆油、蓖麻油。

8.4.4　胶黏剂

广义来讲，凡是能够粘合材料或部件的物质都可称为胶黏剂。如牛皮胶、骨胶、鱼胶、虫胶等，都是我们熟悉的天然胶黏剂。随着高分子化学的迅速发展，由人工合成了大量性能优良的新型胶黏剂。用这些具有不同性能的新型胶黏剂不但可以粘合纸张、木材及其他非金属材料，还可将金属与金属互相粘合起来。在印刷业常用来代替线或铁丝进行书籍的装订（无线胶订），也用于铜锌版、感光树脂版与木托、金属底托的粘合等。

胶黏剂的基本成分是高聚物。此外，一般还有固化剂、溶剂、填料、增塑剂等。印刷业常用的胶黏剂有下列几种。

（1）聚醋酸乙烯乳液　聚醋酸乙烯乳液俗称白胶，主要成分是聚醋酸乙烯酯。它是由醋酸乙烯酯经聚合而成的一种树脂。乳白色，无毒。可以与水混合，溶于乙醇、乙醚、丙酮和各种酯类。吸水性大，黏着力强，耐稀酸、稀碱，是一种优良的胶黏剂。用作装订用胶，也用于凸版感光版材和金属版黏结片基、木托等。

（2）聚乙烯醇缩丁醛　聚乙烯醇缩丁醛又称缩丁醛树脂，是聚乙烯醇与丁醛缩合而成的高分子化合物。其聚合度一般为 200～1500，由于聚合度不同，其物理性质和化学性质也随着改变。白色或淡黄色粉末，相对密度 1.107，吸湿率不大于 4%，软化温度 60～65℃。溶于乙醇、醋酸乙酯、二氯乙烯等，也溶于醇类、酯类、酮类的混合溶剂，不溶于烃类和油类。耐气候性强，但化学稳定性不高。缩丁醛树脂常用作感光版材的胶黏剂。

（3）环氧树脂　环氧树脂指含有环氧基团的高分子聚合物，其种类很多。根据不同的配比和制法，可得不同分子量的产品。低分子量的是黄色或琥珀色高黏度透明液体。高分子量的是固体，溶于丙酮、乙二醇、甲苯和苯乙烯等。与多元胺、有机酸酐或其它塑化剂等反应变成坚硬的体型高分子化合物。无臭、无味，耐碱、耐大部分溶剂，对金属和非金属有优良的黏合力。

复习思考题

1. 解释下列名词：

单体　聚合度　加聚反应　缩聚反应　塑料　橡胶

2. 高分子化合物是如何命名的？
3. 合成高聚物的典型反应有哪几类？
4. 印刷中常见的高分子材料有哪几类？分别有哪些用途？

习　题

1. 高分子的分类方法有哪些？分别分为哪些种类？
2. 高聚物的结构特点有哪些？分别决定其哪些性能？
3. 写出聚乙烯、聚苯乙烯、涤纶、尼龙－66、聚丁二烯的分子结构式。
4. 下列结构的高聚物是由何种单体经加聚还是缩聚反应合成的？并指出各属于哪一类高分子材料。

(1) $\sim\sim CH_2-\underset{OH}{\underset{|}{CH}}-CH_2-\underset{OH}{\underset{|}{CH}}-CH_2-\underset{OH}{\underset{|}{CH}}-CH_2-\underset{OH}{\underset{|}{CH}}\sim\sim$

(2) $\sim\sim CH_2-\underset{Cl}{\underset{|}{C}}=CH-CH_2-CH_2-\underset{Cl}{\underset{|}{C}}=CH-CH_2\sim\sim$

5. 举例说明高分子材料在包装印刷领域有哪些应用特性？

9 界面化学基础

【学习要求】

1. 了解表面张力的基本概念。
2. 掌握弯曲液面的表面张力。
3. 掌握表面活性剂及其在印刷业的应用。
4. 了解乳化的概念及其印刷中的乳化现象。

在印刷工业中，无论是油墨、纸张、印版等印刷材料的生产制备，还是在各种工艺的印刷过程中，都要涉及界面现象。所谓界面现象，就是指相界面发生的物理或化学的现象。

界面现象产生的原因是由于表面层分子与相内的分子存在着力场上的差异，因而使表面分子具有特殊性。如图 9-1 所示的气-液界面，液相内部分子受到的周围分子的吸引力是对称的，各个方向的引力相互抵消，总的受力效果是合力为零。但处于表面层的分子受周围分子的引力是不均匀的，不对称的，气相分子由于密度很小，对液体表面分子的引力远远小于液体表面层分子受液相内部分子的引力，故液体表面层分子所受合力不为零，而是受到一个指向液体内部的拉力作用，力图把表面分子拉入液体内部，因而表现出液体表面有自动收缩的趋势，形成表面分子的特性。通常，物体的比表面不大，表面分子数不多，表面特性不显著，可以不考虑。但高分散度的物体或多孔固体的表面很大，其表面特性显得非常重要。

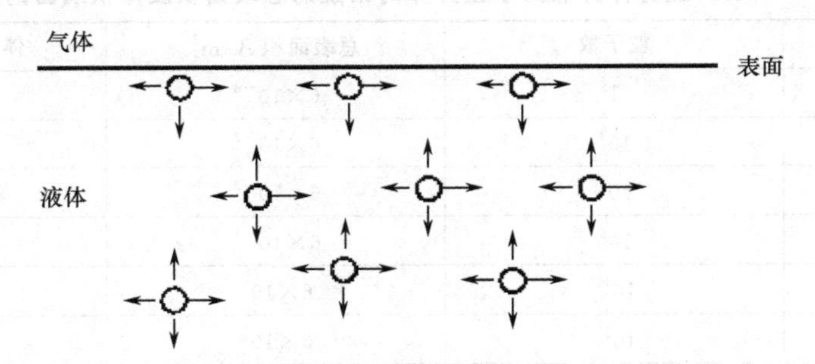

图 9-1　液体分子的受力情况

界面主要有五种类型：气-液、液-液、液-固、气-固、固-固界面。通常将气-液、气-固界面称为表面（surface）。但实际上界面和表面不是严格区分的，习惯上也把其他界面统称为表面。

无数事实表明，物质的界面特性在任何两相分界面上都能或多或少地表现出来，因此，界面现象是自然界中最普遍的现象之一，它存在于一切多相系统中两相之间的界面上，如荷叶上的水滴会自动呈球形，水在玻璃毛细管中会自动上升，固体表面会自动地吸附其他物质，天然棉不易被水润湿而脱脂棉则易被润湿，微小液滴更易于蒸发等。

掌握必要的界面化学基础知识，对印刷生产及相关科学研究具有非常重要的理论意义和实际意义。本章主要介绍界面化学的一些基本概念及其表面活性剂在印刷中的应用。

9.1 系统的分散度与表面自由能

9.1.1 分散度和比表面

把物质分散成细小微粒的粒度，称为分散度（Dispersity）。通常用比表面（Unit Surface）来表示物质的分散度。其定义为：单位体积的物质所具有的表面积，即

$$A_V=\frac{A}{V} \tag{9-1a}$$

式中 A——物质所具有的总表面积；

V——体积。

对于多孔性的固体如活性炭、硅胶、分子筛等吸附剂，它们不仅有外观的表面，内部还有许多微孔和孔道，因此还有内表面，这时外表面对于内表面而言通常是微不足道的。在这种情况下，比表面常以单位质量物质所具有的表面积来表示，即

$$A_m=\frac{A}{m} \tag{9-1b}$$

式中 A——物质的总表面积；

m——质量。

高度分散的物质系统具有巨大的表面积。例如将边长为 10^{-2} m 的立方体物质颗粒分割成边长为 10^{-9} m 的小立方体微粒时，其总表面积和体积表面将增加一千万倍（见表 9-1）。高度分散具有巨大表面积的物质系统，往往产生明显的表面效应，因此必须充分考虑表面效应对系统性质的影响。

表 9-1 1cm^3 立方体分散为小立方体时系统的总表面积及体积表面的变化

立方体边长 l/m	粒子数	总表面积 A/m^2	体积表面 A_V/m^{-1}
10^{-2}	1	6×10^{-4}	6×10^{2}
10^{-3}	10^{3}	6×10^{-3}	6×10^{3}
10^{-4}	10^{6}	6×10^{-2}	6×10^{4}
10^{-5}	10^{9}	6×10^{-1}	6×10^{5}
10^{-6}	10^{12}	6×10^{0}	6×10^{6}
10^{-7}	10^{15}	6×10^{1}	6×10^{7}
10^{-8}	10^{18}	6×10^{2}	6×10^{8}
10^{-9}	10^{21}	6×10^{3}	6×10^{9}

9.1.2 表面张力、表面能、比表面吉布斯函数

众所周知，一杯水中处于中间的水分子，受到周围水分子的吸引力是平衡的；而在水与空气界面上的水分子，受到空气的吸引力要比水的吸引力小得多，所以液体表面总是受到向内的拉力而呈自动收缩之势。若将液相中的分子移到液体表面以扩大液体的表面积，则必须

由环境对系统做功，这种为扩大液体表面所做的功称为表面功。表面功是一种非体积功（W'），在可逆的条件下，环境对系统做的表面功（$\delta W'$）与系统增加的表面积 dA 成正比，即：

$$\delta W' = -\sigma dA \tag{9-2}$$

式中比例系数 σ 为增加液体单位表面积时环境对系统所做的功，即比表面能，简称表面能，其单位是 $J \cdot m^{-2}$。因 σ 的单位是 $J \cdot m^{-2} = N \cdot m \cdot m^{-2} = N \cdot m^{-1}$，即作用在表面单位长度上的力，故又称 σ 为表面张力。可见，表面张力是垂直作用于表面上单位长度的收缩力，其作用的结果是使液体表面积缩小，其方向对于平液面是沿着液面并与液面平行（如图 9-2），对于弯曲液面则与液面相切（如图 9-3）。

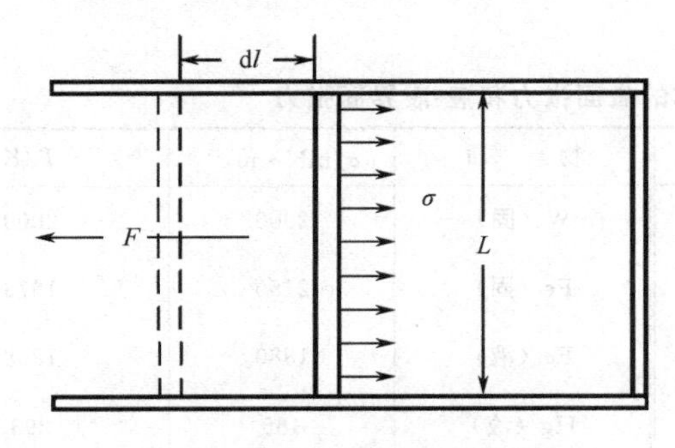

图 9-2　表面张力实验示意图

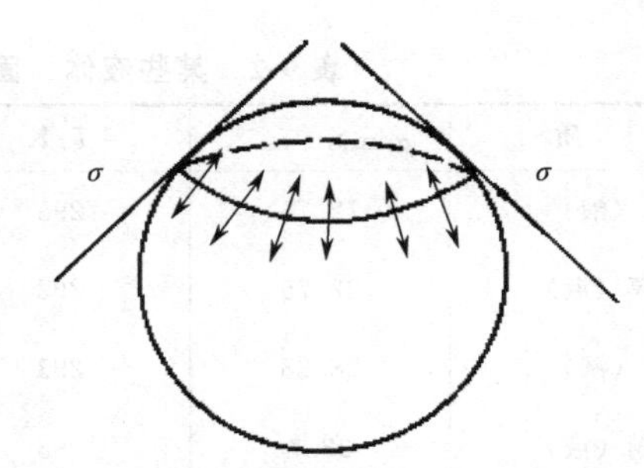

图 9-3　弯曲液面的表面张力

表面张力及表面能是从不同的角度反映了物质表面层分子受力不均匀的特性，单位经换算后相同，习惯上常以表面张力表示表面能。

设在恒温恒压、组成不变的条件下可逆地扩展表面 dA，由热力学基本方程 $dG = -SdT + Vdp - \Delta W'$，代入式（9-2）得

$$dG_{T,P} = \sigma dA \tag{9-3}$$

$dG_{T,P} < 0$ 的过程是自发过程。所以恒温、恒压下凡使 A 变小（表面收缩）或使 σ 下降（吸附外来分子）的过程都会自发进行，这是产生表面现象的热力学原因，由式（9-3）得：

$$\sigma = \left(\frac{\partial G}{\partial A}\right)_{T,P} \tag{9-4}$$

上式表明，σ 等于在恒温、恒压、恒组成下，增大单位表面积时系统吉布斯函数增量。因此，σ 又称为比表面自由焓。

综上所述，表面能、表面张力和比表面自由焓是从能量、力学及热力学角度反映了物质表面层分子受力不均匀的特性。

9.1.3　影响表面张力的因素

表面张力决定于界面的性质，因此，影响物质性质的因素对表面张力均有影响。

9.1.3.1　分子间力的影响

表面张力与物质的本性和与所接触相的性质有关。液体或固体中的分子间的相互作用力或化学键力越大，表面张力越大。一般说来，有：σ（金属键）$>$ σ（离子键）$>$ σ（极性共价键）$>$ σ（非极性共价键）。

同一种物质与不同性质的其他物质接触时，表面层中分子所处力场也不同，导致表面（界面）张力出现明显差异。一般液-液界面张力介于两种纯液体表面张力之间。

固态物质也存在表面张力。构成固体的物质粒子间的作用力远大于液体的，所以固态物

质一般要比液态物质具有更大的表面张力（见表 9-2）。对于液（或固）体，如未特别指明，表面张力是指液（或固）体与其自身的蒸气间的界面张力。

9.1.3.2 温度的影响

同一物质的表面张力因温度不同而异，当温度升高时物质的体积膨胀，分子间的距离增加，分子之间的相互作用减弱，所以当温度升高时，大多数物质的表面张力都是逐渐减小的（见表 9-3），在相当大的温度范围内，两者近似呈线性关系。例如 CCl_4 在 0～270℃的范围内，表面张力与温度的关系几乎是一条直线。当温度趋近于临界温度时，气-液界面趋于消失，任何物质的表面张力 σ 皆趋近于零。但也有少数物质，例如 Cd、Cu 及其合金，钢液及某些硅酸盐等液态物质的表面张力却随着温度的升高而增加，这些反常现象目前还没有一致的解释。

表 9-2 某些液体、固体的表面张力和液-液界面张力

物 质	σ/mN·m^{-1}	T/K	物 质	σ/mN·m^{-1}	T/K
水（液）	72.75	293	W（固）	2900	2000
乙醇（液）	22.75	293	Fe（固）	2150	1673
苯（液）	28.88	293	Fe（液）	1880	1808
丙酮（液）	23.7	293	Hg（液）	485	293
正辛醇（液/水）	8.5	293	Hg（液/水）	415	293
正辛酮（液）	27.5	293	KCl（固）	110	298
正己烷（液/水）	51.1	293	MgO（固）	1200	298
正己烷（液）	18.4	293	CaF_2（固）	450	78
正辛烷（液/水）	50.8	293	He（液）	0.308	2.5
正辛烷（液）	21.8	293	Xe（液）	18.6	163

表 9-3 不同温度下液体的表面张力（σ） 单位：mN·m^{-1}

液 体	0℃	20℃	40℃	60℃	80℃	100℃
水	75.64	72.75	69.56	66.18	62.61	58.85
乙醇	24.05	22.27	20.60	19.01	—	—
甲醇	24.5	22.6	20.9	—	—	15.7
四氯化碳	—	26.8	24.3	21.9	—	—
丙酮	26.2	23.7	21.2	18.6	16.2	—
甲苯	30.74	24.83	26.13	23.81	21.53	13.39
苯	31.6	28.9	26.3	23.7	21.3	—

9.1.3.3 压力的影响

表面张力一般随压力增加而下降。这是由于随压力增加，气相体积质量增大，同时气体分子更多地被液面吸附，并且气体在液体中溶解度也增大，以上三种效果均使 σ 下降。

9.2 纯液体的表面现象

9.2.1 弯曲液面的附加压力

通常情况下，我们遇到的大面积的液面总是平坦的，这时表面张力的方向也是水平的，且相互平衡，合力为零。这时液体表面内外压力相等，且等于表面上的外压力。但是一些小面积液面，如毛细管中的液面，砂子或黏土之间的毛细缝液面，以及气泡、水珠的液面，这些都是曲面。弯曲液面下的液体或气体承受的压力与平面下的压力不同，不仅要承受外压 $P_{外}$，而且还要受到弯曲液面的附加压力 ΔP 的影响。

弯曲液面为什么会产生附加压力？图 9-4（a）～图 9-4（c）分别为平液面和球形弯曲液面，P_g 为大气压力，P_l 为弯曲液面内的液体所承受的压力。在凸液面［图 9-4（b）］上任取一个小截面 ABC，沿截面周界线以外的表面对周界线有表面张力的作用。表面张力的作用点在周界线上，其方向垂直于周界线，而且与液滴的表面相切。周界线上表面张力的合力在截面垂直的方向上的分量并不为零，对截面下的液体产生压力的作用，使弯曲液面下的液体所承受的压力 P_l 大于液面外大气的压力 P_g。弯曲液面内外的压力差，称为附加压力，即

$$\Delta P = P_l - P_g \tag{9-5}$$

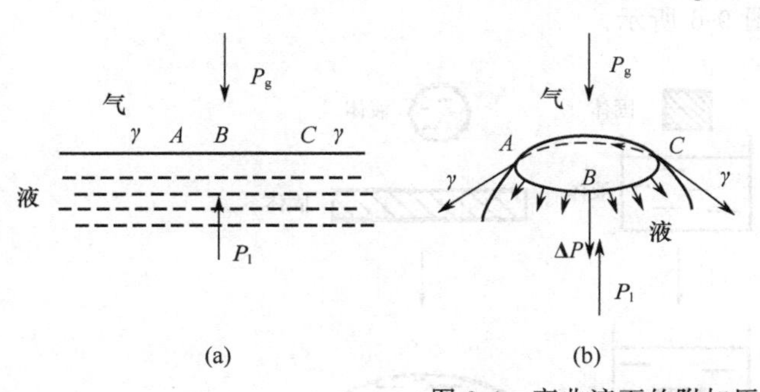

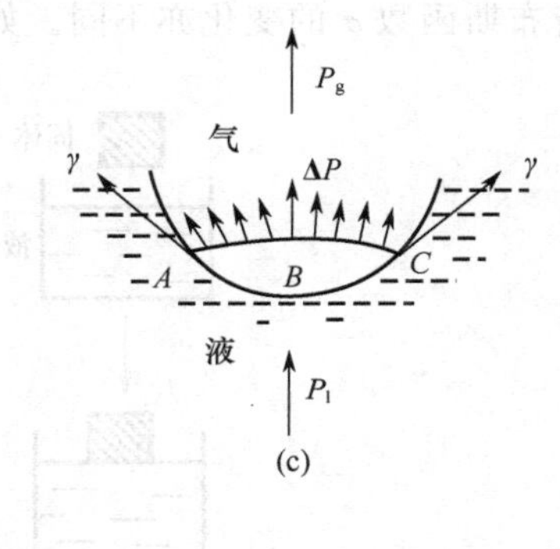

图 9-4 弯曲液面的附加压力

为了导出弯曲液面的附加压力 ΔP 与弯曲液面曲率半径 r 之间的关系，假设有一半径为 r 的圆球形液滴，通过球的中心画一截面，如图 9-5 所示，沿着截面周界线两边的液面对周界线皆有表面张力的作用。图中只画出了周界线下边的液面对周界线的作用，若不考虑液体静压力的影响，则沿截面周界线上表面张力的合力 F，就等于垂直作用于截面上的力，即 $F = 2\pi r\sigma$。

垂直作用于单位截面积上的力，即为附加压力：

$$\Delta P = P_l - P_g = F/(\pi r^2) = 2\pi r\sigma/(\pi r^2)$$

故得拉普拉斯方程：

$$\Delta P = \frac{2\sigma}{r} \tag{9-6}$$

可想而知，若将一滴液滴切成两半，由于表面张力的作用，必然会立即变成两个小液滴，决不会像切开西瓜那样形成两个半球形。图中箭头的方向仅表示作用于截面界线上的 σ 及其合力 F 的方向，而附加压力 ΔP 却永远指向弯曲液面曲率半径的中心。由式（9-6）可知：

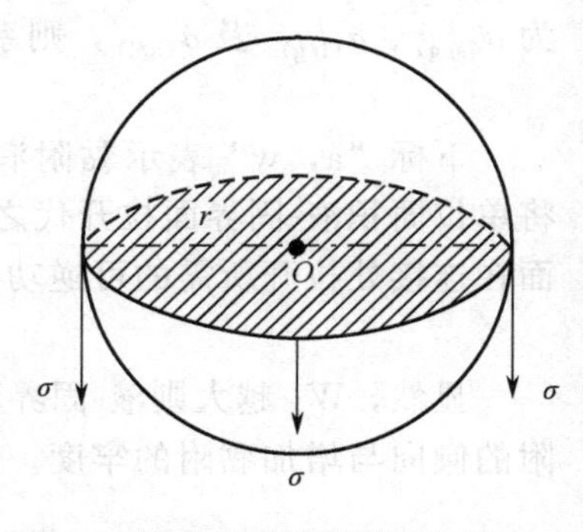

图 9-5 圆球形液滴的附加压力

对于凸液面 $r > 0$，$\Delta P = P_l - P_g > 0$，ΔP 为正值，

指向液体中心；

对于凹液面 $r<0$，$\Delta P=P_1-P_g<0$，ΔP 为负值，指向气泡中心；

对于水平液面 $r\to\infty$，$\Delta P=0$。

式（9-6）只适用于曲率半径 r 为定值的小液滴或液体中小气泡的附加压力的计算。对于泡沫的附加压力，因其有内外两个气-液界面，故拉普拉斯方程应为

$$\Delta P=\frac{4\sigma}{r} \tag{9-7}$$

ΔP 的大小与弯曲液面的曲率半径 r 成反比，其方向指向曲率半径的中心。弯曲液面的曲率半径愈小，其表面效应愈明显，而毛细管现象则是弯曲液面具有附加压力的必然结果。

9.2.2 润湿与铺展

润湿现象是表面现象的重要内容之一，指的是固体表面上的气体（或液体）被液体（或另一种液体）取代的现象。其热力学定义为：固体与液体接触后系统的吉布斯函数减小（$\Delta G\leqslant 0$）的现象。

9.2.2.1 润湿的分类

按润湿的程度一般可将润湿分为三种类型：黏附润湿（adhesion wetting）、浸渍润湿（dipping wetting）、铺展润湿（spreading wetting）。其区别在于被取代的界面不同，因而界面吉布斯函数 σ 的变化亦不同。如图 9-6 所示。

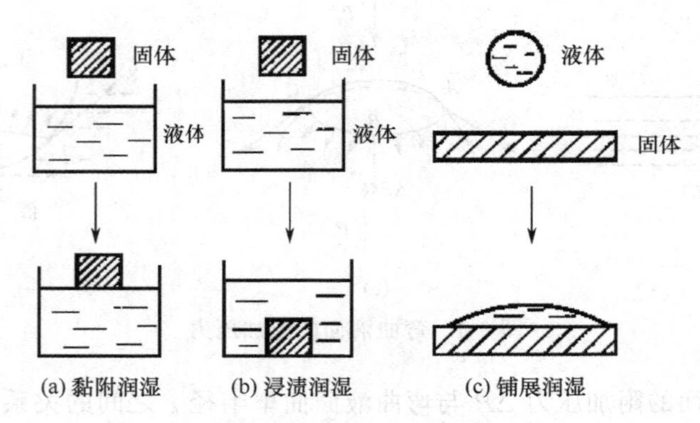

图 9-6 润湿的三种形式

（1）黏附润湿 这是液体直接接触固体，变气-液界面和气-固界面为液-固界面的过程。如油墨从版面转移到承印物的表面。设被取代的界面为单位面积，单位界面吉布斯函数分别为 $\sigma_{(s/g)}$、$\sigma_{(l/g)}$ 及 $\sigma_{(s/l)}$，则系统在恒温恒压下黏附润湿过程吉布斯函数的变化分别为：

$$\Delta G_{a,w}=\sigma_{(s/l)}-[\sigma_{(s/g)}+\sigma_{(l/g)}] \tag{9-8}$$

下标“a，w”表示黏附润湿，由上式得，$\sigma_{(s/g)}+\sigma_{(l/g)}-\sigma_{(s/l)}=-\Delta G_{a,w}$，它表示将单位面积液-固界面拉开代之以气-液、气-固界面时系统的自由焓变化，即等于将液-固界面在连接处拉开所需的可逆功。它用以衡量液体对固体的黏附力，称为黏附功 W_a。

$$W_a=\sigma_{(s/g)}+\sigma_{(l/g)}-\sigma_{(s/l)} \tag{9-9}$$

显然，W_a 越大则液-固界面的黏附越牢固，任何使 $\sigma_{(s/l)}$ 减小的作用都可以增加发生黏附的倾向与增加黏附的牢度。若把固相换成另一种液体，则可得另一个参数 W_c：

$$W_c=\sigma_{(l/g)}+\sigma_{(l/g)}-0=2\sigma_{(l/g)} \tag{9-10}$$

W_c 称为液体的内聚功，它表示将单位截面积的液柱断裂，产生两个气-液界面时系统的

自由焓变化，等于将这个液柱拉开所需的可逆功，用以衡量液体本身的结合力。

(2) 浸渍润湿　浸渍是固体直接浸入液体，使原来的气-固界面为液-固界面所代替的过程。清洗金属、油墨制造中颜料的分散等即是其例。系统在恒温恒压下，浸渍润湿过程吉布斯函数的变化分别为：

$$\Delta G_{d,w}=\sigma_{(s/l)}-\sigma_{(s/g)} \tag{9-11}$$

下标“d，w”表示浸渍润湿，当 $\Delta G_{d,w}<0$，即 $\sigma_{(s/g)}>\sigma_{(s/l)}$ 时，浸渍润湿过程才能自发进行。

(3) 铺展润湿　铺展过程是液体与固体表面接触后，在固体表面上排除空气而自行铺展的过程，即一个以液-固界面取代气-固界面同时液体表面也随之扩展的过程。在此过程中，失去了固-气界面，形成了固-液、液-气界面。设液体在固体表面上展开了单位面积，则在恒温恒压下，此过程引起的体系自由焓变化为：

$$\Delta G_{s,w}=[\sigma_{(s/l)}+\sigma_{(l/g)}]-\sigma_{(s/g)} \tag{9-12}$$

下标“s，w”表示铺展润湿。定义 $-\Delta G_{s,w}$ 为铺展系数 S（spreading coefficient）：

$$S=\sigma_{(s/g)}-[\sigma_{(s/l)}+\sigma_{(l/g)}] \tag{9-13}$$

显然，若 $S>0$，即 $\sigma_{(s/g)}>[\sigma_{(s/l)}+\sigma_{(l/g)}]$，则液体可自行铺展于固体表面。印刷中润版液在版基上吸附和铺展的情况取决以下三种力：润版液与空气的界面张力，润版液与版基之间的界面张力和版基与空气的界面张力，从式（9-13）可以看出，要改善润版液在版基上的成膜状况，可以通过三种方式：

①减小润版液与空气的界面张力；

②减小润版液与版之间的界在张力；

③增大版基与空气的界面张力（吸附外界物质的能力）。

在实际工作中，一方面通过在版基上覆着无机盐层、氧化膜层增强极性、附着亲水胶体和增加版基面积的方法改善润版液在版基上的成膜情况，另一方面通过减小润版液的表面张力，达到同样目的。

将式（9-9）、式（9-10）结合式（9-13），可得

$$S=[\sigma_{(s/g)}-\sigma_{(s/l)}+\sigma_{(l/g)}]-2\sigma_{(l/g)}=W_a-W_c \tag{9-14}$$

此式表明 $S\geqslant 0$ 时，必定是 $W_a\geqslant W_c$。换言之，当固-液黏附功大于液体的内聚功时，液体可自行铺展在固体表面上。

利用式（9-8）、式（9-11）和式（9-12）还可以看出，对于指定系统有：

$$-\Delta G_{s,w}<-\Delta G_{d,w}<-\Delta G_{a,w}$$

即对于指定系统，在恒温恒压下，若能发生铺展润湿，必能进行浸渍润湿，更易进行黏附润湿。

9.2.2.2　接触角

液体在固体表面上的润湿程度还可用接触角来描述，如图 9-7 所示。

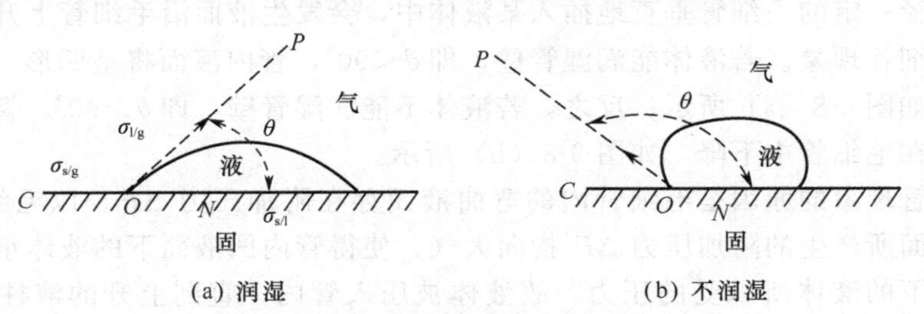

(a) 润湿　　(b) 不润湿

图 9-7　接触角与各界面张力的关系

由接触点 O 沿液-气界面作的切线 OP 与固-液界面 ON 间的夹角 θ 称为接触角（contact angle），即在气、液、固三相交界处，气-液界面切线经过液体与液-固界面切线所夹的角。当液体对固体润湿达平衡时，则在 O 点处必有：

$$\sigma_{(s/g)}=\sigma_{(s/l)}+\sigma_{(l/g)}\cos\theta \tag{9-15a}$$

或
$$\cos\theta=\frac{\sigma_{(s/g)}-\sigma_{(s/l)}}{\sigma_{(l/g)}} \tag{9-15b}$$

此方程称为润湿方程，是 1805 年由托马斯·杨（Thomas Young）给出，故又称杨氏（Young）方程。

需要特别指出的是，Young 方程只适用于 $\theta \geqslant 0°$ 的情况，或者说它不适用于铺展情况（$S>0$）。若将 Young 方程代入铺展条件式（9-13），则有：

$$S=\sigma_{(s/g)}-[\sigma_{(s/l)}+\sigma_{(l/g)}]>0$$

$$\frac{\sigma_{(s/g)}-\sigma_{(s/l)}}{\sigma_{(l/g)}}>1$$

$$\cos\theta>1$$

显然这是不可能的，或者说 θ 是不存在的。这就说明，Young 方程不能应用于铺展，因此有人说铺展是 $\theta=0°$ 或不存在时出现的润湿现象。

将 Young 方程代入式（9-8）、式（9-11）、式（9-12）得到三种润湿的条件：

①黏附润湿　$\Delta G_{a,w}=\sigma_{(g/l)}(\cos\theta+1)\leqslant 0$，$\theta\leqslant 180°$

②浸渍润湿　$\Delta G_{d,w}=-\sigma_{(g/l)}\cos\theta\leqslant 0$，$\theta\leqslant 90°$

③铺展润湿　$\Delta G_{s,w}=\sigma_{(g/l)}(\cos\theta-1)\geqslant 0$，$\theta=0°$或不存在

由上述讨论，在以接触角表示润湿性时，习惯上规定 $\theta=90°$ 为润湿与否的标准，即 $\theta>90°$，为不润湿，$\theta<90°$ 为润湿，θ 越小则润湿越好。当 $\theta=0°$ 或不存在时为铺展；当 $0°<\theta<90°$ 时为浸渍；当 $0°<\theta<180°$ 时为黏附润湿。在杨氏方程适用的条件下，只需测出 θ 及 $\sigma_{(g/l)}$，即可鉴别润湿的类型。故接触角 θ 是衡量系统表面润湿性能的一个很有用的物理量。表 9-4 给出了水在一些物质上的接触角。

表 9-4　水在不同物质表面上的接触角

物质	石英	孔雀石	方铅矿	石墨	滑石	硫	石蜡
θ/(°)	0	17	47	55～60	69	78	106

润湿作用有广泛的实际应用。如在喷洒农药、机械润滑、矿物浮选、注水采油、金属焊接、防水工程、涂料、印染及洗涤等方面的技术皆与润湿理论有密切的关系。

9.2.3　毛细现象

把一支半径一定的毛细管垂直地插入某液体中，会发生液面沿毛细管上升（或下降）的现象，称为毛细管现象。若液体能润湿管壁，即 $\theta<90°$，管内液面将呈凹形，此时液体在毛细管中上升，如图 9-8（a）所示；反之，若液体不能润湿管壁，即 $\theta>90°$，管内液面将呈凸形，此时液体在毛细管中下降，如图 9-8（b）所示。

产生毛细管现象的原因是毛细管内的弯曲液面存在附加压力 ΔP。以毛细管上升为例，由于管内凹液面所产生的附加压力 ΔP 指向大气，使得管内凹液面下的液体承受的压力小于管外水平液面下的液体所承受的压力，故液体被压入管内，直到上升的液柱产生的静压力 $\Delta\rho gh$ 等于 ΔP 时，达到力的平衡状态，即

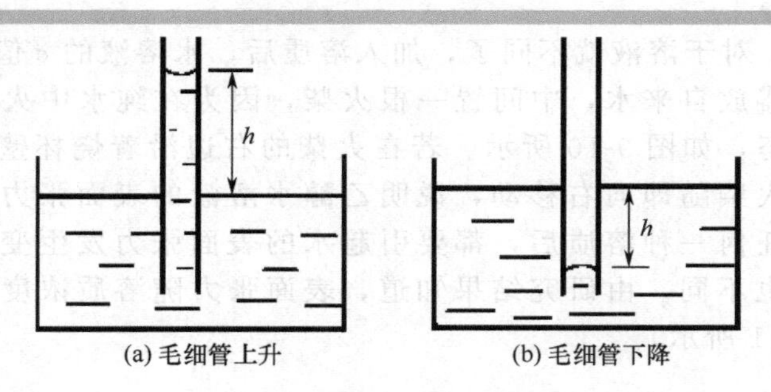

图 9-8　毛细管现象示意图

$$\Delta\rho g h = |\Delta P| = \frac{2\sigma}{|r|} \tag{9-16}$$

所以

$$h = \frac{2\sigma}{\Delta\rho g r} \tag{9-17}$$

式中　r——曲率半径。

由图 9-9 可见，r 与毛细管半径 R 之间的关系为 $r = R/\cos\theta$（θ 为润湿角，其定义详见本章 9.2），将此关系代入上式可得：

$$h = \frac{2\sigma\cos\theta}{\Delta\rho g R} \tag{9-18}$$

式中　σ——液体表面张力；

$\Delta\rho$——界面两边的两相密度差；

g——重力加速度。

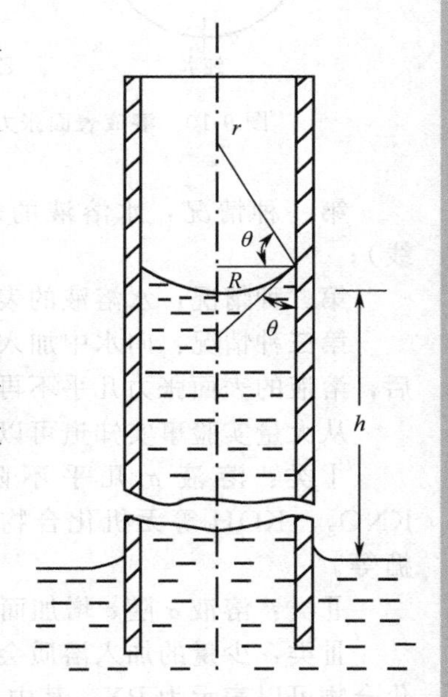

图 9-9　毛细管半径 R 与液面曲率半径 r 的关系

【例 9-1】 用毛细上升法测定甘油的表面张力，已知甘油的密度为 $1.26\text{g}\cdot\text{cm}^{-3}$，在半径为 0.4mm 的玻璃毛细管中上升的高度为 26.8mm，假设甘油能很好地润湿玻璃管（接触角设为零），求甘油的表面张力。

解：$\sigma = \dfrac{\rho g h R}{2\cos\theta}$

$= \dfrac{1.26\times10^{3}\times9.8\times0.4\times10^{-3}\times26.8\times10^{-3}}{2}$

$= 0.0662\text{N}\cdot\text{m}^{-1}$

综上所述，表面张力的存在是弯曲液面产生附加压力的根本原因，而毛细管现象则是弯曲液面具有附加压力的必然结果。印刷中，由于纸张纤维网状结构中有很多的毛细管，这种毛细管作用就会对油墨连结料的吸收和固着起到非常重要的作用。

9.3　溶液表面的吸附

9.3.1　溶液的表面张力与表面活性

纯液体在一定温度时具有一定的表面张力。纯水是单组分系统，在一定温度下，其表面张力σ也具有定值。对于溶液就不同了，加入溶质后，水溶液的σ值就会发生改变。例如，在一小烧杯中盛放自来水，中间置一根火柴，因为在纯水中火柴受两边表面张力的作用处于平衡状态，如图9-10所示。若在火柴的右边沿着烧杯壁小心缓慢滴加两滴乙醇，可以观察到火柴随即向右移动，说明乙醇水溶液的表面张力小于纯水。实验发现，在纯水中加入任何一种溶质后，都要引起水的表面张力发生变化，而且随溶质浓度的增加变化程度也不同。由研究结果知道，表面张力随溶质浓度而变化的规律主要有三种情况（图9-11所示）。

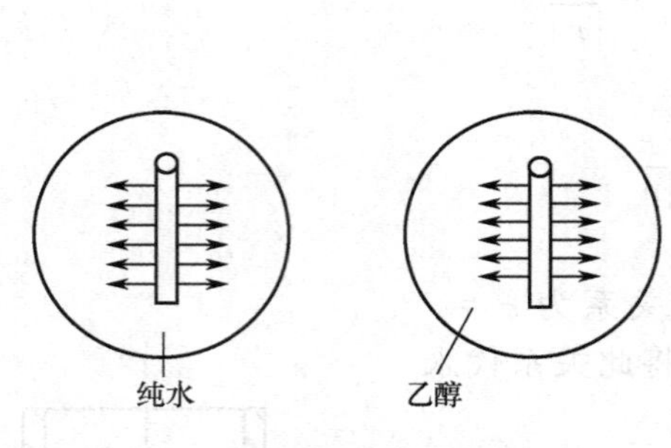

图9-10　溶液表面张力降低示意图

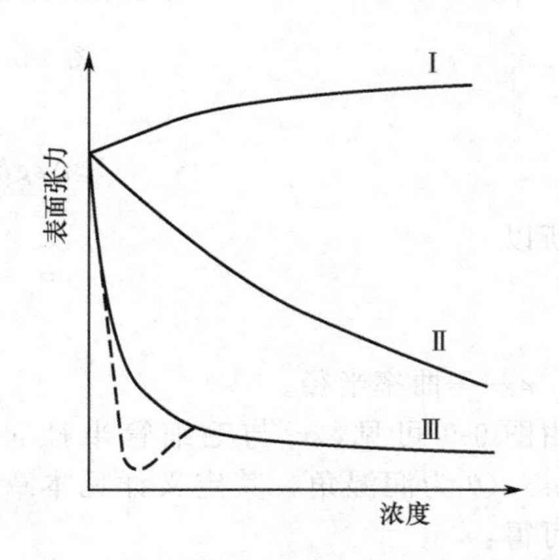

图9-11　溶液浓度与表面张力的关系

第一种情况：水溶液的表面张力随溶质浓度的增加而升高，且近于直线上升（Ⅰ线）；

第二种情况：水溶液的表面张力随溶质浓度增加而降低（Ⅱ线）；

第三种情况：向水中加入少量的溶质时，将引起溶液的表面张力急剧下降，至某一浓度后，溶液的表面张力几乎不再随溶液浓度的增大而变化（Ⅲ线）。

从大量实验事实知道可以把溶质按上述情况分为三类。

Ⅰ类：溶液σ几乎不随c变化或略有上升，一般是$NaCl$、Na_2SO_4、NH_4Cl、KNO_3、KOH等无机化合物，及含有多个羟基（$-OH$）的有机物如蔗糖、甘油、葡萄糖等。

Ⅱ类：溶液σ随c增加而逐渐降低，一般是醇、酸、胺等有机化合物。

Ⅲ类：少量的加入溶质会使溶液σ急剧下降，而后随σ几乎不随c而变化。属于此类的化合物可以表示为RX，其中R代表含有10个及10个以上碳原子的烷基；而X则代表极性基团，一般可以是$-OH$、$-COOH$、$-CN$、$-CONH_2$、$-COOR'$，也可以是离子基团，如$-SO_3^-$、$-NH_3^+$、$-COO^-$等。

图9-11中，Ⅰ类物质因不会使σ降低（即不具有活性）而被称为表面惰性物质。Ⅱ类、Ⅲ类物质能使溶剂的表面张力降低的性质，称为表面活性，这两类物质均为表面活性物质。其中的第Ⅲ类物质，因为少量加入就能显著降低液体表面张力，被称为表面活性剂。

9.3.2　表面活性剂简介

表面活性剂是印刷工业中必不可少的化学助剂，在印刷业的各个领域都得到广泛的应用。从感光物质的制备和使用、PS版的表面处理、胶印过程中的润版液、印刷过程中的清洗过程，直到各种油墨中作为稳定剂或者油墨助剂，造纸工业中制浆、湿部、表面施胶和涂布加工等过程中都要用到表面活性剂。

9.3.2.1　表面活性剂的结构特征

水中只要含有 1×10^{-3} mol·L^{-1} 的肥皂，就可以把水的表面张力从 73mN·m^{-1} 降低到 32 mN·m^{-1}。表面活性剂是一类能显著降低液体表面张力或两种液体（如水和油）之间界面张力的物质。从分子结构来看，表面活性剂都是由相反性质的两部分组成的，一部分是易溶于水的亲水基，一部分是易溶于油的憎水基（亲油基）。亲水基是指与水有较大亲和力的原子团如羟基、醋酸基、羧基等；憎水基也称亲油基，是指与油有较大亲和力的原子团，一般是 $C_8\sim C_{18}$ 的长链烷基或烷基苯基。例如，肥皂就是最常见的表面活性剂，其构造式一般写作 $CH_3(CH_2)_{14}COO^-Na^+$，其分子结构如图 9-12 所示。

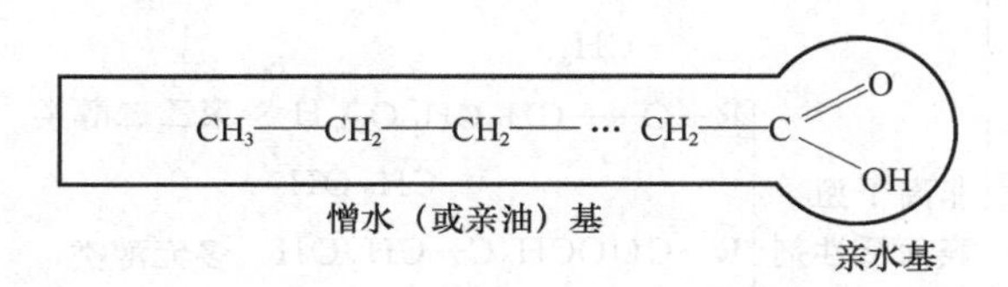

图 9-12　表面活性分子的两亲结构

基于结构的特点，表面活性分子在溶液表面上是有一定的取向。分子的亲水基指向极性溶剂，而亲油基则伸向表面的另一侧的空气中。当在纯水中溶入表面活性物质后，在液面上，部分水分子就被这类分子所代替，在其中所形成的定向排列减轻了原来表面受力不平衡的程度，从而减小了表面吉布斯函数值，降低了表面张力。显然，如果表面分子的亲油基愈长，在表面积聚愈多，吸附量就愈大，同时使溶液表面吉布斯函数和表面张力降低愈多，也就是该物质的表面活性愈大。

当开始向水中加入少量表面活性物质后，由于浓度很稀，表面活性分子的碳氢链大致平躺在表面上，但两亲分子受到水分子的吸引和排斥，故虽为平躺也还是有一定的取向（见图 9-13 中不饱和层）。随着浓度增大，吸附量增多，分子相互挤压，碳氢链便斜向空气（见图 9-13 中半饱和层）。随着浓度继续增大，分子则垂直规则排列如栅栏。溶液的全部表面均匀为表面活性分子占据，并形成一层单分子膜（见图 9-13 中饱和层）。

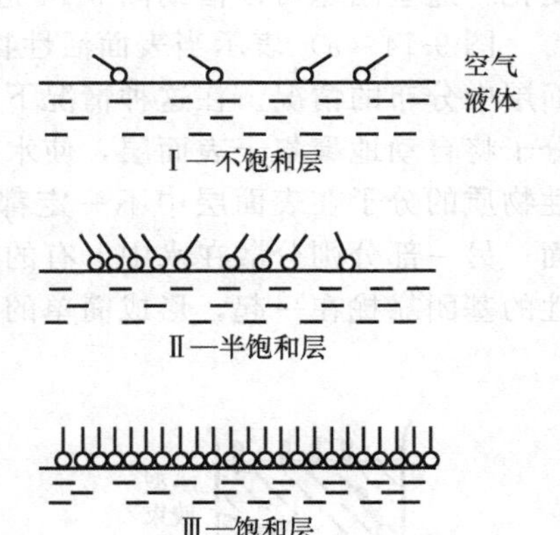

图 9-13　表面活性分子在液面上的定向排列

9.3.2.2　表面活性剂的分类

表面活性剂的分类有多种方式，如可根据使用目的或化学结构来分类。根据使用目的，表面活性剂可分为：润湿剂、洗涤剂、乳化剂、柔软剂、抗静电剂、分散剂、消泡剂等。

最常用且最方便的分类是按化学结构分类，一般分为离子型表面活性剂和非离子型表面活性剂两大类。在溶液中能电离形成离子的称为离子型表面活性剂；在溶液中不能电离的称为非离子型表面活性剂。离子型表面活性剂按其在溶液中具有表面活性作用的离子的带电情况，又可分为阴离子型表面活性剂、阳离子型表面活性剂和两性型表面活性剂。非离子型表面活性剂还可进一步分类。具体分类情况如下：

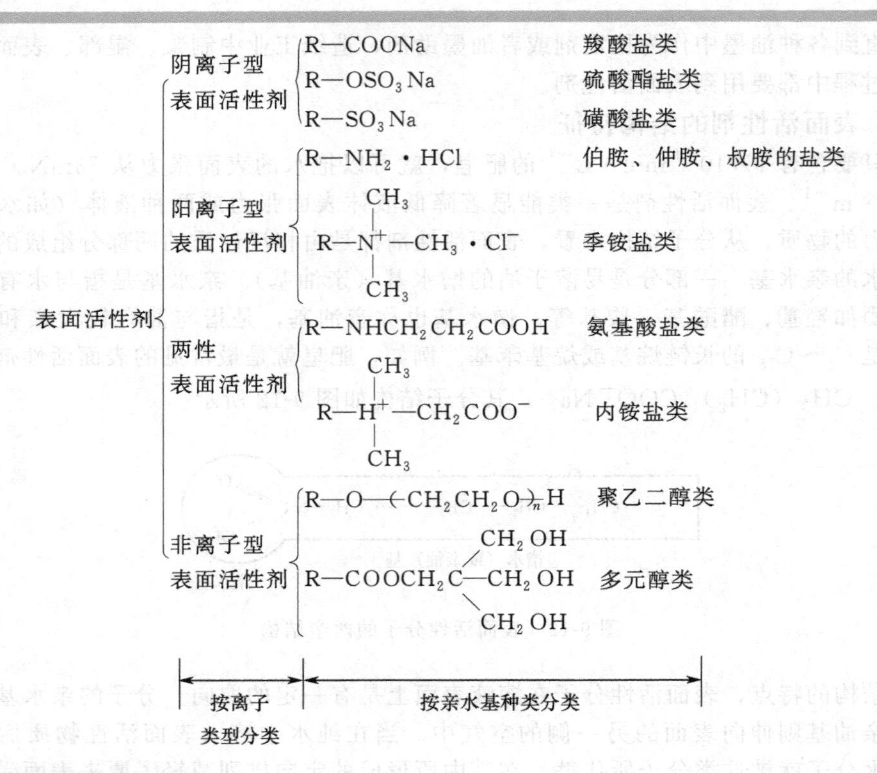

9.3.2.3 临界胶束浓度

为什么在表面活性剂的浓度极稀时，稍微增加其浓度就可使溶液的表面张力急剧降低？为什么当表面活性物质的浓度超过某一数值之后，溶液的表面张力又几乎不随浓度的增加而变化？这些问题可以借助图 9-14 进行解释。

图 9-14（a）表示当表面活性物质的浓度很稀时，表面活性物质的分子在溶液本体和表面层中分布的情况。在这种情况下，若稍微增加表面活性物质的浓度，表面活性物质一部分分子将自动地聚集于表面层，使水和空气的接触面减小，溶液的表面张力急剧降低。表面活性物质的分子在表面层中不一定都是直立的，也可能是东倒西歪而使非极性的基团翘出水面；另一部分则分散在水中，有的以单分子的形式存在，有的则三三两两相互接触，把憎水性的基团靠拢在一起，形成简单的聚集体。这相当于图 9-11 中曲线Ⅲ急剧下降的部分。

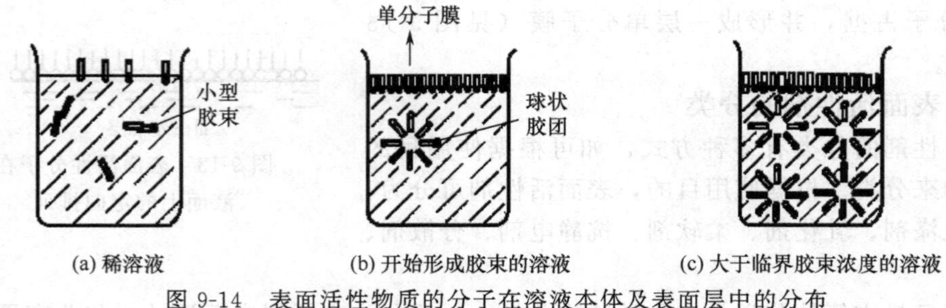

(a) 稀溶液　(b) 开始形成胶束的溶液　(c) 大于临界胶束浓度的溶液

图 9-14　表面活性物质的分子在溶液本体及表面层中的分布

图 9-14（b）表示表面活性物质的浓度足够大时，达到饱和状态，液面上刚刚挤满一层定向排列的表面活性物质的分子，形成单分子膜。在溶液本体则形成具有一定形状的胶束（micelle），它是由几十个或几百个表面活性物质的分子排列成憎水基团向里、亲水基团向外的多分子聚集体。胶束中表面活性物质分子的亲水性基团与水分子相接触；而非极性基团则

被包在胶束中，几乎完全脱离了与水分子的接触。因此，胶束在水溶液中可以比较稳定的存在。这相当于图 9-11 中曲线Ⅲ的转折处。胶束的形状可以是球状、棒状、层状或偏椭圆状，图 9-14 中胶束为球状。形成一定形状的胶束所需表面活性物质的最低浓度，称为临界胶束浓度（critical micelle concentration），以 CMC 表示。实验证明，CMC 不是一个确定的数值，而常表现为一个窄的浓度范围。例如离子型表面活性物质的 CMC 一般在 10^{-3}～10^{-2} mol·L^{-1}。

图 9-14（c）是超临界胶束浓度的情况。这时液面上早已形成紧密、定向排列的单分子膜，达到饱和状态。若再增加表面活性物质的浓度，只能增加胶束的个数（也有可能使每个胶束所包含的分子数增多）。由于胶束是亲水性的，它不具有表面活性，不能使表面张力进一步降低，这相当于图 9-11 中曲线Ⅲ上的平缓部分。

胶束的存在已被 X 射线衍射图谱及光散射实验所证实。临界胶束浓度和在液面上开始形成饱和吸附层所对应的浓度范围是一致的。在这个窄小的浓度范围前后，不仅溶液的表面张力发生明显的变化，其他物理性质，如电导率、渗透压、蒸气压、光学性质、去污能力及增溶能力等均发生很大的变化，如图 9-15 所示。

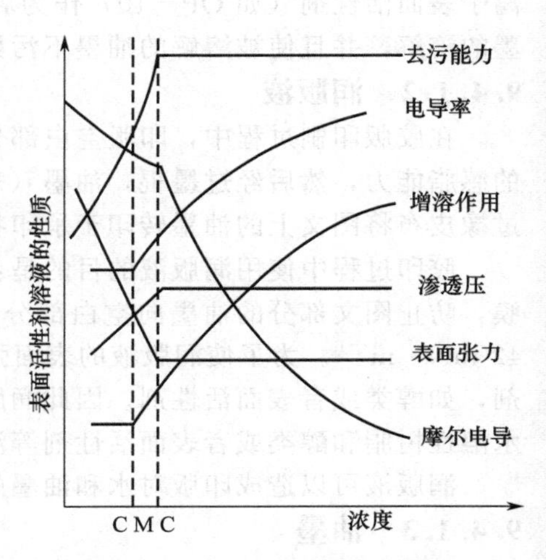

图 9-15　表面活性剂溶液的性质与浓度关系示意图

由图 9-15 可知，表面活性物质的浓度略大于 CMC，溶液的表面张力、渗透压及去污能力等几乎不随浓度的变化而改变，但增溶作用、电导率等却随着浓度的增加而急剧增加。某些有机化合物难溶于水，但可溶于表面活性物质浓度大于 CMC 的水溶液中。

CMC 是表面活性剂活性的量度。CMC 值低标志着达到表面饱和吸附所需表面活性剂浓度低，从而在较低的浓度下即能起到润湿、乳化、增溶、起泡作用，即表面活性强。影响 CMC 或表面活性的因素既包括外来因素，如有机和无机添加剂以及温度等，还包括内部因素，即表面活性剂本身的结构。

9.4　表面活性剂在印刷工业中的应用

表面活性剂素有“工业味精”之称，其在印刷工业中的应用非常广泛，主要是用作润湿剂、分散剂、洗涤剂、乳化剂和消泡剂等。

9.4.1　在胶版印刷过程中的应用

胶版印刷过程主要指目前印刷厂大量使用的印版上墨后，经中间橡皮辊筒转印的印刷过程。表面活性剂在胶版印刷过程中有很多应用，例如印版的制造、显影、除脏、烤版和再生等过程中需要用到表面活性剂，印刷过程中所使用的润版液含有表面活性剂，印刷后的清洗工作中也需要大量的表面活性剂。

9.4.1.1　印版

常用的胶版印刷版材是 PS 版，其版基是铝版，该版经过处理后版面上形成一层氧化膜，然后涂布感光层，经晒版、显影、修正与烤版，便制成有一定耐印力的印刷版材。制成印版后，PS 版亲水部分的表面自由能高达 0.7～0.9J·m^{-2}，为高能表面；亲油部分的表面自由能在 0.04J·m^{-2}，为低能表面。

生产 PS 版的第一道工序是除油，就是将铝板在轧制过程中为防止腐蚀表面而涂的一层防锈油去除的过程。该过程利用阴离子表面活性剂（如烷基苯磺酸钠）作为分散剂，将油质分散成微小颗粒，在搅拌条件下油质脱离表面分散在溶液中，达到除油的目的，其用量在 2%～5%。

在烤版及 PS 版回收再生过程中，也需要表面活性剂作为保护剂和清洗剂。保护剂采用硼酸盐类与表面活性剂平平加－20 等配成，保护剂内加入十二烷基苯磺酸钠（用量在 1%左右）等作为润湿剂，其目的是增加保护剂涂布时的分散性、润湿性，使烤版液涂布均匀。

此外，PS 版的回收再生，能够变一次使用的版材为多次使用，是降低印刷成本、节约资源、实现可持续发展的一种好方法。使用高效清洗剂对 PS 版进行再生处理时需使用到非离子表面活性剂（如 OP－10）作为乳化剂，保证完全有效地清洗和加速再生前 PS 版上油墨的溶解，并且使被溶解的油墨不污染版面，易被水冲洗。一般乳化剂用量在 5%左右。

9.4.1.2 润版液

在胶版印刷过程中，印版空白部分先被润版液润湿形成水膜，降低胶印版材非图文部分的感脂能力，然后经过墨辊，油墨（表面张力约为 35 mN·m^{-1}）被吸附到图文部分，通过橡皮布将图文上的油墨转印于承印物。

胶印过程中使用润版液的目的是：在印版的非图文部分（空白部分）形成排斥油墨的水膜，防止图文部分的油墨向空白部分扩散，造成脏版。因此润版液的表面张力应该在35～42 mN·m^{-1}。为了使润版液的表面张力符合印刷过程的要求，应该在润版液中加入一些助剂，如醇类或者表面活性剂。因此润版液不是纯水，而是在水中加入酸性电解质、缓冲液、水溶性树脂和醇类或者表面活性剂等混配制成的。

润版液可以造成印版对水和油墨的选择性吸附。

9.4.1.3 油墨

印刷用的油墨是一个胶体系统，在该胶体系统中加入表面活性剂作为分散剂，提高颜料的润湿性和分散度，有利于油墨在三辊机上的研磨，防止在存储过程中沉淀现象的发生。虽然用量不大，但是对于提高油墨质量关系比较大。

另外，油墨在输送过程中，会有大量的空气混入，出现气泡。在印刷过程中，由于油墨很稀，从版上刮下来（如照相凹版）或从辊子上流下来（如柔性版和凸版油墨）时，也会产生大量气泡。油墨中出现气泡，不仅使印品质量下降，当墨斗中产生大量气泡时，还有可能使印刷无法正常进行下去。芳烃基、醇基、水基油墨都有此种现象，而以水基墨最为严重。因此，在油墨中加入消泡剂对于各种印刷过程特别是水基墨的使用十分重要。

9.4.1.4 印刷设备

在生产过程中，印刷机的辊筒、丝网、印版及字模等均应经常清洗，以保证印刷品的质量，表面活性剂是清洗剂不可缺少的组分之一。

9.4.2 在造纸工业中的应用

表面活性剂是造纸化学品的重要组成部分，广泛应用于造纸制浆、湿部、表面施胶、涂布以及废水处理等过程。

9.4.2.1 制浆

造纸用纤维原料主要来自于木浆、非木材纤维浆以及再生纤维浆，木浆和非木材纤维浆又可分为机磨浆和化浆，表面活性剂在化浆中主要用作蒸煮助剂，在再生纤维浆中主要用作废纸脱墨剂。

表面活性剂用作蒸煮助剂，可以促进蒸煮液对纤维原料的渗透，增进蒸煮液对木材或非木材中木质素和树脂的脱除，并起分散树脂的作用，用作树脂脱除剂的阴离子表面活性剂有十二烷基苯磺酸钠、四聚丙烯苯磺酸钠、脂肪醇硫酸钠、二甲苯磺酸、缩合萘磺酸钠、烷基酚聚氧乙烯醚硫酸钠等；非离子表面活性剂有烷基酚聚氧乙烯醚、脂肪醇聚氧乙烯醚、脂肪酸聚氧乙烯酯、聚醚等。用非离子表面活性剂脱除树脂时，以壬基酚聚氧乙烯醚最为有效，阴离子表面活性剂和非离子表面活性剂的复配共用效果更好，既可促进木质素和树脂的脱除，又能提高纸浆得率，例如：添加质量比为1∶（1～2）的二甲苯磺酸和缩合萘磺酸钠与壬基酚聚氧乙烯醚的复合物，即可收到良好的树脂脱除效果。

近年来，废纸回收率和废纸在造纸原料中的占有率迅速提高。废纸脱墨的原理是：借助表面活性剂使纤维与油墨湿润、渗透、膨胀、乳化分散、发泡、絮凝和捕集、洗涤。

9.4.2.2 湿部

在制浆工序之后，在纸页烘干之前称为造纸湿部，在造纸湿部添加的化学品称为湿部化学品，在湿部化学品中也有许多是表面活性剂。主要用作施胶剂、树脂障碍控制剂、消泡剂、柔软剂、抗静电剂、纤维分散剂等。

9.4.2.3 表面施胶与涂布

表面施胶与涂布都是将化学品作用在纸的表面上，主要用来改善纸的表面性能，提高纸的印刷性能和整体性。但两者间存在着许多不同，其主要区别是：表面施胶往往只用胶黏剂，而涂布则既用胶黏剂又用颜料等；表面施胶的胶料是被压榨到纸页内的，而涂布的颜料则是涂在纸的表面。

选择不同的施胶剂可以达到不同的目的，如：提高抗水性、提高抗油性、增加防黏性、改善印刷性能、改进干湿强度、提高印刷光泽度等。

同样，涂布加工用涂料中也是根据需要添加消泡剂、润滑剂、防腐剂、抗静电剂等。

9.4.2.4 废水处理剂

制浆造纸产生的污水量很大，是造纸工业环境保护的重要课题。污水处理方法很多，近年来使用表面活性剂作为絮凝剂取得了明显的效果。常用的絮凝剂有月桂酸钠、硬脂酸钠等阴离子表面活性剂和十二烷基氨基乙酸、十八烷基三甲基氯化铵等阳离子表面活性剂，各种离子的PAM、变性淀粉及其复配产品也有着引人注目的效果。阳离子表面活性剂在废水处理时，还可起到显著的杀菌作用。

9.5 乳化作用

众所周知，在胶印印刷的过程，油墨的乳化现象是不可避免地存在着的。所谓乳化，是一种液体被分散到另一种与之不相溶液体中的现象，完全不乳化的油墨是没有的，但是绝对不乳化也是不行的，只有适度的乳化才能实现胶印良好的油墨转移过程。

9.5.1 乳状液

9.5.1.1 基本概念

乳状液是一种液体分散于另一种不相混溶的液体的粗分散体系。在这两种不互溶液体中，一种液体通常是极性液体水或水溶液，称为水相，记作W；另一不互溶液体通常为非极性或弱极性的有机溶液，称为油相，记作O。如果把连续的分散介质称为外相，而把不连续的分散相称为内相，则乳状液可分为两类。

（1）若内相是油外相是水，称为水包油型乳状液，记作O/W。例如牛奶、豆浆、橡胶原液等。O/W 型的乳化在印刷中称为化水现象，极少出现，但必须绝对避免出现这种类型的乳化现象，它会使印刷无法正常进行。

(2) 若内相是水外相是油，则为油包水型乳状液，记作 W/O。例如原油、金属加工冷却液等。平版印刷时乳化了的油墨就是由一相为油墨，另一相是润湿液所构成的。其中 W/O 型乳化油墨是不可避免存在的。为了保证平版印刷产品的印刷质量，应将乳化油墨的含水量控制在一定范围内。这是因为，胶印中的过度乳化会造成印品表面图文色相偏淡，颜色不鲜艳，印品无光泽，网点发虚变形严重，网点带毛刺，周围不光洁，印迹发虚，干燥缓慢，印品背面粘脏，塌印严重，造成大批印品墨色深浅浓淡前后不一致，带脏、花版、瞎版、文字笔画不秀丽，印版不上墨等不良后果。

9.5.1.2 乳状液的鉴别

(1) 稀释法　取乳状液组成之一的液体加入到乳状液中去，如果该液体与组成乳状液的外相物质相同则易溶入并将乳状液稀释；若该液体同于乳状液的内相物质，则不易混溶。按此道理，若乳状液很易被水稀释则该乳状液为 O/W 型，若不易相混则为 W/O 型乳状液。一个明显的例子就是往作为 O/W 型乳状液的牛奶里加水稀释十分容易，而加入食油则不易相混。

(2) 滤纸润湿法　一般滤纸能被水润湿而不为油润湿，因此往上滴加少量乳状液，若液体很快展开并留下散落细小油滴，则此乳状液为 O/W 型乳状液，否则为 W/O 型乳状液。但是像苯、环己烷、甲苯也能润湿滤纸，因此，以这样的液体为外相所形成的乳状液，不适于用此方法鉴别。

(3) 染色法　染料有油溶性和水溶性之分，前者能溶于油使之染色，后者能溶于水使之染色。将微量的水溶性染料加于乳状液中并用搅拌棒搅拌，然后将乳状液放在显微镜下观测。如果液珠被染色，证明是 W/O 型乳状液；相反若液珠未被染色而液珠以外部分（即外相）被染色则说明是 O/W 型乳状液。如果使用油性染料，则观测结果正相反。

(4) 电导法　电导法的原理基于这样的事实，即一般情况下水比油的电导值高得多。由于水为连续相的 O/W 型乳状液，较连续相为油的 W/O 型乳状液电导值高，从而将 O/W 型和 W/O 型乳状液区分开来。然而也有例外情况，如 W/O 型乳状液内相体积很大时，或油相中离子性乳化剂含量较多，即液珠带电时，此时 W/O 型乳状液也显示较高的电导值。

总之，上述介绍的四种方法各有利弊，而电导法和滤纸法又有限制条件，无疑用两种或两种以上鉴别方法对于确定乳状液最终类型的准确性是有益的。

9.5.2 乳状液的稳定条件

9.5.2.1 乳化剂

当直接把水和“油”共同振摇时，虽可使其相互分散，但静置后很快又会分成两层。这是因为，当液体分散成许多小液滴后，体系内两液相间的界面积增大，界面自由能增高，成为热力学不稳定的体系，有自发地趋于自由能降低的倾向，即小液滴互碰后聚结成大液滴，直至变成两层液体。为了形成稳定的乳状液，必须设法降低分散体系的界面自由能，不让液滴互碰后聚结。为此，主要的方法是要加入一些表面活性剂，通常称为乳化剂。

乳化剂种类很多，可以是蛋白质、树胶、明胶、皂素、磷脂等天然产物，也可以是人工合成的表面活性剂，水性油墨中使用的是高分子乳液。乳化剂使乳状液稳定的原因如下。

(1) 形成保护膜，使液滴不相互聚结　被吸附在液滴表面上的乳化剂分子以其亲水端朝着水，以其憎水端朝着油，定向、紧密地排列成一层机械保护膜，使液滴不因碰撞而聚结，但乳化剂用量必须足够，否则乳状液稳定性就会降低。

（2）降低界面张力，减少聚结倾向　大多数乳化剂是表面活性物质，能降低界面张力，减少聚结倾向而使乳状液稳定。乳状液定向排列在油-水界面上，实际上形成了两个界面，油-乳化剂界面和乳化剂-水界面，若前者的界面张力大于后者，油-乳化剂的界面积将缩小，油成为内相；反之，水为内相。

（3）使液滴带电，形成双电层　在O/W型乳化剂中液滴电荷来源于乳化剂的电离，并在界面上形成双电层，增加乳状液的稳定性。而在W/O型乳状液中一般认为膜外电势是由液滴之间的摩擦产生的。

（4）固体粉末的稳定作用　对于粒子较粗大的乳状液，也可以用具有亲水性的二氧化硅、蒙托石及氢氧化物的粉末等作制备O/W型乳状液的乳化剂，或者用憎水性的固体粉末如石墨、炭黑等作为W/O型的乳化剂。若乳化剂为亲水固体，则它更倾向和水结合，大部分进入水中，易于形成O/W型乳状液，如图9-16（a）所示；若乳化剂为憎水固体，则情况刚好相反，它的大部分进入油中，易于形成W/O型乳状液，如图9-16（b）所示。

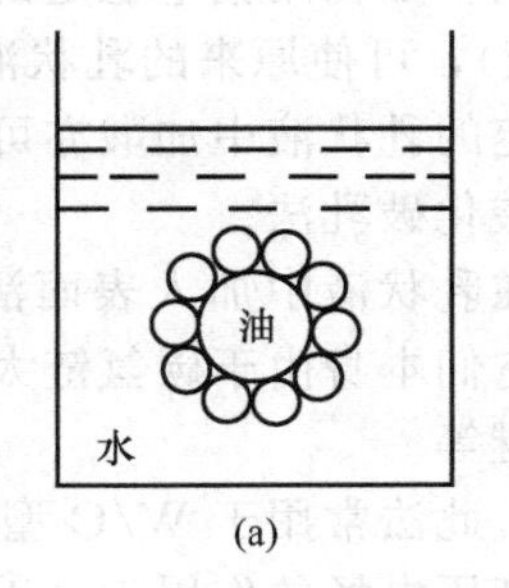

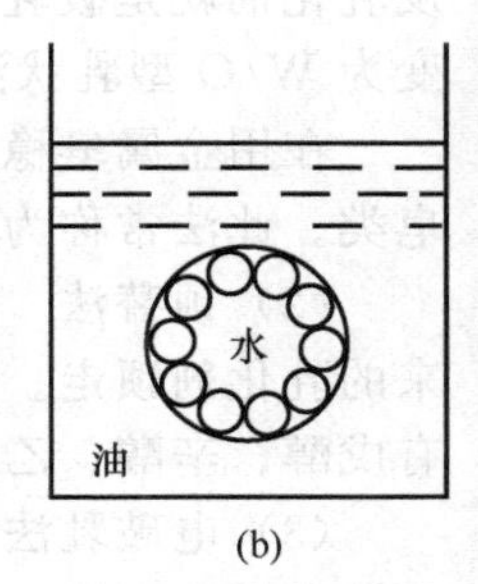

图9-16　固体粉末的乳化作用示意图

9.5.2.2　胶印中的乳化剂

印刷时高速辗转的印版滚筒表面与水辊、墨辊之间会出现油墨和润版液乳化现象，形成油墨和润版液的乳状液。油墨和润版液按正常的比例出现乳化在印刷中是需要的，但仅依靠印版滚筒、墨辊、水辊之间的机械力得到的乳状液是不稳定的。为了使乳状液性能稳定，可在润版液中加入一定量的乳化剂，胶印中的乳化剂主要有以下几种。

（1）表面活性物质　油墨是由色料和连接料、辅助料组成。油墨连接料中的游离脂肪酸、油酸是表面活性剂。润版液里常用的表面活性剂是月桂酸酯二乙醇酰胺的缩合物，能有效降低水溶液的表面张力、界面张力，对油墨有一定的乳化作用。

（2）天然的高分子聚合物　润版液里离不开天然的高分子聚合物阿拉伯树胶，阿拉伯树胶是表面活性物质，能有效地降低水溶液的表面张力。晒版时用其封胶，可以避免PS版版面与空气水分子接触，防止版面氧化，胶印中途停机擦胶也用它。

（3）固化粉末氢氧化铝　油墨冲淡剂主要由氢氧化铝$Al(OH)_3$与亚麻仁油或者树脂调墨油配制而成的一种淡黄褐色透明膏状油，氢氧化铝也是影响油墨乳化的因素。

9.5.3　乳状液的转化与破坏

9.5.3.1　乳状液的转化

乳状液的转化是指O/W型乳状液变成W/O型乳状液或者相反的过程。这种转化通常是由于外加物质使乳化剂的性质改变而引起的，例如用钠肥皂可以形成O/W型的乳状液，但如加入足量的氯化钙，则可以生成钙肥皂而使乳状液成为W/O型。又如当用氧化硅粉末为乳化剂时，可形成O/W型的乳状液，但加入足够数量的炭黑、钙肥皂或镁肥皂，则也可以形成W/O型的乳状液。应该指出，在这些例子中，如果所加入的相反类型的乳化剂的量太少，则乳状液的类型亦不发生转化；而如果用量适中，则两种相反类型的乳化剂同时起相反的作用，则乳状液变得不稳定而被破坏。例如$15cm^3$的煤油与$25cm^3$的水用0.8g炭粉为乳化剂，可以得到W/O乳状液，加入0.1g二氧化硅粉末就可以破坏乳状液，若所加二氧化硅多于0.1g，则可以生成O/W型乳状液。

9.5.3.2 乳状液的破坏

在许多生产过程中，往往遇到如何破坏乳状液的问题。例如原油加工前必须将其中的乳化水尽可能去除，否则设备会严重腐蚀。又如汽缸中凝结的水常会和润滑油形成 O/W 型乳状液，为避免事故，必须将水和油分离。使乳状液中的两相分离的过程，就是破乳。为破乳而加入的物质称为破乳剂。牛奶中提取奶油、污水中除去油沫等都是破乳过程。破坏乳状液主要是破坏乳化剂的保护作用，最终使水、油两相分层。常用的方法有以下几种。

(1) 化学法　在乳状液中加入反乳化剂，会使原来的乳状液变得不稳定而破坏，因此，反乳化剂就是破乳剂。如在用钠皂稳定的 O/W 型乳状液中加入少量的 $CaCl_2$（加多了将会变为 W/O 型乳状液)，可使原来的乳状液破坏。

在用金属皂稳定的乳状液中加酸亦可破乳，这是因为所生成的脂肪酸的乳化能力远小于皂类。此法常称为酸化破乳法。

(2) 顶替法　在乳状液中加入表面活性更大的物质，它们能吸附到油-水界面上，将原来的乳化剂顶走。它们本身由于碳氢链太短，不能形成坚固的膜，导致破乳。常用的顶替剂有戊醇、辛醇、乙醚等。

(3) 电破乳法　此法常用于 W/O 型乳状液的破乳。由于油的电阻率很大，工业上常用高压交流电破乳。高压电场的作用为：①极性的乳化剂分子在电场中随电场转向，从而能削弱其保护膜的强度；②水滴极化后，相互吸引，使水滴排成一串，当电压升至某一值时，这些小水滴瞬间聚集成大水滴，在重力作用下分离出来。

(4) 加热法　升温一方面可以增加乳化剂的溶解度，从而降低它在界面上的吸附量，削弱了保护膜；另一方面，升温可以降低外相的黏度，从而有利于增加液滴相碰的机会，所以升温有利于破乳。

(5) 机械法　机械法破乳包括离心分离、泡沫分离、蒸馏和过滤等，通常先将乳状液加热再经离心分离或过滤。过滤时，一般是在加压下将乳状液通过吸附剂（干草、木屑、砂土或活性炭等）或多孔滤器，由于油和水对固体的润湿性不同，或是吸附剂吸附了乳化剂等，都可以使乳状液破乳。

总之，破乳的方法多种多样，究竟采用何种方法，需根据乳状液的具体情况来定，在许多情况下常联合使用几种方法。例如，油田要使含水原油破乳，往往是加热、电场、表面活性剂三者并举。

9.5.4 乳化剂的 HLB 值及其应用

一个具体的油-水体系究竟选用哪种乳化剂才可以得到性能最优的乳状液，这是制备乳状液的关键。最可靠的方法是通过实验筛选，但费时费事，HLB 值却可有助于筛选。

9.5.4.1 HLB 概述

每一种表面活性剂都包含亲水基和亲油基两部分。亲水基的亲水性代表活性剂溶于水的能力，亲油基的亲油性代表溶于油的能力。1949 年，Griffin 提出了亲水亲油平衡值 HLB 这一概念，以此作为经验指标来衡量表面活性剂的亲水亲油性质，它是一种用来说明表面活性剂用途的特性值。每种表面活性剂都有确定的 HLB 值（表 9-5)，表 9-6，表 9-7 表示了 HLB 范围及其应用。例如，HLB 为 12～14 的适宜作洗涤剂等。

9.5.4.2 HLB 值的计算

(1) 溶解度估算法　参照表 9-6 右列，如果活性剂加入水中不分散，则推算其 HLB 值约在 1～4 之间；如果加入活性剂后成为透明的溶液，则估算其 HLB 值约在 13 以上。以此类推，此法只能估算出大致的范围，并不精确。

(2) 基数法（适用与离子型） 1957 年 Davies 提出可把表面活性剂按结构分解为一些基团，每一基团对 HLB 值都有贡献。如表 9-7 所示，整个表面活性剂的 HLB 值可由表中查出亲水基团和亲油基团的 HLB 值（分别以 H 和 L 代表）按下式计算：

$$HLB=\sum H-\sum L+7 \tag{9-19}$$

表 9-5 几种表面活性剂的 HLB 值

表面活性剂	商品名	类型	HLB 值
失水山梨醇三油酸酯	Span 85	非离子	1.8
失水山梨醇三硬脂酸酯	Span 65	非离子	2.1
失水山梨醇单油酸酯	Span 80	非离子	4.3
失水山梨醇单硬脂油酸酯	Span 60	非离子	4.7
聚氧乙烯失水山梨醇单硬脂酸酯	Tween 61	非离子	9.6
聚氧乙烯失水山梨醇单油酸酯	Tween 81	非离子	10.0
油酸钠		阴离子	18
油酸钾		阴离子	20

例如由表计算十二烷基硫酸钠（$C_{12}H_{25}SO_4Na$）的 HLB 值为

$$38.7-0.475\times12+7=40$$

同法计算 16-醇的 HLB 值$=1.9-0.475\times16+7=1.3$，十二烷基磺酸钠 $C_{12}H_{25}SO_3Na$ 的 HLB 值为 12.3，与实验相符。但用式（9-19）计算出的含聚氧乙烯醚的乳化剂 HLB 值往往偏低。此法适用于计算离子型表面活性剂。

表 9-6 HLB 应用范围和在水中的分散性

应用范围		在水中的分散性	
1.5～3	消泡剂	1～4	不分散
3.5～6	W/O 型乳化剂	3～6	分散得不好
7～9	润湿剂	6～8	激烈震荡呈不稳定乳化液
8～18	O/W 型乳化剂	8～10	稳定的乳浊液
13～15	洗涤剂	10～13	半透明分散体或溶液
15～18	增溶剂	13 以上	澄清的溶液

表 9-7 各种基团的 HLB 值

亲水基团 H		亲油基团 L	
$—SO_4Na$	38.7	—CH—	0.475
—COOK	21.1	$—CH_2—$	0.475
—COONa	19.1	$—CH_3—$	0.475
$—SO_3Na$	11.0	═CH—	0.475
—COOH	2.1	— (C_3H_6O)	0.15
—OH（自由）	1.9	$—CF_2—$	0.870
—O—	1.3	$—CF_3—$	0.870
—OH（失水山梨酸醇环）	0.5		

（3）重量法（适用与非离子型）

只有非离子表面活性剂的亲水性可以用亲水基的分子量来表示。如聚乙二醇型非离子表面活性剂，分子量越大，亲水基越多，则亲水性也越大。因此，聚乙二醇型表面活性剂的HLB值可用下式估算：

$$HLB=\frac{亲水基重量}{亲水基重量+疏水基重量}\times 20 \tag{9-20}$$

例如计算壬基酚聚氧乙烯醚HLB值，分子式为C_9H_{19}—C_6H_4—O—（CH_2CH_2O）$_{10}$H。亲水基分子量—O—（CH_2CH_2O）$_{10}$H＝457，亲油基分子量C_9H_{19}—C_6H_4—＝203，$HLB=\frac{457}{457+203}\times 20=13.9$。

（4）混合表面活性剂的HLB值计算　一般认为HLB值有加合性，如将20％的span80（HLB＝4.3）与80％的Tween40（HLB＝15.6）掺合在一起，该混合物的HLB值应为：

$$0.2\times 4.3+0.8\times 15.6=13.3$$

此法计算得出的数值与实验测定的结果虽有一些偏差，但很少大于1～2HLB单位。对于大多数体系，其偏差小于此数值，因而加合性规律可以适用。

HLB值低，表示分子的亲油性强，易形成W/O型乳状液；HLB值越高，表示分子的亲水性越强，越易形成O/W型乳状液。从表9-3可知，作为O/W型乳状液的乳化剂其HLB值常在8～18之间；作为W/O型乳状液的乳化剂其HLB值常在3～6之间。

复习思考题

1. 名词解释：表面张力、表面活性、胶束、润湿、黏附功、内聚功、乳状液、乳化剂
2. 表面能、表面自由能、比表面自由能、表面张力是否是一个概念？
3. 导致表面现象的基本原因是什么？
4. 在滴管内的液体为什么必须给橡胶乳头加压时液体才能滴出，并呈球形？
5. 液体能否润湿固体表面的因素是什么？
6. 简述印刷中润版液在版基上的润湿过程。
7. 什么是表面活性剂？它有哪些基本性质？试举例说明它的重要性。
8. 破乳常用的方法有哪几种？

习　题

1. 在298K时，把半径为1mm的水滴分散成半径为1μm的小水滴，问比表面增加了多少倍？比表面吉布斯函数增加了多少？完成该变化时，环境至少需做功多少？已知298K时水的表面张力为72.8mN·m^{-1}。

2. 影响表面张力的因素有哪些？

3. 大小不同的两个气泡接触时，出现的将是以下哪种情形？

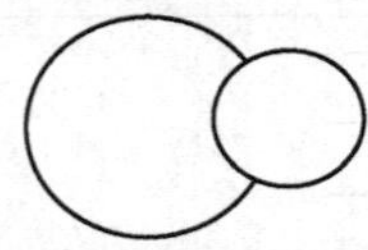
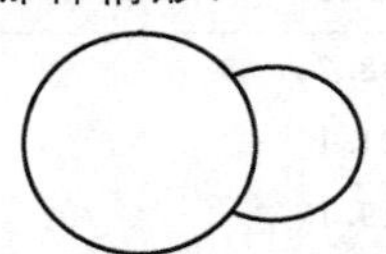

4. 半径为0.6mm的玻璃毛细管插入汞中，汞面下降12mm，汞的密度为13.6g·cm^{-3}，求汞的表面张力（接触角设为180°）。

5. 某温度下测得丙醇的表面张力为23 mN·m^{-1}，聚四氟乙烯的表面张力为19.5mN·m^{-1}，丙醇在聚四氟乙烯上的接触角为43°，求该温度下丙醇－聚四氟乙烯的界面张力。

6. 溶液的表面张力随浓度的变化有几种类型？分别有何变化特征？

7. 润湿有哪几种类型？接触角的大小与润湿程度有何关系？

8. 什么是CMC？影响表面活性剂CMC的因素有哪些？

9. 已知油酸钾的分子式为：CH_3 $(CH_2)_7$ $CH=CH$ $(CH_2)_7COOK$，各基团的HLB值参考表9-4，计算油酸钾的HLB值。

10. 现有A、B两种乳状液，HLB分别为18和8.6，如果用这两种溶液配制100g混合乳化剂溶液，使得混合乳化剂溶液的HLB等于12.5，则A、B各需多少克？

11. 对于某O/W体系，60%的Tween 60（HLB=14.9）与40% Span（HLB=4.7）组成的混合乳化剂效果最好。若现仅存Span 80（HLB=1.8）与Rennx（HLB=13.0）两者应以何比例混合？

12. 20℃时，水在石蜡上的接触角$\theta=105^\circ$，计算水和石蜡的黏附功W_a和水在石蜡上的铺展系数S。已知20℃水的表面张力$72.8mN \cdot m^{-1}$。

13. 已知20℃时汞、水、水与汞的界面张力依次为$485\ mN \cdot m^{-1}$、$72.8mN \cdot m^{-1}$和$375mN \cdot m^{-1}$，求（1）汞、水的黏附功；（2）汞、水的内聚功；（3）水在汞表面的铺展系数，判断其铺展性。

14. 水在玻璃管中呈凹形液面，但水银则呈凸形。为什么？

15. 乳状液的不稳定形式有哪些？互相之间有何区别？

16. 简述影响乳状液稳定性的因素。

17. 若在容器内只是油与水在一起，虽然用力振荡，但静止后仍自动分层，这是为什么？

18. 表面活性剂在溶液中是采取定向排列吸附在溶液表面上，还是以胶束的形式存在于溶液中？为什么？

19. 乳状液的类型有哪些？有哪些鉴别方法？

20. 在亲水固体表面，经适当表面活性剂（如防水剂）处理后，为什么可以改变其表面性质，使其具有憎水性？

10 印刷化学实验基础

【学习要求】

1. 了解印刷化学实验的一般知识。
2. 掌握化学实验室意外事故的预防与处理。
3. 掌握定量分析的基本常识。
4. 掌握有效数据的处理原则。

10.1 化学实验的一般知识

10.1.1 实验要求

实验室是理论联系实际、训练基本操作、进行科学实验、培养良好工作习惯的场所，为了掌握印刷化学实验的基本操作方法和基本技能，保证印刷化学实验正常、有效、安全地进行，培养严谨、认真、实事求是的科学态度和良好的实验习惯，提高分析和解决实际问题的能力，学生应遵守下列规则。

10.1.1.1 预习

预习是做好实验的前提和保证。预习工作可以归纳为看、查、写。

（1）看　认真阅读教材有关章节及参考资料，做到明确实验目的，了解实验原理；熟悉实验内容、主要操作步骤及数据的处理方法；提出注意事项，合理安排实验时间；预习或复习基本操作、相关仪器的使用。

（2）查　通过查阅附录或有关手册，列出实验所需的物理化学数据。

（3）写　在“看”和“查”的基础上认真写好预习报告。

10.1.1.2 讨论

（1）实验前以提问的形式，师生共同讨论，使学生掌握实验原理、操作要点和注意事项。

（2）观看操作录像，或由教师操作示范，使基本操作规范化。

（3）实验后组织课堂讨论，对实验现象、结果进行分析，对实验操作和技能进行评论，以达到提高的目的。

10.1.1.3 实验

（1）按拟定的实验步骤独立操作，仔细观察实验现象，认真测定数据，并做到边实验、边思考、边记录。

（2）观察的现象、测定的数据，要如实记录在报告本上。不用铅笔记录，不记在草稿纸、小纸片上，不凭主观意愿删去自己认为不对的数据，不杜撰原始数据。原始数据不得涂改或用橡皮擦拭，如有记错可在原始数据上划一道杠，再在旁边写上正确值。

(3) 实验中要勤于思考，仔细分析，力争自己解决问题。碰到疑难问题，可查资料，亦可与教师讨论，以获得指导。

(4) 如对实验现象有怀疑，在分析和检查原因的同时，可以做对照实验、白实验，或自行设计实验进行核对，必要时应多次实验，从中得到有益的结论。

(5) 如实验失败，要查找原因，经教师同意后重做实验。

10.1.1.4 实验后

做完实验仅是完成实验的一半，余下更为重要的是分析实验现象，整理实验数据，把直接的感性认识提高到理性思维阶段。要做到以下几点。

(1) 认真、独立完成实验报告。对实验现象进行解释，写出反应式，得出结论，对实验数据进行处理（包括计算、作图、误差表示）。

(2) 分析产生误差的原因，对实验现象以及出现的一些问题进行讨论，敢于提出自己的见解；对实验提出改进的意见或建议。

(3) 回答教师提出的问题和书后思考题。

10.1.1.5 实验报告

要求按一定格式书写，字迹端正。叙述简明扼要，实验记录、数据处理使用表格形式，作图图形准确清楚，实验报告整齐清洁。

实验报告的书写，一般分三个部分，即：

①预习部分（实验前完成），按实验目的、实验原理（扼要）、实验步骤（简明）几项书写。

②记录部分（实验时完成），包括实验现象、测定数据，这部分称为原始记录。

③结论部分（实验后完成），包括对实验现象的分析、解释、结论；原始数据的处理、误差分析以及讨论的情况。

10.1.2 学生实验守则

化学实验室是易燃、易爆、有腐蚀性或有毒药品比较集中的地方。所以，在实验前应充分了解安全注意事项，在实验过程中，要集中精力，遵守操作规程，以避免事故发生。

(1) 实验开始前应检查仪器是否完好无损，装置是否稳妥，经指导老师同意后方可开始实验。

(2) 保持实验室的清洁和实验台的整齐，仪器安置有序。废纸应投入废纸篓，废酸、废碱液及污染性溶液应小心倒入废液缸内，切勿倒入水槽，以免腐蚀下水道和污染环境。

(3) 爱护财物，小心使用仪器和实验设备，应注意节约使用水、电、气。

(4) 实验结束后，应将玻璃仪器洗刷干净，放回规定的位置，整理好桌面，打扫好卫生。

(5) 熟悉实验室内一般安全用具，如灭火器、消防沙以及急救箱的放置地点和使用方法。意外事故一旦发生，应立即报告老师，并采取有效措施，迅速排除故障。

(6) 离开实验室之前，必须检查电插头或电闸刀是否断开、水龙头和气源总阀是否关闭，最后关好门窗。实验室内的一切物品不得带离实验室。

10.2 实验室意外事故的预防与处理

10.2.1 化学实验室事故的预防

化学实验室中可能发生的事故，大致可分为四类，即：烧伤、中毒、火灾、爆炸。

10.2.1.1 烧伤的预防

(1) 取用固体氢氧化钠和有腐蚀性药品时，严禁直接用手拿取，而应用药匙。

(2) 稀释浓酸，特别是浓硫酸时，只能在搅拌下将酸液慢慢注入水中，切不可将水倒入酸液中，否则酸液溅出，会造成伤害。在稀释时，如溶液剧烈发热，则应等其冷却后再继续加酸。稀释操作必须在烧杯中进行。

(3) 使用浓酸、强碱溶液时，严禁用嘴直接吸取，应该用洗耳球吸取。避免浓酸、强碱等腐蚀性药品溅到皮肤、衣服和鞋袜上。使用 HNO_3、HCl、$HClO_4$、H_2SO_4 时，操作应在通风橱中进行。在搬动浓酸、强碱溶液时，要特别小心，防止容器破碎而造成烧伤。

(4) 加热试管时，不要将试管口指向自己或别人，也不要俯视正在加热的液体，以免溅出液体把人烫伤。试管夹应夹在试管上部 1/3 处，加热过程中应不断摇动试管，使其均匀加热。

(5) 倾注药品和加热溶液时，不可俯视。

10.2.1.2 中毒的预防

(1) 一切有毒性气体逸出的实验，都必须在通风橱中进行。

(2) 汞盐、氰化物、氧化砷、钡盐、重铬酸盐等药品有毒，使用时应特别小心，严禁在酸性介质中加入氰化物。

(3) 嗅闻气体时，应用手轻拂，将少量气体扇向自己再嗅。

(4) 一切含毒药品必须妥善保管，按照实验规则取用。有毒的废液不可倒入下水道中，应集中存放，并及时加以处理。

(5) 实验室中严禁饮食，使用有毒物质后和离开实验室前必须洗手。

(6) 在处理有毒物品时，加戴防护目镜和橡皮手套。

10.2.1.3 火灾的预防

(1) 实验楼内必须备有灭火器材、沙土等，每个实验人员都应知其放置的地点和使用方法。

(2) 一切电热设备，如烘箱、电炉等要有专人管理，并要定期检查，防止发生触电、漏电、失火等事故。

(3) 使用四氯化碳、乙醚、苯、丙酮、二氯甲烷等有毒易燃有机溶剂时要远离火源，用过的药品应倒入回收瓶中，不得倒入水槽。

(4) 使用酒精灯时，应随用随点，不用时盖上灯罩，不要用正点燃的酒精灯去点别的酒精灯，以免酒精流出而失火，也不要用嘴吹酒精灯以免回火而失火。

(5) 离开实验室时，要关好电源开关。

10.2.1.4 爆炸的预防

(1) 易分解的具有爆炸性的药品（如过氧化物、浓高氯酸等），必须防止光线直射和受潮。

(2) 遵守高压钢瓶的使用规则。

10.2.2 实验室事故处理

化学实验不仅涉及水、电、气，还要涉及各种有毒、有害的化学药品和试剂，所以可能发生的意外事故种类较多。一旦意外出现，实验者千万不能恐慌，应该保持冷静，正确处理。

(1) 玻璃割伤　应先取出伤口中的碎片，并在伤口处擦碘伏，用纱布包扎好。如伤口较大，应立即就医。

(2) 烫伤　伤势不重时，可擦些烫伤油膏；伤势重时，应立即就医。

(3) 酸灼伤　酸溅在皮肤上，可先用水冲洗，然后擦碳酸氢钠油膏或凡士林。若酸溅入眼内或口内，先用水冲洗，再用 3% $NaHCO_3$ 溶液洗眼睛或漱口，并应立即就医。

(4) 碱溅伤　碱溅在皮肤上，应立即用水冲洗，然后用硼酸饱和溶液洗，再涂凡士林或烫伤油膏。若碱溅入眼内或口内，除冲洗外，应立即就医。

(5) 吸入可疑气体　当吸入刺激性或有毒气体（如硫化氢）而感到不适时，应立即到室外呼吸新鲜空气。

(6) 触电　应立即切断电源，必要时对伤员进行人工呼吸。

(7) 火灾　实验室发生火灾时，一般用沙土或四氯化碳灭火器或二氧化碳泡沫灭火器扑灭（某些药品，如金属钠与水作用会燃烧或爆炸，因此不可用水扑灭）。如火势小，可用湿布或沙子等扑灭。但如果是电气设备着火，则必须用四氯化碳灭火器，因为这种灭火方式不导电，不会损坏仪器或使人触电，此时绝不可用水或二氧化碳泡沫灭火器。

总之，在实验室工作时应保持冷静、沉着、细心，并严格遵守实验室的操作规程和安全制度，注意安全，预防事故的发生。

10.3 定量分析简介

定量分析的任务是准确测定试样中各有关组分的含量。不准确的分析结果会导致产品报废，资源浪费，甚至得出错误的结论。但是，在定量分析过程中，即使采用最可靠的分析方法，使用最精密的仪器，由技术很熟练的人员进行操作，用同一方法对同一试样进行多次分析，也不可能得到绝对准确的分析结果。即便是科学不断地进步，分析结果也只能逼近真值而永远达不到真值。这说明分析过程中的误差是客观存在的。因此，在定量分析过程中，我们应了解误差产生的原因和出现的规律，以便采取有效措施减小误差，使测定结果尽量接近真值。另外，需要对测试数据进行正确的数理统计处理，以获得可靠的数据信息，使分析质量得以保证。

10.3.1 定量分析中的误差

10.3.1.1 误差及其产生的原因

误差是测量值或测量平均值与真实值之间的差值，它是评价测量结果或分析结果准确性的一种方法。

真值 μ 就是某一物理量本身具有的客观存在的真实数值。真值实际上无法知道，但有一些情况的真值可认为是已知的，理论真值如某化合物的理论组成等，计量学约定真值，如国际计量大会上确定的长度、质量、物质的量的单位等；相对真值，其认定精度高一个数量级的测定值作为低一级的测量值的真值，这种真值是相对而言的，如科学实验中使用的标准试样及管理试样中组分的含量等。

平均值是 n 次测量数据的算术平均值 $\bar{x}$：

$$\bar{x}=\frac{x_1+x_2+\cdots+x_n}{n}=\frac{1}{n}\sum_{i=1}^{n}x_i \tag{10-1}$$

平均值虽然不是真值，但比单次测量结果更接近真值。因而在日常工作中，总是重复测定数次求得平均值。在没有系统误差时，一组测量数据的算术平均值是最佳值。误差产生的原因可分为三类原统误差、随机误差和过失误差。

(1) 系统误差　系统误差是由某些固定的原因造成的，具有重复性、单向性。系统误差的大小、正负，在理论上说是可以测定的，所以又称为可测误差。根据系统误差的性质和产生的原因，可将其分为以下几类。

①方法误差。方法误差是由分析方法本身不够完善所造成的。例如，在重量分析中沉淀的溶解、共沉淀；灼烧时沉淀的分解或挥发；在滴定分析中反应进行不完全、发生副反应等都会系统地影响测定结果，使之偏高或偏低。

②仪器误差。仪器误差来源于仪器本身不够精确，如砝码质量、容量器皿刻度和仪表刻度不准确，仪器未校正等。

③试剂误差。试剂误差来源于试剂或蒸馏水纯度不够，含有微量的待测组分或干扰物质。

例如，分析人员在称取试样时未注意防止试样吸湿，洗涤沉淀时洗涤过分或不充分，灼烧沉淀时温度过高或过低，称量沉淀时坩埚及沉淀未完全冷却等。

④主观误差。主观误差又称个人误差，这种误差是由分析人员的主观因素造成的。如对滴定终点的颜色辨别不同，有人偏深，有人偏浅；在读取刻度值时，有时偏高，有时偏低等。在实际工作中，有的人还有一种“先入为主”的习惯，即在得到第一测量值后，再读取第二个测量值时，主观上尽量使其与第一个测量值相接近，这样也很容易引起主观误差。主观误差有时被列入操作误差中。

(2) 随机误差　随机误差又称偶然误差，它是由于在测定过程中一些随机的、偶然的因素造成的，具有相互补偿性的误差。例如，测量时环境温度、湿度和气压的微小波动，仪器的微小变化，分析人员对各份试样处理时的微小差别等。这些不可避免的偶然原因，都将使分析结果在一定范围内波动，引起随机误差。由于随机误差是由一些不确定的偶然因素造成的，因而是可变的，所以随机误差又称不定误差。随机误差在分析操作中是无法避免的。即使一个很有经验的人，进行很仔细的操作，对同一试样进行多次分析，得到的分析结果也不可能完全一致。随机误差的产生难以找出确定的原因，似乎没有规律性，但如果进行多次测定，便会发现随机误差符合正态分布。

(3) 过失误差　过失误差是指工作中产生的差错，它是由于分析测试人员工作粗枝大叶，不按操作规程办事等原因造成的，也叫粗差，例如器皿未洗净、加错试剂、溶液溅失、沉淀穿滤、读数记错和计算错误等。这些都属于不应该出现的过失，它会对分析结果造成严重影响，必须尽量避免。避免过失误差的途径是对分析测试人员进行爱岗敬业教育，培养严格遵守操作规程、耐心细致地进行实验的良好习惯。在分析工作中，当出现很大误差时，应分析其原因，如确定是由过失引起，则在计算平均值时应舍去。但需注意在一般情况下，数据的取舍应当由数理统计的结果来决定。

10.3.1.2 误差和偏差的表示方法

(1) 误差和准确度

①绝对误差和相对误差。误差是测定结果与真实值之间的差值。误差越小，表示测定结果与真实值越接近，准确度越高；反之，误差越大，准确度越低。当测定结果大于真实值时，误差为正值，表示测定结果偏高；反之，误差为负值，表示测定结果偏低。

准确度的高低用误差来衡量，误差的大小可用绝对误差 E_a 和相对误差 E_r 来表示，即：

$$E_a = x_i - \mu \tag{10-2}$$

$$E_r = \frac{x_i - \mu}{\mu} \times 100\% \tag{10-3}$$

绝对误差表示测定值与真实值之差，相对误差表示绝对误差占真值的百分率。

例如，用分析天平称量两物体的质量分别为 1.0001g 和 0.1001g，假定两者的真实质量分别是 1.0000g 和 0.1000g，则两者称量的绝对误差分别为：

$$1.0001-1.0000=0.0001(\mathrm{g})$$
$$0.1001-0.1000=0.0001(\mathrm{g})$$

两者的相对误差分别为：

$$\frac{0.0001}{1.0000}\times100\%=0.01\%$$
$$\frac{0.0001}{0.1000}\times100\%=0.1\%$$

由此可知，绝对误差相等，而相对误差却不一定相同。第一个称量结果的相对误差是第二个的 1/10。也就是说，同样的绝对误差，当被测物的量较大时，相对误差较小，测定的准确度较高。因此，用相对误差来表示各种情况下测定结果的准确度更为确切。

②公差。公差是生产部门对分析结果允许误差的一种表示方法。如果分析结果超出允许的公差范围，称为“超差”，则该项分析工作必须重做。

公差的确定与很多因素有关。首先是根据实际情况确定对分析结果准确度的要求。例如，一般工业分析，允许相对误差在百分之几到千分之几，而相对原子质量的测定，要求相对误差很小。其次，公差范围常依试样组成及待测组分含量的不同而不同，组成越复杂，引起误差的可能性就越大，允许的公差范围就宽一些。工业分析中，待测组分含量与公差（相对误差）的关系见表 10-1。

表 10-1　待测组分含量与公差（相对误差）的关系

待测组分含量/%	90	80	40	20	10	5	1.0	0.1	0.01	0.001
公差（相对误差）/%	0.3	0.4	0.6	1.0	1.2	1.6	5.0	20	50	100

此外，各主管部门还对每一项具体的分析项目规定了具体的公差范围，往往以绝对误差来表示。例如，对钢中硫含量分析的允许公差（绝对误差）规定见表 10-2。

表 10-2　钢中硫含量分析的允许公差（绝对误差）规定

钢中硫含量/%	≤0.020	0.020～0.050	0.050～0.100	0.100～0.200	≥0.200
公差（绝对误差）/%	±0.002	±0.004	±0.006	±0.010	±0.015

(2) 偏差和精密度　在实际工作中，分析人员在同一条件下平行测定多次，以求得分析结果的算术平均值 $\bar{x}$。如果多次测定的数值比较接近，说明分析结果的精密度高。分析结果的精密度是指多次平行测定结果相互接近的程度。在分析化学中，有时用重复性（Repeatability）和重现性（Reproducibility）表示不同情况下分析结果的精密度。前者表示同一分析人员在同一条件下所得分析结果的精密度，后者表示不同分析人员或不同实验室之间在各自条件下所得分析结果的精密度。

①绝对偏差和相对偏差。精密度的高低用偏差 d_i 来衡量，偏差可由绝对偏差 d_i 和相对偏差 d_r 来表示。绝对偏差表示个别测定结果 x_i 与算术平均值 $\bar{x}$ 之间的差值，相对偏差表示绝对偏差占算术平均值 $\bar{x}$ 的百分率：

$$d_i=x_i-\bar{x} \tag{10-4}$$

$$d_r=\frac{x_i-\bar{x}}{\bar{x}}\times100\% \tag{10-5}$$

绝对偏差和相对偏差代表单次测量对算术平均值的偏离程度。它们都有正负之分。偏差小，表示测定结果的重现性好，精密度高。

各偏差的绝对值的平均值，称为多次测定的平均偏差 $\bar{d}$，又称算术平均偏差，即：

$$\bar{d}=\frac{1}{n}\sum_{i=1}^{n}|d_i|=\frac{1}{n}\sum_{i=1}^{n}|x_i-\bar{x}| \tag{10-6}$$

②标准偏差。在分析测试和数理统计中，用标准偏差来表示测定结果的精密度更为合理。因为将单次测定的偏差平方后，能将较大的偏差显著地表示出来。标准偏差又称均方根偏差。当测定次数趋于无穷大时，总体标准偏差 σ 表达式为：

$$\sigma=\sqrt{\frac{\sum_{i=1}^{n}(x_i-\mu)^2}{n}} \tag{10-7}$$

式中　μ——总体平均值，在校正系统误差的情况下 μ 为真值。

在一般的分析工作中，有限测定次数 n 时的标准偏差 s 表达式为：

$$s=\sqrt{\frac{\sum_{i=1}^{n}(x_i-\mu)^2}{n-1}} \tag{10-8}$$

标准偏差常用来表示测试数据的分散程度。

(3) 平均值的标准偏差　统计学已证明，对有限测定次数，其平均值的标准偏差为：

$$s_x=\frac{s}{\sqrt{n}} \tag{10-9}$$

式（10-9）表明，平均值的标准偏差 s_x 与测定次数的平方根成反比。增加测定次数可以提高测定的精密度，但当 $n>10$ 时，变化已很小。因此在实际工作中，测定次数无需过多，4～6 次即可。

10.3.2　实验数据的有效数字取舍及其运算规则

在分析处理测量数据时应先校正系统误差，然后对数据进行统计处理，剔除可疑值、计算数据的平均值、标准偏差，最后按照要求的置信度求出平均值的置信区间。

在定量分析中，为了得到准确的分析结果，不仅要准确测量，还要正确记录和计算。因为记录的数字不仅表示试样中待测组分的含量，而且还反映了测量的精确程度。因此，在实验数据的记录和结果的计算中，保留几位数字不是任意的，要根据测量仪器、分析方法的准确度来决定。这就涉及有效数字的概念。

10.3.2.1　有效数字

在科学试验中，对于任一物理量的测定，其准确度都是有一定限度的。例如读取滴定管上的刻度，甲得到 23.43mL，乙得到 23.42mL，丙得到 23.44mL，这些 4 位数字中，前 3 位数字都是很准确的，第 4 位数字是估读出来的不确定值。第 4 位数字称为可疑数字，但它并不是臆造的，所以记录时应该保留，这 4 位数字都是有效数字。具体来说，有效数字就是实际上能测到的数字。例如下面几组数据的有效数字：

试样质量：	1.3504g	5 位有效数字（分析天平称取）
	0.35g	2 位有效数字（台秤称取）
溶液体积：	25.00mL	4 位有效数字（滴定管或移液管量取）
	25mL	2 位有效数字（量筒量取）
标准溶液浓度：	0.1000mol·L^{-1}	4 位有效数字

解离常数：　　　　　$K_a^\ominus=1.8\times10^4$　　　　2位有效数字

3600，1000　　　　有效数字位数较含糊

在以上数据中，“0”起的作用是不同的。例如，在1.3504中，“0”是有效数字；在0.35中，“0”只起定位作用，不是有效数字；在0.0040中，前面3个“0”不是有效数字，后面一个“0”是有效数字。像3600这样的数字，一般看成是4位有效数字，但它也可能是2位或3位有效数字。对于这样的情况，应根据实际的有效数字位数，分别写成3.6×10^3、3.60×10^3、3.600×10^3较好。也就是说当需要在某数的末尾加“0”作有效数字时，为了避免混淆，最好采用指数形式表示。例如15.0g，若以mg为单位，则可写为1.50×10^4mg，若表示为15000mg，就易误解为5位有效数字。

分析化学计算中，常遇到倍数、分数关系。这些数据不是测量所得到的，可视为无限多位有效数字。而对pH，pM、lg$K$等对数值，其有效数字的位数与其对数的尾数位数相同，因整数部分只代表该数的方次。如pH＝11.20，换算为H^+浓度时，应为$c_{H^+}=6.3\times10^{-12}mol\cdot L^{-1}$，有效数字位数为2位，不是4位。一般有效数字的最后一位数字有±1个单位的误差。

有效数字的位数与测量仪器的精度有关，实验数据中任何一个数字都是有意义的，数据的位数不能随意增加或减少，如上面的例子中，分析天平称量某物质是1.3504g，不能记录为1.350g或1.35040g，用滴定管读数时应保留小数后两位，如25.30，不能记为25.3。

10.3.2.2　数字修约规则

分析测试结果一般由测量值进行计算得到，结果的有效数字位数必须能正确表达实验的准确度。在处理数据过程中，涉及的各测量值的有效数字位数可能不同，因此需要按下面所述的计算规则，确定各测量值的有效数字位数。即舍去多余的数字，以避免不必要的烦琐计算。舍弃多余数字的过程称为“数字修约”，目前一般采用“四舍六入五成双”的规则。即当测量值中被修约的那个数字小于等于4时舍去尾数；大于等于6时进位；等于5时，如进位后末位数为偶数则进位，进位后末位数为奇数则舍去。具体的数据修约规则可参阅GB 8170—1987。

根据修约规则，将下列测量值修约为四位有效数字，修约如下：

$$14.2443\rightarrow14.24$$
$$25.4863\rightarrow25.49$$
$$15.0250\rightarrow15.02$$
$$12.0150\rightarrow12.02$$

修约数字时要一次修约到所需要的位数，不能连续多次修约。例如将2.3457修约为2位有效数字，应为2.3，如连续多次修约则为：2.3457→2.346→2.35→2.4，这样修约误差累积就扩大了。

10.3.2.3　运算规则

（1）加减法　在加减法运算中，运算结果的有效数字位数取决于这些数据中绝对误差最大者，即几个数据相加或相减时，有效数字位数的保留，应以小数点后位数最少的数字为根据。例如：

$$0.0121+25.64+1.05782=?$$

由于25.64的绝对误差为±0.01，是3个数据中绝对误差最大者，在加和结果中的绝对误差值取决于该数，故有效数字位数应根据它来进行修约，运算过程如下：

$$0.01+25.64+1.06\approx26.71$$

（2）乘除法　在乘除法运算中，有效数字的位数取决于这些数据中相对误差最大者。通

常是根据有效数字位数最少的数来进行修约。例如：

$$\frac{0.0325 \times 5.103 \times 60.064}{139.82}$$

这几个数中0.0325的有效数字位数最少，为3位，故结果也应保留3位有效数字。

运算时，先修约再运算，或先运算再修约，但两种情况下得到的结果，数值有时会不一样。为了避免出现这种情况，应采取既能提高运算速度，又不使修约误差累积的安全数字法。该法就是在运算过程中，将参与运算的各数的有效数字位数修约到比该数应有的有效数字位数多一位（这多取的一位数字称为安全数字），然后再进行计算。

如上例，先修约再运算，即为：

$$\frac{0.0325 \times 5.10 \times 60.1}{140} = 0.0712$$

先运算再修约，结果为：0.0712551→0.0713。

可见两者不完全相同，采用安全数字，上例中各数取4位有效数字，运算后修约到3位，即：

$$\frac{0.0325 \times 5.103 \times 60.06}{139.8} = 0.0713$$

这就是目前常用的安全数字法。

在乘除法运算中，经常会遇到9以上的大数，如9.00、9.83等。它们的相对误差约0.1%，与10.08和12.10这些4位有效数字的数值的相对误差接近，所以通常将它们当作4位有效数字的数值处理。

若使用计算器作连续运算时，过程中不必对每一步的计算结果进行修约，但应注意根据其准确度的要求，正确保留最后结果的有效数字位数。

一般地，在表示分析结果时，当组分含量≥10%时，用4位有效数字；当组分含量为1%～10%时用3位有效数字。在表示误差大小时，有效数字常取一位，最多取两位。

复习思考题

1. 区分概念：

绝对误差　相对误差　精密度　准确度

2. 下列情况各引起什么误差？如果是系统误差，应如何消除？

(1) 砝码被腐蚀；

(2) 称量时，试样吸收了空气中的水；

(3) 天平零点稍有变动；

(4) 读取滴定管时，最后一位数字估读不准；

(5) 试样中含有被测组分；

(6) 用失去部分结晶水的硼砂为基准物，标定HCl溶液的浓度。

3. 某分析天平称量绝对误差为±0.1mg，用递减法称取试样质量0.05g，相对误差是多少？如果称取试样1g，相对误差又是多少？这说明什么问题？

习　题

1. 化学实验前、实验中、试验后分别有哪些基本要求？

2. 化学实验应具备哪些基本的安全知识？

3. 按有效数字运算法则，计算下列各式：

(1) $2.187 \times 0.854 + 9.6 \times 10^{-5} - 0.0326 \times 0.00814$

(2) $51.387 \div 8.79 \div 0.09460$

附 录

表 1　一些弱电解质在水溶液中的解离常数（298.15K）

酸		解离常数 $K_a^\ominus$		
		一级	二级	三级
硼酸	H_3BO_3	5.78×10^{-10}	1.8×10^{-13}	1.6×10^{-14}
碳酸	H_2CO_3	4.36×10^{-7}	4.68×10^{-11}	
氢氰酸	HCN	6.17×10^{-10}		
氢氟酸	HF	6.61×10^{-4}		
次溴酸	HBrO	2.82×10^{-9}		
次氯酸	HClO	2.90×10^{-8}		
次碘酸	HIO	3.16×10^{-11}		
高碘酸	HIO_4	2.8×10^{-2}		
亚硝酸	HNO_2	7.24×10^{-4}		
亚砷酸	H_3AsO_3	6.0×10^{-10}		
磷酸	H_3PO_4	6.92×10^{-3}	6.20×10^{-8}	4.79×10^{-13}
次磷酸	H_3PO_2	5.9×10^{-2}		
亚磷酸	H_3PO_3	5.0×10^{-2}	2.5×10^{-7}	
氢硒酸	H_2Se	1.3×10^{-4}	1.0×10^{-11}	
亚硫酸	H_2SO_3	1.29×10^{-2}	6.16×10^{-3}	
氢硫酸	H_2S	1.32×10^{-7}	7.10×10^{-13}	
硫代硫酸	$H_2S_2O_3$	2.52×10^{-1}	1.9×10^{-2}	
甲酸	HCOOH	1.77×10^{-4}		
乙酸	CH_3COOH	1.75×10^{-5}		
草酸	$H_2C_2O_4$	5.37×10^{-2}	5.37×10^{-5}	
酒石酸	$C_4H_6O_6$	6.76×10^{-4}	1.23×10^{-5}	
丙烯酸	$CH_2=CHCOOH$	5.50×10^{-5}		
氯代醋酸	$ClCH_2COOH$	1.40×10^{-3}		
柠檬酸	$C_6H_8O_7$	7.41×10^{-4}	1.74×10^{-5}	3.98×10^{-7}
乙二胺四乙酸	（EDTA）H_4Y	1.02×10^{-2}	2.14×10^{-3}	$K_{a3}^\ominus=6.92\times10^{-7}$；$K_{a4}^\ominus=5.90\times10^{-11}$
邻苯二甲酸	$C_6H_4(COOH)_2$	1.29×10^{-3}	2.88×10^{-6}	
碱		解离常数 $K_b^\ominus$		
氨水	$NH_3\cdot H_2O$	1.74×10^{-5}		
甲胺	CH_3NH_2	4.17×10^{-4}		
羟胺	NH_2OH	9.12×10^{-9}		
苯胺	$C_6H_5NH_2$	4.47×10^{-10}		
乙胺	$CH_3CH_2NH_2$	4.27×10^{-4}		
乙二胺	$H_2N(CH_2)_2NH_2$	$K_{b1}^\ominus=8.51\times10^{-5}$；$K_{b2}^\ominus=7.05\times10^{-8}$		
丙胺	$C_3H_7NH_2$	3.70×10^{-4}		
吡啶	C_5H_5N	1.48×10^{-9}		
六亚甲基四胺	$(CH_2)_6N_4$	1.35×10^{-9}		

表 2　一些物质的溶度积常数（298.15K）

难溶电解质	溶度积 $K_{sp}^{\ominus}$
卤化物	
$AgBr$	5.0×10^{-13}
$AgCl$	1.8×10^{-10}
AgI	8.3×10^{-17}
BaF_2	1.84×10^{-7}
CaF_2	5.3×10^{-9}
$PbCl_2$	1.6×10^{-5}
$PbBr_2$	6.6×10^{-6}
PbI_2	7.1×10^{-9}
碳酸盐	
Ag_2CO_3	8.45×10^{-12}
$BaCO_3$	5.1×10^{-9}
$CaCO_3$	3.36×10^{-9}
$CdCO_3$	1.0×10^{-12}
$CuCO_3$	1.4×10^{-10}
$FeCO_3$	3.13×10^{-11}
Hg_2CO_3	3.6×10^{-17}
$MgCO_3$	6.82×10^{-6}
$ZnCO_3$	1.46×10^{-10}
$PbCO_3$	7.4×10^{-14}
铬酸盐	
Ag_2CrO_4	1.12×10^{-12}
$Ag_2Cr_2O_7$	2.0×10^{-7}
$BaCrO_4$	1.2×10^{-10}
$CaCrO_4$	7.1×10^{-4}
$CuCrO_4$	3.6×10^{-6}
Hg_2CrO_4	2.0×10^{-9}
$PbCrO_4$	2.8×10^{-13}
氢氧化物	
$AgOH$	2.0×10^{-8}
$Al(OH)_3$(无定形)	1.3×10^{-33}
$Be(OH)_2$(无定形)	1.6×10^{-22}
$Ca(OH)_2$	5.5×10^{-6}
$Cd(OH)_2$	5.27×10^{-15}
$Co(OH)_2$(粉红)	1.09×10^{-15}
$Co(OH)_2$(蓝)	5.92×10^{-15}
$Co(OH)_3$	1.6×10^{-44}
* $Cr(OH)_2$	2×10^{-16}
* $Cr(OH)_3$	6.3×10^{-31}
* $Cu(OH)_2$	2.2×10^{-20}
$Fe(OH)_2$	8.0×10^{-16}
$Fe(OH)_3$	4.0×10^{-38}
$Mg(OH)_2$	1.8×10^{-11}
$Mn(OH)_2$	1.9×10^{-13}
$Pb(OH)_2$	1.2×10^{-15}
$Zn(OH)_2$	1.2×10^{-17}
草酸盐	
$Ag_2C_2O_4$	5.4×10^{-12}
BaC_2O_4	1.6×10^{-7}
CuC_2O_4	4.43×10^{-10}
PbC_2O_4	8.51×10^{-10}
$Hg_2C_2O_4$	1.75×10^{-13}
硫酸盐	
Ag_2SO_4	1.4×10^{-5}
$BaSO_4$	1.1×10^{-10}
$CaSO_4$	9.1×10^{-6}
Hg_2SO_4	6.5×10^{-7}
$PbSO_4$	1.6×10^{-8}
硫化物	
Ag_2S	6.3×10^{-50}
CdS	8.0×10^{-27}
α-CoS	4.0×10^{-21}
β-CoS	2.0×10^{-25}
Cu_2S	2.5×10^{-48}
CuS	6.3×10^{-36}
FeS	6.3×10^{-18}
HgS（黑）	1.6×10^{-52}
HgS（红）	4.0×10^{-53}
PbS	8.0×10^{-28}
ZnS	2.93×10^{-25}
磷酸盐	
Ag_3PO_4	1.4×10^{-16}
$AlPO_4$	6.3×10^{-19}
$CaHPO_4$	1.0×10^{-7}
$Ca_3(PO_4)_2$	2.0×10^{-29}
$Cd_3(PO_4)_2$	2.53×10^{-33}
$Cu_3(PO_4)_2$	1.40×10^{-37}
$Mg_3(PO_4)_2$	1.04×10^{-24}
$Pb_3(PO_4)_2$	8.0×10^{-43}
$Zn_3(PO_4)_2$	9.0×10^{-33}

表 3　标准电极电势（298.15K）

1. 在酸性溶液中

电　对	电极反应	φ_a/V
Ag^+/Ag	$Ag^+ + e^- = Ag$	0.7996
$AgBr/Ag$	$AgBr + e^- = Ag + Br^-$	0.0713
$Ag_2C_2O_4/Ag$	$Ag_2C_2O_4 + 2e^- = 2Ag + C_2O_4^{2-}$	0.4647
$AgCl/Ag$	$AgCl + e^- = Ag + Cl^-$	0.2223
AgF/Ag	$AgF + e^- = Ag + F^-$	0.779
AgI/Ag	$AgI + e^- = Ag + I^-$	−0.1522
Al^{3+}/Al	$Al^{3+} + 3e^- = Al$	−1.662
AlF_6^{3-}/Al	$AlF_6^{3-} + 3e^- = Al + 6F^-$	−2.069
As_2O_3/As	$As_2O_3 + 6H^+ + 6e^- = 2As + 3H_2O$	0.234
Au^+/Au	$Au^+ + e^- = Au$	1.692
Au^{3+}/Au	$Au^{3+} + 3e^- = Au$	1.498
$AuCl_4^-/Au$	$AuCl_4^- + 3e^- = Au + 4Cl^-$	1.002
Au^{3+}/Au	$Au^{3+} + 2e^- = Au^+$	1.401
H_3BO_3/B	$H_3BO_3 + 3H^+ + 3e^- = B + 3H_2O$	−0.8698
Ba^{2+}/Ba	$Ba^{2+} + 2e^- = Ba$	−2.912
Be^{2+}/Be	$Be^{2+} + 2e^- = Be$	−1.847
Br_2（aq）$/Br^-$	Br_2（aq）$+ 2e^- = 2Br^-$	1.087
Br_2（l）$/Br^-$	Br_2（l）$+ 2e^- = 2Br^-$	1.066
$HBrO/Br^-$	$HBrO + H^+ + 2e^- = Br^- + H_2O$	1.331
$HBrO/Br_2$（aq）	$2HBrO + 2H^+ + 2e^- = Br_2$（aq）$+ 2H_2O$	1.574
$HBrO/Br_2$（l）	$2HBrO + 2H^+ + 2e^- = Br_2$（l）$+ 2H_2O$	1.596
BrO_3^-/Br^-	$BrO_3^- + 6H^+ + 6e^- = Br^- + 3H_2O$	1.423
Ca^{2+}/Ca	$Ca^{2+} + 2e^- = Ca$	−2.868
Cd^{2+}/Cd	$Cd^{2+} + 2e^- = Cd$	−0.403
$CdSO_4/Cd$	$CdSO_4 + 2e^- = Cd + SO_4^{2-}$	−0.246
Ce^{3+}/Ce	$Ce^{3+} + 3e^- = Ce$	−2.483
Cl_2（g）$/Cl^-$	Cl_2（g）$+ 2e^- = 2Cl^-$	1.3583
$HClO/Cl_2$	$2HClO + 2H^+ + 2e^- = Cl_2 + 2H_2O$	1.611
$HClO/Cl^-$	$HClO + H^+ + 2e^- = Cl^- + H_2O$	1.482
$ClO_2/HClO_2$	$ClO_2 + H^+ + e^- = HClO_2$	1.277
$HClO_2/HClO$	$HClO_2 + 2H^+ + 2e^- = HClO + H_2O$	1.645
ClO_4^-/Cl^-	$ClO_4^- + 8H^+ + 8e^- = Cl^- + 4H_2O$	1.389
Co^{2+}/Co	$Co^{2+} + 2e^- = Co$	−0.28

续表

电　对	电极反应	φ_a/V
Co^{3+}/Co^{2+}	$Co^{3+}+e^- = Co^{2+}$ （$2mol \cdot L^{-1}$ H_2SO_4）	1.83
Cr^{2+}/Cr	$Cr^{2+}+2e^- = Cr$	−0.913
Cr^{3+}/Cr^{2+}	$Cr^{3+}+e^- = Cr^{2+}$	−0.407
Cr^{3+}/Cr	$Cr^{3+}+3e^- = Cr$	−0.744
$Cr_2O_7^{2-}/Cr^{3+}$	$Cr_2O_7^{2-}+14H^++6e^- = 2Cr^{3+}+7H_2O$	1.232
$HCrO_4^-/Cr^{3+}$	$HCrO_4^-+7H^++3e^- = Cr^{3+}+4H_2O$	1.350
Cu^+/Cu	$Cu^++e^- = Cu$	0.521
Cu^{2+}/Cu^+	$Cu^{2+}+e^- = Cu^+$	0.153
Cu^{2+}/Cu	$Cu^{2+}+2e^- = Cu$	0.3419
$CuCl/Cu$	$CuCl+e^- = Cu+Cl^-$	0.124
F_2/HF	$F_2+2H^++2e^- = 2HF$	3.053
F_2/F^-	$F_2+2e^- = 2F^-$	2.866
Fe^{2+}/Fe	$Fe^{2+}+2e^- = Fe$	−0.447
Fe^{3+}/Fe	$Fe^{3+}+3e^- = Fe$	−0.037
Fe^{3+}/Fe^{2+}	$Fe^{3+}+e^- = Fe^{2+}$	0.771
Ga^{3+}/Ga	$Ga^{3+}+3e^- = Ga$	−0.560
H^+/H_2	$2H^++2e^- = H_2$	0.0000
H_2 (g) $/H^-$	H_2 (g) $+2e^- = 2H^-$	−2.23
HO_2/H_2O_2	$HO_2+H^++e^- = H_2O_2$	1.495
H_2O_2/H_2O	$H_2O_2+2H^++2e^- = 2H_2O$	1.776
Hg^{2+}/Hg	$Hg^{2+}+2e^- = Hg$	0.851
Hg^{2+}/Hg_2^{2+}	$Hg^{2+}+2e^- = Hg_2^{2+}$	0.920
Hg_2^{2+}/Hg	$Hg_2^{2+}+2e^- = 2Hg$	0.797
Hg_2Br_2/Hg	$Hg_2Br_2+2e^- = 2Hg+2Br^-$	0.139
Hg_2Cl_2/Hg	$Hg_2Cl_2+2e^- = 2Hg+2Cl^-$	0.268
Hg_2I_2/Hg	$Hg_2I_2+2e^- = 2Hg+2I^-$	−0.0405
Hg_2SO_4/Hg	$Hg_2SO_4+2e^- = 2Hg+SO_4^{2-}$	0.6125
I_2/I^-	$I_2+2e^- = 2I^-$	0.5355
I_3^-/I^-	$I_3^-+2e^- = 3I^-$	0.536
H_5IO_6/IO_3^-	$H_5IO_6+H^++2e^- = IO_3^-+3H_2O$	1.601
HIO/I_2	$2HIO+2H^++2e^- = I_2+2H_2O$	1.439
HIO/I^-	$HIO+H^++2e^- = I^-+H_2O$	0.987
$2IO_3^-/I_2$	$2IO_3^-+12H^++10e^- = I_2+6H_2O$	1.195
IO_3^-/I^-	$IO_3^-+6H^++6e^- = I^-+3H_2O$	1.085

续表

电　对	电极反应	φ_a/V
K^+/K	$K^+ + e^- = K$	−2.931
La^{3+}/La	$La^{3+} + 3e^- = La$	−2.522
Li^+/Li	$Li^+ + e^- = Li$	−3.0401
Mg^{2+}/Mg	$Mg^{2+} + 2e^- = Mg$	−2.372
Mn^{2+}/Mn	$Mn^{2+} + 2e^- = Mn$	−1.185
Mn^{3+}/Mn^{2+}	$Mn^{3+} + e^- = Mn^{2+}$	1.5415
MnO_2/Mn^{2+}	$MnO_2 + 4H^+ + 2e^- = Mn^{2+} + 2H_2O$	1.224
MnO_4^-/MnO_4^{2-}	$MnO_4^- + e^- = MnO_4^{2-}$	0.558
MnO_4^-/MnO_2	$MnO_4^- + 4H^+ + 3e^- = MnO_2 + 2H_2O$	1.679
MnO_4^-/Mn^{2+}	$MnO_4^- + 8H^+ + 5e^- = Mn^{2+} + 4H_2O$	1.507
NO/N_2O	$2NO + 2H^+ + 2e^- = N_2O + H_2O$	1.591
HNO_2/NO	$HNO_2 + H^+ + e^- = NO + H_2O$	0.983
HNO_2/N_2O	$2HNO_2 + 4H^+ + 4e^- = N_2O + 3H_2O$	1.297
NO_3^-/HNO_2	$NO_3^- + 3H^+ + 2e^- = HNO_2 + H_2O$	0.934
NO_3^-/NO	$NO_3^- + 4H^+ + 3e^- = NO + 2H_2O$	0.957
NO_3^-/N_2O_4	$2NO_3^- + 4H^+ + 2e^- = N_2O_4 + 2H_2O$	0.803
Na^+/Na	$Na^+ + e^- = Na$	−2.71
Ni^{2+}/Ni	$Ni^{2+} + 2e^- = Ni$	−0.257
NiO_2/Ni^{2+}	$NiO_2 + 4H^+ + 2e^- = Ni^{2+} + 2H_2O$	1.678
O_2/H_2O_2	$O_2 + 2H^+ + 2e^- = H_2O_2$	0.695
O_2/H_2O	$O_2 + 4H^+ + 4e^- = 2H_2O$	1.229
O_3/O_2	$O_3 + 2H^+ + 2e^- = O_2 + H_2O$	2.076
Pb^{2+}/Pb	$Pb^{2+} + 2e^- = Pb$	−0.1262
$PbBr_2/Pb$	$PbBr_2 + 2e^- = Pb + 2Br^-$	−0.284
$PbCl_2/Pb$	$PbCl_2 + 2e^- = Pb + 2Cl^-$	−0.2675
PbF_2/Pb	$PbF_2 + 2e^- = Pb + 2F^-$	−0.3444
PbI_2/Pb	$PbI_2 + 2e^- = Pb + 2I^-$	−0.365
PbO_2/Pb^{2+}	$PbO_2 + 4H^+ + 2e^- = Pb^{2+} + 2H_2O$	1.455
$PbO_2/PbSO_4$	$PbO_2 + SO_4^{2-} + 4H^+ + 2e^- = PbSO_4 + 2H_2O$	1.6913
$PbSO_4/Pb$	$PbSO_4 + 2e^- = Pb + SO_4^{2-}$	−0.3588
Pd^{2+}/Pd	$Pd^{2+} + 2e^- = Pd$	0.951
$PdCl_4^{2-}/Pd$	$PdCl_4^{2-} + 2e^- = Pd + 4Cl^-$	0.591
Pt^{2+}/Pt	$Pt^{2+} + 2e^- = Pt$	1.118
Rb^+/Rb	$Rb^+ + e^- = Rb$	−2.98
S/H_2S (aq)	$S + 2H^+ + 2e^- = H_2S$ (aq)	0.142
$S_2O_6^{2-}/H_2SO_3$	$S_2O_6^{2-} + 4H^+ + 2e^- = 2H_2SO_3$	0.564

续表

电　对	电极反应	φ_a/V
$S_2O_8^{2-}/SO_4^{2-}$	$S_2O_8^{2-}+2e^- \rightleftharpoons 2SO_4^{2-}$	2.010
$S_2O_8^{2-}/HSO_4^-$	$S_2O_8^{2-}+2H^++2e^- \rightleftharpoons 2HSO_4^-$	2.123
H_2SO_3/S	$H_2SO_3+4H^++4e^- \rightleftharpoons S+3H_2O$	0.449
Sc^{3+}/Sc	$Sc^{3+}+3e^- \rightleftharpoons Sc$	−2.077
Sn^{2+}/Sn	$Sn^{2+}+2e^- \rightleftharpoons Sn$	−0.1375
Sn^{4+}/Sn^{2+}	$Sn^{4+}+2e^- \rightleftharpoons Sn^{2+}$	0.151
Sr^+/Sr	$Sr^++e^- \rightleftharpoons Sr$	−4.10
Sn^{2+}/Sn	$Sn^{2+}+2e^- \rightleftharpoons Sn$	−2.89
Te^{4+}/Te	$Te^{4+}+4e^- \rightleftharpoons Te$	0.568
Ti^{2+}/Ti	$Ti^{2+}+2e^- \rightleftharpoons Ti$	−1.630
Ti^{3+}/Ti^{2+}	$Ti^{3+}+e^- \rightleftharpoons Ti^{2+}$	−0.368
V^{2+}/V	$V^{2+}+2e^- \rightleftharpoons V$	−1.175
V^{3+}/V^{2+}	$V^{3+}+e^- \rightleftharpoons V^{2+}$	−0.255
Zn^{2+}/Zn	$Zn^{2+}+2e^- \rightleftharpoons Zn$	−0.7618

2. 在碱性溶液中

电　对	电极反应	φ_b/ V
$AgCN/Ag^-$	$AgCN+e^- \rightleftharpoons Ag+CN^-$	−0.017
$[Ag(CN)_2]^-/Ag$	$[Ag(CN)_2]^-+e^- \rightleftharpoons Ag+2CN^-$	−0.31
Ag_2O/Ag	$Ag_2O+H_2O+2e^- \rightleftharpoons 2Ag+2OH^-$	0.342
AgO/Ag_2O	$2AgO+H_2O+2e^- \rightleftharpoons Ag_2O+2OH^-$	0.607
Ag_2S/Ag	$Ag_2S+2e^- \rightleftharpoons 2Ag+S^{2-}$	−0.691
$H_2AlO_3^-/Al$	$H_2AlO_3^-+H_2O+3e^- \rightleftharpoons Al+4OH^-$	−2.33
AsO_2^-/As	$AsO_2^-+2H_2O+3e^- \rightleftharpoons As+4OH^-$	−0.68
AsO_4^{3-}/As	$AsO_4^{3-}+2H_2O+2e^- \rightleftharpoons AsO_2^-+4OH^-$	−0.71
$H_2BO_3^-/BH_4^-$	$H_2BO_3^-+5H_2O+8e^- \rightleftharpoons BH_4^-+8OH^-$	−1.24
$H_2BO_3^-/B$	$H_2BO_3^-+H_2O+3e^- \rightleftharpoons B+4OH^-$	−1.79
$Ba(OH)_2/Ba$	$Ba(OH)_2+2e^- \rightleftharpoons Ba+2OH^-$	−2.99
$Be_2O_3^{2-}/Be$	$Be_2O_3^{2-}+3H_2O+4e^- \rightleftharpoons 2Be+6OH^-$	−2.63
Bi_2O_3/Bi	$Bi_2O_3+3H_2O+6e^- \rightleftharpoons 2Bi+6OH^-$	−0.46
BrO^-/Br^-	$BrO^-+H_2O+2e^- \rightleftharpoons Br^-+2OH^-$	0.761
BrO_3^-/Br^-	$Br_3O^-+3H_2O+6e^- \rightleftharpoons Br^-+6OH^-$	0.61
$Ca(OH)_2/Ca$	$Ca(OH)_2+2e^- \rightleftharpoons Ca+2OH^-$	−3.02
ClO^-/Cl^-	$ClO^-+H_2O+2e^- \rightleftharpoons Cl^-+2OH^-$	0.81
ClO_2^-/ClO^-	$ClO_2^-+H_2O+2e^- \rightleftharpoons ClO^-+2OH^-$	0.66

续表

电　对	电极反应	φ_b/V
ClO_2^-/Cl^-	$ClO_2^- + 2H_2O + 4e^- = Cl^- + 4OH^-$	0.76
ClO_3^-/ClO_2^-	$ClO_3^- + H_2O + 2e^- = ClO_2^- + 2OH^-$	0.33
ClO_3^-/Cl^-	$ClO_3^- + 3H_2O + 6e^- = Cl^- + 6OH^-$	0.62
ClO_4^-/ClO_3^-	$ClO_4^- + H_2O + 2e^- = ClO_3^- + 2OH^-$	0.36
$Co(OH)_2/Co$	$Co(OH)_2 + 2e^- = Co + 2OH^-$	−0.73
$Co(OH)_3/Co(OH)_2$	$Co(OH)_3 + e^- = Co(OH)_2 + OH^-$	0.17
CrO_2^-/Cr	$CrO_2^- + 2H_2O + 3e^- = Cr + 4OH^-$	−1.2
$CrO_4^{2-}/Cr(OH)_3$	$CrO_4^{2-} + 4H_2O + 3e^- = Cr(OH)_3 + 5OH^-$	−0.13
$Cr(OH)_3/Cr$	$Cr(OH)_3 + 3e^- = Cr + 3OH^-$	−1.48
$Cu^{2+}/[Cu(CN)_2]^-$	$Cu^{2+} + 2CN^- + e^- = [Cu(CN)_2]^-$	1.103
$[Cu(CN)_2]^-/Cu$	$[Cu(CN)_2]^- + e^- = Cu + 2CN^-$	−0.429
Cu_2O/Cu	$Cu_2O + H_2O + 2e^- = 2Cu + 2OH^-$	−0.360
$Cu(OH)_2/Cu$	$Cu(OH)_2 + 2e^- = Cu + 2OH^-$	−0.222
$Cu(OH)_2/Cu_2O$	$2Cu(OH)_2 + 2e^- = Cu_2O + 2OH^- + H_2O$	−0.080
$Fe(OH)_3/Fe(OH)_2$	$Fe(OH)_3 + e^- = Fe(OH)_2 + OH^-$	−0.56
H_2O/H_2	$2H_2O + 2e^- = H_2 + 2OH^-$	−0.8277
HgO/Hg	$HgO + H_2O + 2e^- = Hg + 2OH^-$	0.0977
$H_3IO_3^{2-}/IO_3^-$	$H_3IO_3^{2-} + 2e^- = IO_3^- + 3OH^-$	0.7
IO^-/I^-	$IO^- + H_2O + 2e^- = I^- + 2OH^-$	0.485
IO_3^-/IO^-	$IO_3^- + 2H_2O + 4e^- = IO^- + 4OH^-$	0.15
IO_3^-/I^-	$IO_3^- + 3H_2O + 6e^- = I^- + 6OH^-$	0.26
$Mg(OH)_2/Mg$	$Mg(OH)_2 + 2e^- = Mg + 2OH^-$	−2.690
MnO_4^-/MnO_2	$MnO_4^- + 2H_2O + 3e^- = MnO_2 + 4OH^-$	0.595
MnO_4^{2-}/MnO_2	$MnO_4^{2-} + 2H_2O + 2e^- = MnO_2 + 4OH^-$	0.60
$Mn(OH)_2/Mn$	$Mn(OH)_2 + 2e^- = Mn + 2OH^-$	−1.56
$Mn(OH)_3/Mn(OH)_2$	$Mn(OH)_3 + e^- = Mn(OH)_2 + OH^-$	0.15
NO/N_2O	$2NO + H_2O + 2e^- = N_2O + 2OH^-$	0.76
NO_2^-/N_2O	$2NO_2^- + 3H_2O + 4e^- = N_2O + 6OH^-$	0.15
NO_3^-/NO_2^-	$NO_3^- + H_2O + 2e^- = NO_2^- + 2OH^-$	0.01
NO_3^-/N_2O_4	$2NO_3^- + 2H_2O + 2e^- = N_2O_4 + 4OH^-$	−0.85
$Ni(OH)_2/Ni$	$Ni(OH)_2 + 2e^- = Ni + 2OH^-$	−0.72
$NiO_2/Ni(OH)_2$	$NiO_2 + 2H_2O + 2e^- = Ni(OH)_2 + 2OH^-$	−0.490
O_2/HO_2^-	$O_2 + H_2O + 2e^- = HO_2^- + OH^-$	−0.076
O_2/H_2O_2	$O_2 + 2H_2O + 2e^- = H_2O_2 + 2OH^-$	−0.146
O_2/OH^-	$O_2 + 2H_2O + 4e^- = 4OH^-$	0.401
O_3/O_2	$O_3 + H_2O + 2e^- = O_2 + 2OH^-$	1.24
HO_2^-/OH^-	$HO_2^- + H_2O + 2e^- = 3OH^-$	0.878
PbO_2/PbO	$PbO_2 + H_2O + 2e^- = PbO + 2OH^-$	0.247
$Pd(OH)_2/Pd$	$Pd(OH)_2 + 2e^- = Pd + 2OH^-$	0.07
S/S^{2-}	$S + 2e^- = S^{2-}$	−0.4763
S/HS^-	$S + H_2O + 2e^- = HS^- + OH^-$	−0.478

续表

电　对	电极反应	φ_b/V
$S_4O_6^{2-}/S_2O_3^{2-}$	$S_4O_6^{2-}+2e^- \longrightarrow 2S_2O_3^{2-}$	0.08
$SO_3^{2-}/S_2O_4^{2-}$	$2SO_3^{2-}+2H_2O+2e^- \longrightarrow S_2O_4^{2-}+4OH^-$	−1.12
$SO_3^{2-}/S_2O_3^{2-}$	$2SO_3^{2-}+3H_2O+4e^- \longrightarrow S_2O_3^{2-}+6OH^-$	−0.571
SO_4^{2-}/SO_3^{2-}	$SO_4^{2-}+H_2O+2e^- \longrightarrow SO_3^{2-}+2OH^-$	−0.93
ZnO_2^{2-}/Zn	$ZnO_2^{2-}+2H_2O+2e^- \longrightarrow Zn+4OH^-$	−1.215

摘自 R. C. Weast. Handbook of Chemistry and Physics，D−151. 70th ed. 1989−1990。

参考文献

[1] 李业梅，吴云，程亚梅．无机化学．武汉：华中科技大学出版社．2010.
[2] 韩选利．大学化学．北京：高等教育出版社．2006.
[3] 仝克勤，张长水．大学基础化学．北京：化学工业出版社．2009.
[4] 高琳．基础化学．北京．高等教育出版社．2006.
[5] 黄志刚．基础应用化学．北京：航空工业出版社．2010.
[6] 刘玉林．无机及分析化学．北京：化学工业出版社．2011.
[7] 李运涛．无机及分析化学．北京：化学工业出版社．2010.
[8] 宋天佑．无机化学（上册）．北京：高等教育出版社．2004.
[9] 王宝仁．无机化学．第 2 版．北京：化学工业出版社．2009.
[10] 李霞，张桂珍．印刷化学．天津：天津大学出版社．2006.
[11] 余成发．印刷化学．北京：印刷工业出版社．2007.
[12] 金银河，徐绍武．印刷化学基础．北京：印刷工业出版社．1986.
[13] 汪小兰．有机化学．第 4 版．北京：高等教育出版社．2005.
[14] 高鸿宾．有机化学．第 4 版．北京：高等教育出版社．2005.
[15] 黎厚斌．制印化学基础．武汉：武汉大学出版社．2008.
[16] 潘祖仁．高分子化学．第 5 版．北京：化学工业出版社．2011.
[17] 郭建民．高分子材料化学基础．北京：化学工业出版社．2010.
[18] 沈钟，赵振国，康万利．胶体与表面化学．第 4 版．北京：化学工业出版社．2012.
[19] 胡英．物理化学．第 5 版．北京：高等教育出版社．2011.
[20] 胡更生等．凹版印刷原理与工艺．北京：国防科技大学出版社．2002.
[21] 陈正伟．印刷包装材料与适性．北京：化学工业出版社．2006.
[22] 方振亚．印刷工艺与原理．上海：上海交通大学出版社．2003.
[23] [英] Bob Thompson 著．印刷材料手册．杨永刚等译．北京：印刷工业出版社．2006.
[24] 周海华，刘云霞，宋延林．纳米材料绿色制版技术的版材研究．中国材料进展，2012，31（1）．
[25] 张跃飞，张广秋，王正铎等．用等离子体技术制备凹印版材耐磨层．材料保护．2005（4）．

元素周期表

IUPAC 2003

氧化态（单质的氧化态为0，未列入；常见的为红色）

以 $^{12}C=12$ 为基准的相对原子质量（注✦的是半衰期最长同位素的相对原子质量）

示例：+2 +3 +4 +5 +6 | 95 — 原子序数 | Am — 元素符号（红色的为放射性元素） | 镅ʌ — 元素名称（注ʌ的为人造元素） | $5f^7 7s^2$ — 价层电子构型 | 243.06✦

s区元素　p区元素　d区元素　ds区元素　f区元素　稀有气体

周期\族	1 IA	2 IIA	3 IIIB	4 IVB	5 VB	6 VIB	7 VIIB	8 VIIIB	9 VIIIB	10 VIIIB	11 IB	12 IIB	13 IIIA	14 IVA	15 VA	16 VIA	17 VIIA	18 VIIIA	电子层
1	−1 +1 1 H 氢 $1s^1$ 1.00794(7)																	2 He 氦 $1s^2$ 4.002602(2)	K
2	+1 3 Li 锂 $2s^1$ 6.941(2)	+2 4 Be 铍 $2s^2$ 9.012182(3)											+3 5 B 硼 $2s^2 2p^1$ 10.811(7)	−4 +2 +4 6 C 碳 $2s^2 2p^2$ 12.0107(8)	−3 −2 −1 +1 +2 +3 +4 +5 7 N 氮 $2s^2 2p^3$ 14.0067(2)	−2 −1 8 O 氧 $2s^2 2p^4$ 15.9994(3)	−1 9 F 氟 $2s^2 2p^5$ 18.9984032(5)	10 Ne 氖 $2s^2 2p^6$ 20.1797(6)	L K
3	−1 +1 11 Na 钠 $3s^1$ 22.989770(2)	+2 12 Mg 镁 $3s^2$ 24.3050(6)											+3 13 Al 铝 $3s^2 3p^1$ 26.981538(2)	−4 +2 +4 14 Si 硅 $3s^2 3p^2$ 28.0855(3)	−3 −2 +1 +3 +5 15 P 磷 $3s^2 3p^3$ 30.973761(2)	−2 +2 +4 +6 16 S 硫 $3s^2 3p^4$ 32.065(5)	−1 +1 +3 +5 +7 17 Cl 氯 $3s^2 3p^5$ 35.453(2)	18 Ar 氩 $3s^2 3p^6$ 39.948(1)	M L K
4	+1 19 K 钾 $4s^1$ 39.0983(1)	+2 20 Ca 钙 $4s^2$ 40.078(4)	+3 21 Sc 钪 $3d^1 4s^2$ 44.955910(8)	−1 0 +2 +3 +4 22 Ti 钛 $3d^2 4s^2$ 47.867(1)	0 ±1 +2 +3 +4 +5 23 V 钒 $3d^3 4s^2$ 50.9415	−3 0 ±1 ±2 +3 +4 +5 +6 24 Cr 铬 $3d^5 4s^1$ 51.9961(6)	−2 0 ±1 +2 +3 +4 +5 +6 +7 25 Mn 锰 $3d^5 4s^2$ 54.938049(9)	−2 0 ±1 +2 +3 +4 +5 +6 26 Fe 铁 $3d^6 4s^2$ 55.845(2)	0 ±1 +2 +3 +4 +5 27 Co 钴 $3d^7 4s^2$ 58.933200(9)	0 ±1 +2 +3 +4 28 Ni 镍 $3d^8 4s^2$ 58.6934(2)	+1 +2 +3 +4 29 Cu 铜 $3d^{10} 4s^1$ 63.546(3)	+1 +2 30 Zn 锌 $3d^{10} 4s^2$ 65.409(4)	+1 +3 31 Ga 镓 $4s^2 4p^1$ 69.723(1)	+2 +4 32 Ge 锗 $4s^2 4p^2$ 72.64(1)	−3 +3 +5 33 As 砷 $4s^2 4p^3$ 74.92160(2)	−2 +2 +4 +6 34 Se 硒 $4s^2 4p^4$ 78.96(3)	−1 +1 +3 +5 +7 35 Br 溴 $4s^2 4p^5$ 79.904(1)	+2 +4 36 Kr 氪 $4s^2 4p^6$ 83.798(2)	N M L K
5	+1 37 Rb 铷 $5s^1$ 85.4678(3)	+2 38 Sr 锶 $5s^2$ 87.62(1)	+3 39 Y 钇 $4d^1 5s^2$ 88.90585(2)	+1 +2 +3 +4 40 Zr 锆 $4d^2 5s^2$ 91.224(2)	0 ±1 +2 +3 +4 +5 41 Nb 铌 $4d^4 5s^1$ 92.90638(2)	0 ±1 ±2 +3 +4 +5 +6 42 Mo 钼 $4d^5 5s^1$ 95.94(2)	0 ±1 +2 +3 +4 +5 +6 +7 43 Tc 锝ʌ $4d^5 5s^2$ 97.907✦	0 ±1 +2 +3 +4 +5 +6 +7 +8 44 Ru 钌 $4d^7 5s^1$ 101.07(2)	0 ±1 +2 +3 +4 +5 +6 45 Rh 铑 $4d^8 5s^1$ 102.90550(2)	0 +1 +2 +3 +4 46 Pd 钯 $4d^{10}$ 106.42(1)	+1 +2 +3 47 Ag 银 $4d^{10} 5s^1$ 107.8682(2)	+1 +2 48 Cd 镉 $4d^{10} 5s^2$ 112.411(8)	+1 +3 49 In 铟 $5s^2 5p^1$ 114.818(3)	+2 +4 50 Sn 锡 $5s^2 5p^2$ 118.710(7)	−3 +3 +5 51 Sb 锑 $5s^2 5p^3$ 121.760(1)	−2 +2 +4 +6 52 Te 碲 $5s^2 5p^4$ 127.60(3)	−1 +1 +3 +5 +7 53 I 碘 $5s^2 5p^5$ 126.90447(3)	+2 +4 +6 +8 54 Xe 氙 $5s^2 5p^6$ 131.293(6)	O N M L K
6	+1 55 Cs 铯 $6s^1$ 132.90545(2)	+2 56 Ba 钡 $6s^2$ 137.327(7)	57~71 La~Lu 镧系	+1 +2 +3 +4 72 Hf 铪 $5d^2 6s^2$ 178.49(2)	0 ±1 +2 +3 +4 +5 73 Ta 钽 $5d^3 6s^2$ 180.9479(1)	0 ±1 ±2 +3 +4 +5 +6 74 W 钨 $5d^4 6s^2$ 183.84(1)	0 ±1 +2 +3 +4 +5 +6 +7 75 Re 铼 $5d^5 6s^2$ 186.207(1)	0 +1 +2 +3 +4 +5 +6 +7 +8 76 Os 锇 $5d^6 6s^2$ 190.23(3)	0 ±1 +2 +3 +4 +5 +6 77 Ir 铱 $5d^7 6s^2$ 192.217(3)	0 +2 +3 +4 +5 +6 78 Pt 铂 $5d^9 6s^1$ 195.078(2)	+1 +2 +3 +5 79 Au 金 $5d^{10} 6s^1$ 196.96655(2)	+1 +2 +3 80 Hg 汞 $5d^{10} 6s^2$ 200.59(2)	+1 +3 81 Tl 铊 $6s^2 6p^1$ 204.3833(2)	+2 +4 82 Pb 铅 $6s^2 6p^2$ 207.2(1)	−3 +3 +5 83 Bi 铋 $6s^2 6p^3$ 208.98038(2)	−2 +2 +4 +6 84 Po 钋 $6s^2 6p^4$ 208.98✦	±1 +3 +5 +7 85 At 砹 $6s^2 6p^5$ 209.99✦	+2 86 Rn 氡 $6s^2 6p^6$ 222.02✦	P O N M L K
7	+1 87 Fr 钫ʌ $7s^1$ 223.02✦	+2 88 Ra 镭 $7s^2$ 226.03✦	89~103 Ac~Lr 锕系	104 Rf 𬬻ʌ $6d^2 7s^2$ 261.11✦	105 Db 𬭊ʌ $6d^3 7s^2$ 262.11✦	106 Sg 𬭳ʌ $6d^4 7s^2$ 263.12✦	107 Bh 𬭛ʌ $6d^5 7s^2$ 264.12✦	108 Hs 𬭶ʌ $6d^6 7s^2$ 265.13✦	109 Mt 鿏ʌ $6d^7 7s^2$ 266.13	110 Ds 𫟼ʌ $6d^8 7s^2$ (269)	111 Rg 𬬭ʌ $6d^{10} 7s^1$ (272)✦	112 Cn 鿔ʌ $6d^{10} 7s^2$ (277)✦	113 Uut (278)	114 Flʌ (289)✦	115 Uup (288)	116 Lvʌ (292)✦	117 Uus	118 Uuo (294)	Q P O N M L K

注112Cp中文尚未定名

★镧系	+3 57 La★ 镧 $5d^1 6s^2$ 138.9055(2)	+2 +3 +4 58 Ce 铈 $4f^1 5d^1 6s^2$ 140.116(1)	+3 +4 59 Pr 镨 $4f^3 6s^2$ 140.90765(2)	+2 +3 +4 60 Nd 钕 $4f^4 6s^2$ 144.24(3)	+3 61 Pm 钷ʌ $4f^5 6s^2$ 144.91✦	+2 +3 62 Sm 钐 $4f^6 6s^2$ 150.36(3)	+2 +3 63 Eu 铕 $4f^7 6s^2$ 151.964(1)	+3 64 Gd 钆 $4f^7 5d^1 6s^2$ 157.25(3)	+3 +4 65 Tb 铽 $4f^9 6s^2$ 158.92534(2)	+3 +4 66 Dy 镝 $4f^{10} 6s^2$ 162.500(1)	+3 67 Ho 钬 $4f^{11} 6s^2$ 164.93032(2)	+3 68 Er 铒 $4f^{12} 6s^2$ 167.259(3)	+2 +3 69 Tm 铥 $4f^{13} 6s^2$ 168.93421(2)	+2 +3 70 Yb 镱 $4f^{14} 6s^2$ 173.04(3)	+3 71 Lu 镥 $4f^{14} 5d^1 6s^2$ 174.967(1)
★锕系	+3 89 Ac★ 锕 $6d^1 7s^2$ 227.03✦	+3 +4 90 Th 钍 $6d^2 7s^2$ 232.0381(1)	+3 +4 +5 91 Pa 镤 $5f^2 6d^1 7s^2$ 231.03588(2)	+2 +3 +4 +5 +6 92 U 铀 $5f^3 6d^1 7s^2$ 238.02891(3)	+3 +4 +5 +6 +7 93 Np 镎 $5f^4 6d^1 7s^2$ 237.05✦	+3 +4 +5 +6 +7 94 Pu 钚 $5f^6 7s^2$ 244.06✦	+2 +3 +4 +5 +6 95 Am 镅ʌ $5f^7 7s^2$ 243.06✦	+3 +4 96 Cm 锔ʌ $5f^7 6d^1 7s^2$ 247.07✦	+3 +4 97 Bk 锫ʌ $5f^9 7s^2$ 247.07✦	+2 +3 +4 98 Cf 锎ʌ $5f^{10} 7s^2$ 251.08✦	+2 +3 99 Es 锿ʌ $5f^{11} 7s^2$ 252.08✦	+2 +3 100 Fm 镄ʌ $5f^{12} 7s^2$ 257.10✦	+2 +3 101 Md 钔ʌ $5f^{13} 7s^2$ 258.10✦	+2 +3 102 No 锘ʌ $5f^{14} 7s^2$ 259.10✦	+3 103 Lr 铹ʌ $5f^{14} 6d^1 7s^2$ 260.11✦